煤矿区大气颗粒物及煤炭固体废物
物理化学特征及生物活性研究

Physicochemistry and Bioreactivity of Airborne Particles and Solid Wastes in Coal-Mining Areas

邵龙义　宋晓焱　郑继东　杨书申　著

科学出版社
北 京

内 容 简 介

随着煤炭资源的开发利用，煤矿区会产生大量煤炭固体废物并造成严重的大气污染及其他污染。本书以河南省典型煤矿区城市（平顶山、义马、永城）为例，运用环境科学、矿物学、地球化学、环境毒理学等理论和方法，研究了煤矿区城市大气颗粒物污染及煤炭固体废物（煤矸石和粉煤灰）的物理化学特征及健康效应。利用高分辨率场发射扫描电镜（FESEM）、透射电镜（TEM）及X射线能谱等单颗粒分析方法识别出煤矿区大气颗粒物单颗粒类型、可能来源及硫化特征。利用电感耦合等离子体质谱（ICP-MS）研究了煤矿区大气颗粒物以及煤炭固体废物的重金属元素组成，并使用质粒DNA评价法研究煤矿区大气颗粒物及煤炭固体废物的潜在的健康效应及毒理学机制。全书数据翔实、内容丰富、方法先进，具有很强的科学性、资料性和实用性。

本书可供环境科学、煤炭资源开发利用及环境地质学等领域的科技人员、有关专业师生以及从事环境保护事业的管理人员参考。

图书在版编目(CIP)数据

煤矿区大气颗粒物及煤炭固体废物物理化学特征及生物活性研究＝
Physicochemistry and Bioreactivity of Airborne Particles and Solid Wastes in
Coal-Mining Areas/邵龙义等著. —北京：科学出版社，2017. 3
　　ISBN 978-7-03-052210-8

　　Ⅰ.①煤… Ⅱ.①邵… Ⅲ.①煤矿-矿区-大气颗粒物-物理化学性质-研究②煤矿-矿区-固体废物-物理化学性质－研究③煤矿-矿区-大气颗粒物-生物活性-研究④煤矿-矿区-固体废物-生物活性-研究　Ⅳ.①X752

中国版本图书馆 CIP 数据核字(2017)第 054753 号

责任编辑：范运年　武　洲／责任校对：郭瑞芝
责任印制：张　伟／封面设计：铭轩堂

科学出版社 出版
北京东黄城根北街 16 号
邮政编码：100717
http://www.sciencep.com

北京京华虎彩印刷有限公司 印刷
科学出版社发行　各地新华书店经销
*
2017 年 3 月第 一 版　开本：720×1000 1/16
2017 年 3 月第一次印刷　印张：15
字数：293 000

定价：98.00 元
（如有印装质量问题，我社负责调换）

前　言

随着工业化和城市化的快速发展,城市大气污染日益严重,人们的生存环境和经济社会的持续发展面临着严重的挑战。研究表明,我国许多城市都存在着严重的大气颗粒物污染,尤其是近年来华北地区冬季灰霾天气频发、PM$_{2.5}$质量浓度呈现出爆发式增长的趋势。灰霾天气及大气细颗粒物污染已成为一个日益严重的大气环境问题,受到公众、政府与科学家们的密切关注。

中国统计年鉴显示,2014年我国原煤产量为38.7亿吨,煤炭消费量达到约35.1亿吨,我国能源结构中煤炭消费比重高达66.0%,水电、风电、核电、天然气等占16.9%,煤炭消费比重比世界平均水平高35.8个百分点。我国依托煤炭工业的发展,兴起了150余座煤矿城市,矿区煤炭资源的开发利用对环境影响严重,开发利用过程中排放的大量有害物质进入矿区周围的空气、水和土壤,严重危害环境和人体健康,在煤炭资源的生产、加工、燃用过程中,会产生大量的烟尘与煤尘,同时释放大量碳氧化合物和含S化合物等污染物,矿区的煤矸石与电厂粉煤灰在堆放期间会向大气排放SO$_2$、CO$_2$与CO等有害气体和颗粒物,严重影响着大气环境的质量。

由于我国煤炭消费量的80%为原煤直接燃烧,以煤炭为燃料的锅炉成为一次大气颗粒物的主要来源,其中又以火电厂的锅炉为主,目前电厂锅炉的烟尘控制技术虽然可以达到较高水平,但仍有大量的颗粒物(特别是PM$_{2.5}$)排放到大气中。同时,由于我国还有大量的非电厂工业锅炉燃煤及民用燃煤,燃烧产生的颗粒物没有经过除尘而直接排放到大气中污染大气,研究发现,虽然民用燃煤只占煤炭消费中的18%,但产生的颗粒物的量很大,等量的民用煤与电厂燃煤产生的颗粒物的比例约为100:1。煤矿区城市粉煤灰和煤矸石堆放场的煤粉、岩粉微粒等也是大气颗粒物的主要来源,因此深入研究分析煤矿区大气颗粒物的物理化学特征及其健康效应,进而采取针对性的污染防治措施,对实现煤矿区大气质量的根本好转具有重要的现实意义。

本书以河南省典型煤矿城市(平顶山、义马、永城)为例,运用环境科学、矿物学、地球化学、环境毒理学等理论和方法,研究了煤矿区城市大气颗粒物污染及煤炭固体废物(煤矸石和粉煤灰)的物理化学特征及健康效应。利用高分辨率场发射扫描电镜(field emission scanning electron microscopy,FESEM)、透射电镜(transmission electron microscope,TEM)及X射线能谱等单颗粒分析方法识别出煤矿区大气颗粒物单颗粒类型、可能来源及硫化特征。利用电感耦合等离子体质谱(inductively coupled plasma mass spectrometry,ICP-MS)研究了煤矿区大气颗粒物以及煤炭固体废物的重金属元素组成,并使用质粒 DNA 评价法研究煤矿区大气颗粒物及煤炭固体废物对超螺旋 DNA 的氧化性损伤及毒理学机制。希望研究成果对推动大气颗粒物的研究,特别是颗粒物物理和化学性质及健康效应评价等的研究有所帮助,为煤矿城市大气颗粒物污染治理提供科学依据。

　　本书研究课题得到了国家重点基础研究发展计划项目（973 计划）(2013CB228503)、国家自然科学基金项目(41105119、41375145 及 41175109)、国家自然科学基金重大国际合作项目(41571130031)的资助。同时还得到了北京市共建项目——北京市优秀博士学位论文指导教师科技项目以及教育部高等学校科技创新工程重大项目培育资金项目(项目号:705022)的资助。

　　本书总体思路和基本架构由邵龙义提出,本书各章执笔及参加编写人员为:第 1 章 邵龙义、杨书申;第 2 章 杨书申、宋晓焱、邵龙义;第 3 章 宋晓焱、郑继东、赵承美;第 4 章 杨书申、宋晓焱、李卫军;第 5 章 宋晓焱、邵龙义、李卫军;第 6 章 宋晓焱、杨书申、樊景森;第 7 章 邵龙义、宋晓焱;第 8 章 郑继东、张涛、杨书申;第 9 章 邵龙义、郑继东、张涛。本书上篇由宋晓焱和邵龙义统稿,下篇由郑继东和杨书申统稿,全书由邵龙义和杨书申统稿。

　　本书的研究工作及编写工作得到中国矿业大学(北京)地球科学与测绘工程学院以及煤炭资源与安全开采国家重点实验室师生的支持,除署名作者外,还有胡颖、王静、王建英、侯聪、幸娇萍、郭梦龙、王文华、席春秀、吴凡、常玲利、李杰等研究生参加了样品采集及室内实验研究。研究工作还得到张远航院士、贺克斌院士、柴发合研究员、姚强教授、胡敏教授、张金良教授、王跃思研究员等的帮助和指导,中国矿业大学(北京)张鹏飞教授、金奎励教授、任德贻教授、彭苏萍院士及武强院士对研究工作一直给予了关注,并审阅了部分章节。需要特别指出的是,英国 Cardiff 大学地球科学学院 Tim Jones 教授和生命科学学院 Kelly BeruBe 教授在与课题组的长期合作过程中给予了大力支持和帮助。笔者在此对上述单位及专家表示衷心的感谢。

　　由于作者水平有限,文中欠妥之处,敬请读者不吝指正。

邵龙义

2017 年 1 月谨识

目　　录

上篇　煤矿区大气颗粒物理化特征
及生物活性研究

下篇 煤炭固体废物矿物学、地球化学 及生物活性

1 总 论

随着工业化和城市化的快速发展,城市大气污染日益严重,人们的生存环境和社会的持续发展面临着严重的挑战。这些大气污染物不仅造成了严重的城市空气质量问题[1],还可以通过大范围的物理输送和化学反应,造成区域性复合型大气污染[2]。大气污染物的种类很多,主要分为气态污染物和颗粒态污染物。气态污染物主要是指二氧化硫(SO_2)、氮氧化物(NO_x)、臭氧(O_3)以及挥发性有机化合物(volatile organic compounds,VOCs);颗粒态污染物主要指悬浮颗粒物(suspended particulate matter,SPM)[3]。Cao等的研究表明,我国许多城市的大气颗粒物浓度都很高[4],存在着严重的大气颗粒物污染。

大气颗粒物(atmospheric particulates)是大气中存在的各种固态和液态颗粒状物质的总称。根据大气颗粒物的粒径不同,可以将大气颗粒物进行不同的分类。总悬浮颗粒物(total suspended particles,TSP)是指悬浮在大气中的空气动力学直径小于或等于$100\mu m$的颗粒物。其中粒径大于$10\mu m$的因受重力作用,在进入大气后易沉降到地面上,称之为降尘,粒径小于$10\mu m$的能长期漂浮于大气中,易被鼻和口吸入的颗粒物(PM_{10}),称之为可吸入颗粒物或飘尘[5]。其中粒径在$2.5\sim10\mu m$之间的可吸入颗粒物被称为粗颗粒(coarse particles),用$PM_{2.5-10}$表示,粒径小于$2.5\mu m$的可吸入颗粒物被称为细颗粒(fine particles),用$PM_{2.5}$表示。超细颗粒物(ultrafine particles)则是指粒径小于$0.1\mu m$的颗粒物,也可表示为$PM_{0.1}$。

大气颗粒物的产生分为自然来源和人为来源两种。其中自然来源包括各种地面扬尘、火山灰、森林火灾燃烧物、植物的花粉和宇宙星尘等,其成分以矿物为主。人为来源主要是燃料燃烧、工业生产、汽车尾气排放、二次颗粒物等。其中细颗粒主要来源于人为污染,有毒有害成分较多,而且能随大气输送更远的距离,因此被认为是区域性甚至是跨大陆输送的污染物[6]。

大气颗粒物的影响主要表现在以下几个方面:①降低空气质量、影响空气能见度。能见度的降低主要是由于气体分子与颗粒物对光的散射和吸收减弱了光信号,而且散射作用减小了目标物与天空背景之间的对比度。②长距离输送可以引起区域性甚至全球污染。大气颗粒物尤其是细颗粒物可以输送几百、几千甚至几万公里,引起区域性和全球性污染。起源于中国西北地区的沙尘暴和中国大陆产生的大气污染物可以影响到日本、韩国甚至北太平洋的夏威夷岛屿和北美等地区[7,8]。③在全球尺度对气候产生影响。大气颗粒物通过散射和吸收太阳光直接影响气候,或者作为云的凝结核影响云、雾的形成而间接影响气候[9,10]。④对人体健康的负面影响。大量的流行病学调查和毒理学实验结果表明,颗粒物浓度水平的增加与心血管、肺部疾病和其他呼吸道疾病之间呈正相关关系,尤其是对于易感人群、老人和儿童[11,12]。PM_{10} 和 $PM_{2.5}$ 的年均浓度每增加 $10\mu g/m^3$,相对风险值分别达到 1.10 和 1.14,即死亡率分别上升 10% 和 14%[13]。

已有的研究表明,细颗粒物的存在是引起灰霾(haze)的主要原因之一[14],在我国,随着经济的高速发展和城市化与工业化进程的加快,灰霾已成为严重的灾害天气,我国华北平原地区发生区域灰霾事件频繁且遭受危害程度在逐年增加。中国环境监测总站在对天津、上海等 9 个城市开展的灰霾试点监测的结果表明,2010年各试点城市发生灰霾天数占全年天数的比例介于 20.5%～52.3%,城市灰霾天气出现频率较高。中国青年报等报刊 2013 年 1 月 30 日报道,环保部卫星中心遥感监测数据显示,1 月 29 日上午,灰霾主要分布在北京、天津、河北、河南、山东、山西、江苏、合肥、武汉、成都等地区,灰霾面积约 130 万平方公里,北京、天津、石家庄、济南等城市空气质量为六级,属严重污染;郑州、武汉、西安、合肥、南京、沈阳、长春等城市空气质量为五级,属重度污染。灰霾天气及大气细颗粒物污染已成为一个日益严重的大气环境问题,受到公众、政府与科学家们的关注。

根据 2015 年 2 月 26 日国家统计局公布的《2014 年国民经济和社会发展统计公报》(http://www.stats.gov.cn/tjsj/zxfb/201502/t20150226_685799.html),虽然 2014 年我国原煤产量较上年同期下降 2.5%,为 38.7 亿 t,但 2014 年我国煤炭消费量仍达到约 35.1 亿 t,在我国能源结构中煤炭消费比重高达 66%,比世界平均水平高 35.8 个百分点。我国依托煤炭工业的发展,兴起了 150 余座煤炭城市,其中中型以上 40 余座,遍布中国 20 多个省区,如东北的阜新、鸡西、抚顺、双鸭山,华北的大同、阳泉,华中的平顶山、鹤壁、焦作、永城,西南的六盘水等。煤矿城市是在煤炭大规模开发的基础上形成和发展起来的,煤炭是这类城市的主要产品,煤炭产业发展的状况对所在城市的发展有决定作用。由于煤炭工业是煤矿城市的支柱产业,煤炭在开采、加工、运输等过程中,会不同程度造成水和空气污染[15,16]、噪声污染、地面塌陷、露天矿坑、固体废弃物堆积、矿井报废等一系列环境问题。大量的矸石堆积如山,不仅占用良田,而且还会自燃、排放粉尘及有害气体,污染环境。对煤炭需求较多的火力发电、冶金工业、建材工业、化学工业等产生的固体废弃物、废水和灰尘对土壤、水和大气造成严重污染,对生态环境造成一定的破坏。煤炭生产出来后,一般要进行一系列的加工,包括选矸、筛分、洗煤、炼焦、制气等工序,都会给煤矿城市带来环境污染和社会问题。

1.1 煤矿区城市大气颗粒物研究

1.1.1 煤矿区城市大气颗粒物污染特征研究

1. 煤矿区城市大气颗粒物质量浓度分析

近 20 多年来,国际大气化学界的研究重点逐渐转向大气气溶胶。Pósfai 和 Molnar 等研究表明大气颗粒物在大气过程中的作用取决于其物理和化学性质[17]。大气颗粒物的物化性质包括质量浓度、单个颗粒大小和形貌、粒度分布、表面积及体积、颗粒物的聚集特性、可溶性、有机和无机化学组分、来源解析以及对人体健康的影响等。

PM_{10} 的质量浓度是评价环境大气质量的主要依据,也是流行病学调查的基础。我国在 2016 年开始实施新的环境空气质量国家标准(GB3095—2012),PM_{10} 二级标准的日均值和年均值分别为 $150\mu g/m^3$ 和 $70\mu g/m^3$,$PM_{2.5}$ 的二级标准日均值和年均值分别为 $75\mu g/m^3$ 和 $35\mu g/m^3$,TSP 的二级标准日均值和年均值分别为 $300\mu g/m^3$ 和 $200\mu g/m^3$。国内外大气学者对国内城市的大气颗粒物污染进行了深入研究,结果表明,我国 PM_{10} 污染较严重,需要加强 PM_{10} 质量浓度的监测和治理[18~20]。

煤矿城市以重工业、重污染而特色鲜明,煤炭资源的开发利用对环境影响严重,在煤炭资源的生产、加工、燃用过程中,会产生大量的烟尘、煤尘,同时释放大量碳氧化合物和含 S 化合物等污染物,煤炭的大规模开发带来了严重的大气污染,目前国内学者对煤矿区城市颗粒物的质量浓度、气象方面的影响进行了较多研究[21~30]:张涛等测得平顶山市区春季 PM_{10} 质量浓度的变化范围为 $106\sim 603\mu g/m^3$,在风速低、湿度大、空气扩散困难的条件下,颗粒物的质量浓度平均值达到 $420\mu g/m^3$,污染严重[31]。蒋庆瑞对平顶山市环境空气降尘量和降水量、可吸入颗粒物浓度进行了相关性分析,提出了相应防治措施[32]。钦凡等对焦作城区大气环境污染特征分析得出焦作是典型的煤烟型污染城市,几年来 TSP 日均值徘徊在 $0.5mg/m^3$ 上下,远远高出国家二级标准($300\mu g/m^3$)[33]。曹玲娴等对太原市冬季灰霾期间大气颗粒物的质量浓度分析表明灰霾期间 $PM_{2.5}$ 的质量浓度为(692 ± 272)$\mu g/m^3$,污染严重[34]。刀谞等对大同市的大气颗粒物质量浓度进行分析,PM_{10} 质量浓度为(204 ± 102)$\mu g/m^3$,超过国家二级标准[35]。张霞等对邯郸市的大气污染特征进行分析表明邯郸市大气污染严重,以颗粒物尤其是细颗粒物污染为主,2013 和 2014 年邯郸市 $PM_{2.5}$ 年均浓度分别为 $139\mu g/m^3$ 和 $116\mu g/m^3$,分别为国家二级标准的近 4 倍和近 3.3 倍[36]。

研究结果表明,目前煤矿区城市的主要污染物仍是大气可吸入颗粒物,实现煤矿区空气质量的好转首先就是对大气颗粒物的治理。矿区大气污染的原因主要有以下几个方面[37,38]。

(1) 矿井排气含有粉尘、CO、CH_4、H_2S、CO_2 等多种污染物。生产出来的煤炭被运输到井上后,由于地面上的煤炭仓库、煤场、筛洗地多处于露天状态,缺乏防尘及降尘设备,煤尘会随风飘浮,污染大气环境。煤炭在运输过程中,会向大气排放大量粉尘、氮氧化物、CO、碳氢化合物、SO_2 等有害气体,特别是在干旱多风季节。

(2) 煤炭在生产和加工利用过程中产生大量的煤矸石,在运输、装卸、堆放等过程中,会受到风化、氧化、自燃等作用,大风随时都会将处于裸露状态的煤矸石粉尘吹入大气中,向大气排放 SO_2、CO_2、CO 等有害气体和颗粒物,造成大气颗粒物污染。

(3) 露天煤矿的外排土场形成大量的人为荒漠化土地,到了春季和秋季,荒漠化的排土场产生的扬尘会给周围大气造成严重的大气颗粒物污染。

(4) 煤炭在使用的过程中也会污染大气环境。在中国,约 85% 的煤炭是通过直接燃烧使用的,主要包括火力发电、工业锅(窑)炉、民用取暖和家庭炉灶等,向空气中排放出大量的 SO_2、NO_x 和颗粒物等污染物,造成我国严重的煤烟型大气污染。特别是火力发电、冶金和建材行业等在生产过程中,向大气排出粉尘、烟尘、SO_2 等各种污染物。

(5) 矿区各类运输车辆排出的大量尾气,汽车废气中可以排放出 150~200 种不同的碳氢化合物。

此外,煤矿城市的区位和地理等因素也会造成煤矿城市比较突出的大气污染问题,如位于河谷地带的铜川市,由于风速低,逆温强等原因,造成了严重的大气污染[39]。

2. 煤矿区城市大气颗粒物元素组成分析

有关大气颗粒物化学成分分析的研究相对较多。目前已知 PM_{10} 的化学成分包括可溶成分(大多为无机离子,如 SO_4^{2-}、NO_3^-、NH_4^+ 等)、有机成分(如饱和烃、硝基多环芳烃(Nitro-PAHs)等)、微量元素(Cr、Cd、Mn、As、Zn、Sn、Pb、Pt、Fe、Si、Cl、S、P、Ni、Cu 等)、碳元素等。大气颗粒物元素分析的方法主要有:X 射线荧光(X-ray fluorescence, XRF)、原子吸收光谱(atomic absorption spectroscopy, AAS)、电感耦合等离子体质谱(inductively coupled plasmas mass spectrometry, ICP-MS)、电感耦合等离子体原子发射光谱(inductively coupled plasmas atomic emission spectrometry, ICP-AES)、中子活化分析(neutron activation analysis, NAA)等。其中 ICP-MS 是进行痕量和超痕量分析的新技术,可用于 ng/g~pg/g 级的多元素分析,因此用来测定颗粒物中的可溶与不可溶的成分和微量元素,具有

灵敏度较高、线性范围宽等优点,可以广泛地用于环境监测分析。中子活化分析灵敏度比较高,但是由于仪器设备比较复杂、价格较高而一般使用较少。李丽娟等使用 ICP-AES 对太原市采暖季 $PM_{2.5}$ 中 Si、Ti、Al、Mn、Mg、Ca、Na、K、Cu、Zn、As、Pb、Cr、Ni、Co、Cd、Hg、Fe、V 等 19 种元素进行测定,运用富集因子和主因子法揭示其来源,并对重金属的潜在生态风险、人体暴露和健康风险进行评价[40]。张建强等使用 ICP-AES 分析长治市大气环境中可吸入颗粒物 Na、Mg、Al、Si、K、Ca、Ti、V、Cr、Mn、Fe、Co、Ni、Cu、Zn、As、Pb 等 17 种元素的浓度,其中 Ni 的浓度是环境水平目标值中生态指标 $4ng/m^3$ 的 8 倍[41]。胡冬梅等采用 ICP-AES 分析晋城市区空气中 $PM_{2.5}$ 中 Na、Mg、Al、Si、K、Ca、Ti、V、Cr、Mn、Fe、Co、Ni、Cu、Zn、As、Cd、Pb 等 18 种元素的化学组成特征,并用富集因子法分析得出 Zn、Cd、Pb、Ni、As 在空气中富集[42]。此外,宋晓焱利用 ICP-MS 对河南省的平顶山、焦作、义马、永城等煤矿型工业城市大气颗粒物中的重金属进行分析[43]。

单颗粒分析目前是大气颗粒物大气化学行为表征的重要手段[44],其优点是采样所需时间短、样品质量少就可以进行分析。单颗粒分析方法较多,如扫描电子显微镜(scanning electron microscope,SEM)[45~49]、透射电子显微镜[50~53]、原子力显微镜(atomic force microscope,AFM)、包括能谱仪(energy dispersive X-ray spectroscopy,EDX)及波谱仪(wavelength dispersive X-ray spectrometer,WDX)在内的电子微探针法(electron probe micro analysis,EPMA)、质子诱导 X 射线荧光(particle induced X-ray emission,PIXE)、显微质子诱导 X 射线荧光(micro particle induced X-ray emission,Micro-PIXE)、飞行时间二次离子质谱仪(time-of-flight secondary ion mass spectroscopy,TOF-SIMS)和核子微探针法(nuclear microprobe,NM)等。国内外有很多学者采用电子显微镜与能谱连用(SEM-EDX 和 TEM-EDX)的方法进行大气单颗粒物研究[54~56]。郝晓洁使用带能谱的扫描电镜(SEM-EDX)和带能谱的透射电镜(TEM-EDX)分析宣威室内燃煤 $PM_{2.5}$ 单颗粒的微观形貌,并把单颗粒分为富 Si、富 Ca、富 Fe、富 S 等几种类型[57]。张红等利用扫描电镜对山西晋城市大气颗粒物的环境样品和排放源样品进行形态特征分析[58]。樊景森等利用 SEM-EDX 研究了宣威肺癌高发区室内燃煤 PM_{10} 和 $PM_{2.5}$ 的物理特征[59]。乔玉霜等使用 SEM-EDX 分析郑州、开封、焦作、洛阳等中原城市群的单颗粒微观形貌,将其分为烟尘集合体、燃煤飞灰、矿物颗粒和超细未知颗粒等几种类型。本书作者利用单颗粒分析法对河南省煤矿区城市 PM_{10} 进行了较为系统的研究。

3. 煤矿区城市大气颗粒物的源解析

PM_{10} 源解析的目的是为了了解大气颗粒物的污染来源、源分布及各种污染源的贡献等,从而为颗粒物的污染控制提供基础资料。对颗粒物源解析的研究,需要识别出颗粒物的来源和各个源对颗粒物的贡献值。源解析技术是指对颗粒物的来源进行定性或定量研究的一种技术。目前,依据环保部发布的《大气颗粒物来源解析技术指南(试行)》将源解析方法分为三种类型:源清单法、源模型法以及受体模型法。由于源清单法和源模型法局限性较大,进行源解析前要求的准备条件较高,因此,目前采用的源解析方法以受体模型法为主,其优点在于定量解析各污染源类,尤其是源强难以确定的各颗粒物开放源类的贡献值与分担率,识别主要排放源类的来向。目前,使用较为成熟的受体模型法主要有两种:化学平衡模型(chemical mass balance,CMB)法和因子分析类模型法。随着大气颗粒物污染日趋加重,其污染源逐渐多样化、复杂化,这导致在使用 CMB 法进行源解析的过程中,需要采集大量的源数据,给源解析工作带来较大的困难,因此,目前因子分析法使用较为广泛和普遍。因子分析法可进一步分为富集因子法(enrichment factor,EF)、主成分分析法(principal component analysis,PCA)、旋转方差因子法(rotation varimax factor analysis,RVFA)、目标变换因子分析法(target transformation factor analysis,TTFA)、正矩阵因子法(positive matrix factor analysis method,PMF)等。其中,EF 法只能定性区分人为来源和非人为来源;PCA、RVFA、TTFA 以及 PMF 能识别各主要污染源以及标志性元素。

对富集因子的各种分析方法国内外学者都有应用,Watson 和 Chow 等应用 CMB 法对很多城市的大气颗粒物进行了来源解析[60,61];王琴等采用 PMF 法对北京市大气 $PM_{2.5}$ 进行源解析研究,结果表明 $PM_{2.5}$ 主要来源包括二次颗粒、燃煤、机动车尾气及地表扬尘[62];房春生等利用 CMB 法对长春市大气 PM_{10} 进行源解析,结果表明 PM_{10} 主要污染源为工业煤尘、机动车尾气以及钢铁尘[63];Clements 等采用 PMF 法对美国丹佛和格里利的 $PM_{2.5}$ 和 $PM_{10-2.5}$ 进行源解析研究,发现粗颗粒以及细颗粒具有不同来源,粗颗粒主要来源于海盐、地壳矿物,而细颗粒主要为与燃煤相关的二次硫酸盐颗粒[64]。Minguillón 等利用 PMF 法对墨西哥蒂华纳的加州-墨西哥运动会期间的粗颗粒和细颗粒进行了源解析,结果表明粗颗粒以地壳矿物和海盐离子为主,细颗粒以有机物、硫酸盐、硝酸盐等人为颗粒为主[65]。

煤矿区城市源解析方面,李丽娟等采用 PCA 法对太原市采暖季节 $PM_{2.5}$ 进行源解析,结果表明 $PM_{2.5}$ 主要来源包括土壤风沙尘、煤烟尘、机动车尾气、工业粉尘以及建筑尘。刘章现等利用 EF 分析法得出 As、Pb、Cd、S、Zn、Cu、Mn、Ca 等元素是平顶山颗粒物中主要污染元素,易在 $PM_{2.5}$ 中富集[66]。由于煤矿区城市大气颗粒物的来源具有特殊性和复杂性,加之大多数煤矿区城市为三、四线中小城市,受到的重视程度不够,对其大气颗粒物的源解析工作明显不足[67]。

1.1.2 煤矿区城市大气颗粒物的健康影响及生物活性研究

大气颗粒的大小和形状决定颗粒最终进入人体的部位。颗粒物粒径与其在呼吸道内的沉着、滞留和清除有关。研究表明,直径大于 50μm 的粒子不会被吸入,直径为 10~50μm 的粒子绝大部分沉着在鼻腔里,直径小于 10μm 的颗粒物可进入鼻腔,直径小于 7μm 的颗粒物可进入咽喉,直径小于 2.5μm 的颗粒物则可深达肺泡并沉积,从而进入血液循环[68,69]。Donaldson 等研究表明细颗粒物可进入肺细胞中,并产生许多活性自由基,对 DNA 进行损伤[70]。袭著革等在对纳米颗粒的研究总结中发现,纳米颗粒可沉积在肺中,引起严重的肺部炎症、上皮细胞增生、肺部纤维化及肺部肿瘤,甚至更高的死亡率[71]。Allen 等研究发现由较细小颗粒组成的复杂结构集合体比由较大颗粒组成的简单结构集合体的比表面积大,更容易吸附一些对人体健康有害的重金属和有机物,因而其生物活性更大[72]。在人口统计基础上的健康影响研究也表明,PM_{10} 浓度直接影响长期和短期死亡率[73],例如我国宣威肺癌高发区,肺癌高发的原因是燃煤产生的 PM_{10} 室内浓度高达 3.66mg/m³,且富含具有致癌性的多环芳烃(PAH)[74]。据估计,约有 3% 的心肺疾病和 5% 的肺癌死亡是大气颗粒物污染导致的[75]。Correia 等研究发现 $PM_{2.5}$ 每减少10μg/m³,人类平均寿命将增长 0.35 年[76]。

在煤矿区城市大气颗粒物的健康影响方面,已经有人进行了初步研究。研究发现,我国某电厂烟囱主风向下风侧居民区新生儿的先天畸形发病率明显高于洁净区,并且距离电厂越近,发病率越高,其中电厂排放的颗粒物起到重要的毒害作用[77]。张艳丽等对平顶山学院学生就诊情况统计表明,急性上呼吸道感染病例占常见病的 48.2%[78]。沈娟等分析 2005 年平顶山大气中 SO_2 的浓度与某专科医院气管炎就诊人数之间的相关性,结果表明 SO_2 的浓度变化与气管炎就诊构成变化一致,尤其是儿童的就诊构成变化[79]。潘晓燕等对淄博市 2008~2012 年间 0~7 岁儿童的血铅水平进行调查,发现儿童血铅增高与煤炭工业具有一定的相关性[80]。刘顺银等对义马煤业集团 2003~2005 年的 14415 名职工职业健康检查、尘肺病的诊断资料分析表明检查异常率为 30.36%,观察期、尘肺(Ⅰ~Ⅲ 期,均为新诊断)、肺结核和胸膜炎检出率分别为 9.52%、2.33%、1.03% 和 0.24%[81]。谷桂珍等在 2006~2010 年对河南省尘肺病情况进行调查,发现煤工尘肺占总尘肺的 60% 以上,煤炭工业引起的尘肺病的防治工作势在必行[82]。

对于煤矿区城市大气颗粒物的健康影响,除了可以进行流行病学研究外,还需要进行大气颗粒物的生物活性研究[83]。

大气颗粒物生物活性实验通常有两种方法,一种为活体方法(in vivo),一种是体外方法(in vitro)。活体方法是在实验室里控制一定的条件(如 PM_{10} 的暴露水平),通过研究实验动物吸入 PM_{10} 的危害以此进行 PM_{10} 的生物活性研究,它通过对活体动物实验的解剖结果能够系统地观察 PM_{10} 的各种暴露水平所引起的生理病理变化,从而认识 PM_{10} 与人体健康负效应间的因果关系。

目前对 PM_{10} 的动物毒理学研究结果为流行病学的观察结果提供了依据[84]。

常用的实验动物包括大鼠、小鼠、豚鼠、兔、狗等。不同粒径的大气颗粒物对大鼠肺毒性的实验结果表明,接受最小粒径颗粒物的大鼠受到了最大的伤害,有病大鼠的肺损伤最为严重[85]。体外方法是将颗粒物暴露在分离的活体细胞或组织中,通过评价颗粒物对这些细胞或组织的破坏程度来评价它们的生物活性。它包括单细胞微凝胶电泳法(single cell gel electrophoresis,SCGE)、质粒 DNA 评价法、微核测定法、程序外 DNA 合成法等。其中,单细胞凝胶电泳法(彗星试验)是目前应用最广泛的一种体外方法。Iwai 等利用活体实验对柴油机动车尾气颗粒物(diesel exhaust particles,DEP)进行了肺癌和 DNA 氧化性损伤形成机理的研究,结果表明 DEP 有致癌作用[86]。孟建峰等利用 SCGE 研究镍化物对人血细胞 DNA 的损伤情况,结果表明不同剂量的 Ni_2S_2 对血细胞的损伤是不同的[87]。大量体内和体外研究表明了活性氧在颗粒物致毒过程中的重要作用,其中 OH 自由基具有极高的反应活性,是可吸入颗粒物致毒的重要机制[88]。

　　质粒 DNA 评价法(plasmid scission assay,PSA)是一种评价颗粒物生物活性的体外方法。应用此方法研究各种颗粒物表面氧化性成分对超螺旋 DNA 的破坏,从而评价颗粒物生物活性[89]。这是一种操作简便、快速、敏感性高的 DNA 损伤检测技术[90],只需较少的样品质量(500~1000μg),因此可以通过较少的样品就可定量评价颗粒物对 DNA 的损伤作用,从而获得大气颗粒物的生物活性。目前已经有用质粒 DNA 评价法对北京、兰州、郑州、平顶山等城市的 PM_{10} 的氧化性损伤能力进行过研究[18,91~93]。

1.2　煤炭固体废物研究

1.2.1　煤炭固体废物的产生与种类

　　在煤炭开采、加工和利用过程中,煤矸石、粉煤灰、沸腾炉渣等是具有潜在利用价值的固体废物,统称为煤炭固体废物。煤矿固体废物的露天堆放亦是 $PM_{2.5}$ 的主要来源。

　　煤矸石产生于采煤过程,粉煤灰是工业锅炉、窑炉和民用燃煤产物,遍布各级各类城市和农村,尤其以动力用煤和冬季采暖对居民集中的城市环境影响巨大。煤炭固体废物是我国目前排放量最大的工业固体废物,大多露天堆放,因堆场选址和管理不善等原因,煤炭固体废物在排放、堆积过程中,大量有害物质进入周围空气、水和土壤,其所含有害组分如铬、镉、铅、砷等及其化合物不断释放,污染周围大气、水和土壤环境,影响居民的身心健康,其危害程度与污染物的理化性质、有害重金属形态及含量等密切相关[94~97]。

　　煤矸石是煤层顶、底板或夹在煤层中的岩石,是在采煤和煤炭洗选过程中产生的固体废物，是煤的共生资源，是在成煤过程中与煤层伴生、含炭量较低、灰分通常大于50%、发热量一般在3.5～8.3MJ/kg范围内、比煤坚硬的黑灰色岩石。

煤矸石一般属于沉积岩，在成煤过程中形成，是成煤物质与其他物质结合而成的可燃性矿石，由炭质页岩、炭质砂岩、页岩、黏土等组成的混合物，其中含一定量的C、H、O等，燃烧时能产生一定热量。不同地区的煤矸石由不同种类的矿物组成，其含量相差较大，煤矸石是多种矿岩组成的混合物，一般主要由高岭土、石英、蒙脱石、长石、伊利石、石灰石、硫化铁、氧化铝等组成。狭义上，煤炭开采时夹带出来的炭质泥岩、炭质砂岩叫做煤矸石；广义上，煤矸石是煤矿建井和生产过程中排出来的一种混杂岩体，它应包括煤矿在井巷掘进时排出的矸石、露天煤矿开采时剥离的矸石和洗选加工过程中排出的矸石。从目前研究来看，煤矸石中金属组分含量偏低，一般不具有回收价值（张军营[98]；宋党育等[96]）。煤矸石在我国目前各种工业固体废物中排放量和积存量最大、占地最多。一般以矸石山形式露天堆存。作为煤炭生产过程中的副产物，煤矸石的产生量约占煤炭开采量的10%～25%。2013年我国煤炭产量约37亿t，较2005年增长近70%，同年煤矸石排放总量达到7.5亿t，较2005年增长近1倍；2015年煤矸石排放量将接近8亿t，累计堆存量45亿t，形成的煤矸石山2600多座，占地1.3万公顷（http://www.qianzhan.com/qzdata/detail/149/150113-b87b918b.html）。随着煤炭的继续开采，煤矸石产量仍将不断增长。中国电力企业联合会及中国循环经济协会的统计，截至2014年底，中国火力发电企业产生粉煤灰达5.78亿t，占全国工业粉煤灰产生量（6.2亿t）的93%。

目前，我国煤矸石年排放量超过400万t的省（市、自治区）有黑龙江、吉林、辽宁、内蒙古、山东、河北、陕西、山西、安徽、河南、新疆、贵州、重庆等。

粉煤灰是煤粉经高温燃烧后形成的一种似火山灰质混合材料。狭义地讲，它是指燃煤锅炉燃烧时，烟气中带出的粉状残留物，简称飞灰；广义地讲，它还包括锅炉底部排出的炉底灰，简称底灰。飞灰和底灰的比例随着炉型、燃煤品种及燃煤粒度等的不同而变化，目前世界各国普遍使用的固态排渣煤粉炉，飞灰约占灰渣总量的80%～90%，炉底灰约占其总量的10%～20%。通常粉煤灰可分为原状灰和加工灰两种。原状灰是指从锅炉排出后未经加工的粉煤灰，根据排灰工艺可分为湿灰和干灰。干灰是将收集到的飞灰直接输入到灰仓的粉煤灰，湿灰是通过管道和灰浆泵利用高压水力把灰渣输送到贮灰场后的粉煤灰。加工灰是指为便于粉煤灰资源化利用而采用某种工艺进行加工，使其达到使用要求的粉煤灰，加工灰目前有磨细灰、分选灰、调湿灰等（孙俊民[99]；陈江峰[100]）。

燃煤发电是世界各国普遍采用的电力生产方式之一[101]，燃煤产生了大量的粉煤灰，通常每消耗2t煤就会产生1t粉煤灰。燃煤所产生的大量粉煤灰、炉底渣的有效利用已成为世界性课题。2015年我国总发电量为4660亿千瓦时，其中煤电为 3532 亿千瓦时,占全国发电量的 75.8%。2015 年我国煤炭产量为 36.8 亿 t,由此而产生的粉煤灰、炉底灰约为 3.7 亿 t,由于利用率不足,导致粉煤灰以及炉底灰累计堆存量较大,这造成了严重的环境污染(http://www.cec.org.cn/guihuayu-tongji/;2015～2020 年中国煤炭行业发展前景与投资战略规划分析报告)。

为提高矸石资源的综合利用率,我国相继建立了 120 多座以煤矸石为主要燃料的电厂,装机容量达 184 万千瓦,在我国煤炭企业多种经营收入超亿元的项目中,前 10 位的全部是矸石电厂。矸石电厂的粉煤灰一般为灰色或灰黑色,颜色发暗,颗粒较燃煤电厂粗。这些电厂的规模较小,但因所用燃料煤矸石的灰分高,发热量低,加上电厂多使用沸腾炉(其燃料主要为煤矸石、石煤和劣质煤,有的需配掺一定量的高热值煤)的原因,产出粉煤灰量多而质量较低,难以利用,造成矸石电厂粉煤灰的大量堆积。不仅占用了大面积的土地,而且每年巨额的排污费给企业造成沉重的经济负担。更严重的是,粉煤灰的排放、堆存和处置利用还可能构成一种长期潜在的环境污染源,造成环境污染[102～107]。

1.2.2　煤炭固体废物对环境和人体健康的影响

由于煤矸石一般露天堆放,带来了严重的环境问题,是矿区生态环境的主要污染源之一。露天堆放的煤矸石,经日晒、雨淋、风化、分解,产生大量的酸性水或携带重金属离子的水,下渗损害地下水质,外流导致地表水污染。此外,近 1/3 的矸石山由于硫铁矿和含碳物质的存在而发生自燃,产生有毒有害的 SO_2、CO_2、NH_3 等气体和有害的烟雾,严重污染环境,使附近居民慢性气管炎和气喘病患者增多,周围树木落叶、庄稼减产;煤矸石组分随雨水淋洗,污染河水,如陕西铜川市由于煤矸石自燃排放的 SO_2 严重超标[108～113]。

1. 煤矸石的大气污染

煤矸石中含有残煤、碳质泥岩和废木材等可燃物,特别是其中的碳、硫是构成矸石山自燃的物质基础。我国矿区有 387 座矸石山发生自燃,其中有 125 座至今仍在自燃。矸石自燃后,放出大量 CO、CO_2、SO_2、H_2S、氮氧化物及苯并芘等有害气体。一座矸石山自燃可长达十余年甚至几十年,严重影响排矸场周围的大气环境,导致矿区环境质量严重恶化,呼吸道疾病流行,部分污染严重的矿区(韩城、徐州、林东、丰城、萌营等矿区)甚至发生工人呼吸中毒昏迷乃至死亡的恶性事故。如乌达矿务局某矸石山自燃,SO_2、H_2S 最高排放浓度高达 $10.69mg/m^3$,使该地区呼吸道发病率明显高于其他地区;铜川矿务局自燃矸石山周围地区 SO_2 严重超标,导致在周围工作 5 年以上的职工都患有不同程度的肺气肿病,而且这些地区是癌症高发区。淄博矿区对矸石堆附近降水水质监测结果表明,由于矸石自燃,矸石山附近降水中 SO_4^{2-}、矿化度比对照点明显增高,个别监测点雨水的 pH 达到 5.0,形成酸雨[114~118]。

矸石山扬尘也会影响周围大气环境[119]。据山西部分矿区实验,矸石山扬尘风速、粒度、质量和破碎状态等有关,其影响范围一般不超过1km。但矸石山风化后的煤粉、岩粉微粒可成为重要甚至主要大气污染源。如莱芜矿区冬季大气污染物为SO_2和TSP,后者多来自矸石扬尘,其污染负荷比为36.15%;夏季主要污染物为TSP,污染负荷比为61%[108,120]。

2. 煤矸石的淋溶污染

煤矸石除含有SiO_2和Al_2O_3以及铁、锰等常量元素之外,还有其他有毒微量重金属元素,如铅、镉、汞、砷、铬等,这些重金属元素,经风化和降水的长期淋溶作用,被释放出来,进入环境,导致土壤、地表水及浅层地下水的污染,我国西南、西北及山西的部分高硫分矿区尤为突出[114,121~124]。如山西汾西矿务局,某些井田范围内的土壤已经受到镉、汞的轻度污染。美国俄核俄州某矿区,在10多年的时间内,矸石山周围水体中硫酸盐浓度增加了20g/L。煤矸石中大部分重金属元素的析出浓度与淋溶液的酸度有关;不同的微量元素赋存在矸石的不同矿物组分中,风险评估显示Mn、Cr、Se、Ni、Zn、As和Cu能够对环境产生极大的污染,其它元素(Co、Sn和V)则产生影响较小。矸石中有害组分对环境的影响在不同矿区是不同的,与当地地层、岩性特征、采矿条件、堆放条件等有关[109,110,116,125~129]。

3. 粉煤灰的危害

由燃煤飞灰或粉煤灰引起的生物中毒和环境污染在国内外均有发生[102]。如美国大气硒污染主要来源于燃煤,燃煤引起的大气硒排放量占总量的62%,燃煤排放是大气中汞的最大污染来源[106]。大气中汞通过干湿沉降后在生态系统的食物链中富集,对人类生存构成了潜在威胁。在北欧和北美酸雨沉降区,一些湖泊中鱼体内汞含量远远超过世界卫生组织建议的食用水产品的汞含量标准。燃煤烟尘也是大气中砷的主要来源,如著名的伦敦烟雾,其大气中砷含量为$0.04\sim0.14\mu g/m^3$。原捷克斯洛伐克燃煤电厂排放的Pb、As等已造成附近儿童骨骼生长延缓。我国部分地区燃煤飞灰中微量元素造成的危害甚至远远超过国外。湖北恩施的燃煤型硒中毒具有很强的代表性,高硒燃煤区居室内空气硒浓度高达$0.6mg/m^3$,有时甚至高达$1.2\ mg/m^3$;被污染土壤中硒含量高达300mg/kg,地表水中硒含量高达8.4ng/L,造成人畜硒中毒现象[95]。初步估计,我国每年燃煤排放到大气中的汞近300t,郑州市因燃煤排放,雨水中汞含量高达0.136mg/L,为饮用水标准的136倍[130]。此外,许多地方病高发区,如水俣病(汞中毒)、骨痛病(镉中毒)、氟骨症(氟中毒)、脱甲风(硒中毒)、砒中毒、癌症、心脑血管病等,其病因可部分甚至全部归结为燃煤排放废物引起[98,99,114,131~140]。

1.2.3　煤炭固体废物国内外研究现状和发展趋势

煤炭固体废物对大气、水体和土壤的污染受到广泛关注,国外研究以美国、波兰为代表[141~146],煤炭固体废物对水体和土壤的污染研究,主要通过浸泡实验、模拟降水、实地水质监测等,从理化性质、污染物运移转化机理及污染治理等方面进行,以常量和无机微量组分为主。国内主要从煤炭固体废物中微量元素的分布规律、赋存状态、成因机理及微量元素的应用等方面进行了研究,在研究煤炭固体废物中微量元素地球化学的基础上,研究煤炭固体废物在排放、堆存、填埋、运输、淋溶(滤)等过程中,其中的微量元素的迁移、析出并进入大气、水、土壤中对环境的影响。在研究中考虑了微量元素的性质及生物活性,主要取决于煤炭固体废物的含量、种类、存在形式、pH、氧化还原条件及其他因素[147~151],也有从地质灾害的调查方面进行,采集矸石样品,进行浸泡和淋溶实验,或监测矸石山附近地下水质,对照地下水环境质量标准,评估其是否产生污染[110,121,122,131,134,152~159]。总之,针对煤炭固体废物的环境影响,国内外研究目前侧重于其矿物学和化学组成(特别是有害元素)的分布特征、赋存形态和地球化学行为、废物的水-岩相互作用及其环境化学效应[160~172]。

目前对煤炭固体废物的研究,多局限于其在孤立环境因子(水体、大气或土壤)中的矿物学和化学组成、地球化学行为和环境效应,且对环境效应的研究多局限于组分质量浓度的检测,侧重于煤炭固体废弃物的水-岩相互作用及其环境化学效应、煤炭固体废弃物中微量重金属的矿物学和地球化学行为的实验研究,而针对煤炭固体废弃物的生物活性的研究开展尚少,此方向的研究对煤炭城市和煤矿区的环境保护具有重大意义,是一项开拓性研究工作。

1.3　本书主要研究内容

本书针对河南省煤矿区大气颗粒物污染及其健康效应进行研究,上篇以煤矿城市(平顶山、义马、永城)为例,研究煤矿区城市大气颗粒物污染特征及健康效应,分析煤矿区城市大气颗粒物污染特征及变化规律,揭示煤炭生产与使用过程中产生的煤炭固体废物(煤矸石及粉煤灰)对周边大气颗粒物污染及其健康效应的影响,探讨煤矿城市大气颗粒物污染治理的方法与途径。下篇研究煤矿城市——平顶山市及义马市煤炭固体废物的理化特征,研究其污染组分在不同环境介质(水、土壤和大气)、不同运移条件下的理化特征、重金属元素组成,利用质粒DNA方法对煤炭固体废物在整个环境系统中的生物活性进行了研究,评价了其生物活性强弱及产生原因。

1.3.1 煤矿区城市大气颗粒物研究

煤矿区城市大气颗粒物的研究主要内容包括：

（1）分析了河南省煤矿区城市平顶山 2004～2013 年颗粒物的污染状况，并于 2008 年在义马、平顶山、永城采样分析颗粒物夏季和冬季的污染变化特征，同时探讨不同气象条件对颗粒物污染的影响。

（2）使用 FESEM 分析不同煤矿区城市 PM_{10} 的微观形貌特征，并结合图像分析技术分析不同类型颗粒物的数量-粒度和体积-粒度分布。

（3）使用 TEM-EDX 分析不同季节煤矿区城市细颗粒物的微观形貌和化学成分。

（4）使用 SEM-EDX 分析不同季节不同城市煤矿区城市粗颗粒的元素组成特征，利用（Si＋Al）-Ca-S 三角相图分析颗粒物的硫化现象。

（5）利用 ICP-MS 对河南省不同煤矿区城市不同季节采集的 PM_{10} 样品进行微量金属元素浓度分析，并特别重视其中燃煤产生的有害重金属如 As、Cr、Cd、Ti、Pb、Zn、Cu 等，找出其时空变化规律和可能的来源，为颗粒物生物活性评价提供科学依据。

（6）使用质粒 DNA 评价法评价不同季节不同矿区颗粒物的生物活性，并探讨颗粒物的生物活性与微量元素的关系，提出可能引起颗粒物氧化性损伤的重金属元素。

1.3.2 煤炭固体废物健康效应研究

对煤炭固体废物的研究，以河南省平顶山矿区作为主要研究区域，采集了平顶山矿区十二矿矸石山新鲜矸石、风化矸石及矸石电厂粉煤灰样品，义马矿区作为对比点，采集了跃进矿新鲜矸石样品，采集矿区矸石山和粉煤灰堆场附近的土壤样品和地下水样品，并同时采集炉前煤样、飞灰、底灰和炉渣、矸石山和粉煤灰堆场的新鲜以及风化矸石和粉煤灰样品。按照国家相关规范对样品进行前处理，置于干燥皿或冰箱冷冻（4℃）备用。主要研究内容如下。

（1）利用 X 射线衍射（X-ray diffraction，XRD）确定不同风化程度，不同地区煤矸石、粉煤灰的矿物组成的差别。

（2）利用 ICP-MS 技术对煤矸石、粉煤灰样品中的微量金属元素总量进行分析，并利用逐级提取法检测元素赋存状态，为颗粒物生物活性评价提供依据。

（3）利用质粒 DNA 评价法对比研究煤矸石和粉煤灰在不同条件下的氧化性损伤能力，以此来评价其生物活性即对人体的健康效应。

1.4　研究矿区城市概况

河南地形西高东低,处于我国地形的第二阶梯和第三阶梯的过渡地带,高差悬殊,地貌类型复杂多样。全省土地总面积 16.7 万 km^2,其中山地面积占全省总面积的 26.6%,丘陵面积占 17.7%,平原面积占 55.7%(图 1.1)。河南地势的总趋势为西部海拔高而起伏大,东部地势低且平坦,从西到东依次由中山到低山,再从丘陵过渡到平原。河南省主要成煤地质时代为晚二叠世、中侏罗世,煤炭资源分布于太行山小区、渑池确山小区、嵩箕小区、豫东小区的北部和徐州小区的南部,集中在栾川—确山—固始深断裂以北的豫北、豫西和豫东地区,是一套连续完整的地台型海陆交替相含煤沉积序列。其煤质特点是:煤种齐全,变质程度较高,以动力用煤和炼焦煤为主,煤质随成煤时代不同和各种地质因素的差异而变化。河南省为我国重要的煤炭生产基地之一,目前形成了以郑州煤业集团、平顶山煤业集团、鹤壁煤业集团、焦作煤业集团、义马煤业集团和永城煤业集团等 6 大省属国有重点煤炭企业为主体的煤炭生产开发格局。据 2014 年河南省统计年鉴,截至 2013 年,河南省煤炭资源保有储量 272.82 亿 t,约占全国的 2.8%,居全国第 10 位。

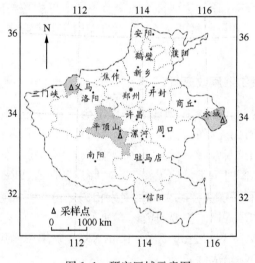

图 1.1　研究区域示意图

1)义马

义马市位于河南省西部,东距省会郑州 183km,西距三门峡市区 65km,地处陕渑、义马、宜洛、新安豫西四大煤田的腹地,归属三门峡市管辖,地理坐标为东经 $111°57'\sim111°59'$,北纬 $39°41'\sim34°46'$。市区东西长 14km,南北宽 9km,总面积 112km²。陇海铁路、310 国道、洛三高速公路平行穿过,交通非常便利。义马地区海拔在 359～739m 之间,高差 380m,是河南省海拔最高地方。市内地貌为中低山及丘陵,地势复杂,山岭起伏,沟壑纵横。义马属于北温带大陆性季风气候,年平均气温 12.8℃,年平均降雨量 659.6mm,年平均湿度 63%。降雨多集中在夏秋季,其中 7 月份降雨最多。义马市多西-西北风,夏季多东-东南风,冬季多西-西北风,年平均风速 3.3m/s。义马煤炭资源十分丰富,煤田地质呈现为不对称、不完整的近东西向斜构造。义马煤田属中生代煤田,含煤地层为距今约 1.8 亿年左右的侏罗纪早中期的义马组,由碎屑岩、泥质岩和煤组成的陆相含煤系。义马煤田为褐煤向长焰煤过度煤种,因偏长焰煤,确定为长焰煤,含 S 0.21%～3.34%,挥发份 37.4%～43.4%。

2)平顶山

平顶山市位于河南省中南部,东经 112°14′～113°45′,北纬 33°40′～33°49′,总面积 7882 km²。全境东西长 150 km,南北宽 140 km。西依蜿蜒起伏的伏牛山脉,东接宽阔平坦的黄淮平原,南临南北要冲的宛襄盆地,北连逶迤磅礴的嵩箕山系。中心市区位于北纬 33°40′～33°49′,东经 113°04′～113°26′,东西长 40 km,南北宽 17 km,面积 453 km²。平顶山市市区基本形成北西南三面环山或土丘,东部平坦开阔的箕型地貌。这种特殊的地貌不利于市区大气污染物的扩散,对市区大气环境保护工作造成不利影响。平顶山市地处北亚热带向暖温带的过渡地带,气候属于南暖温带半湿润季风区,四季分明,光照充足。据近年的气象资料统计,年平均气温 14.5～15.2℃,年平均降水量 745.8mm,降水量年际变化大,春季占 20%～23%,夏季占 45%～50%,秋季占 24%～29%,冬季占 4%～5%。年平均相对湿度为 68.55%。年平均风速 1.8m/s,风向以偏南、西北、东北风最多,春夏盛行偏南风,秋冬盛行偏北风。平顶山素有“中原煤仓”之称,煤炭探明储量和预测储量共计 92 亿 t。平顶山煤田含煤地层为石炭—二叠系,主采煤层为丁组、戊组、己组。主要煤种为气煤、肥煤和焦煤,含 S 0.45%～1.1%,挥发份 14.2%～39.5%。

3)永城

永城市位于河南省最东端,地处豫、鲁、苏、皖四省交界处。地理坐标为东经 115°58′～116°39′,北纬 33°42′～34°18′。境内西部、西北部与河南夏邑县接壤,北、东、南部和西南部分别与安徽省砀山县、萧县、濉溪县、涡阳县、亳县毗连。永城市距省会郑州 266.5km,距商丘市 87km。本地方属暖温带半湿润、半干旱的大陆性季风气候,冬季寒冷干燥,夏季炎热多雨,冬夏季较长,春秋季较短。年平均气温 14.3℃,冷冻期一般为每年 11 月至翌年 3 月,冻土深度一般为 0.1m。年平均降水量 931.8mm,降雨集中在 7～8 月,占全年总降水量的 50%。年平均蒸发量 1756.3mm。年平均相对湿度为 73%。夏季多东南风和东风,冬季多西北风和西风,全年平均风速为 2.4m/s。永城区域地质构造,位于秦岭—昆仑纬向构造带北支南侧东延部分,为新华夏系第二沉降带内之华北凹陷的一部分。本区地下煤炭储量丰富,属华北晚古生界聚煤区,地层自上而下为第四系(厚70～120m)、第三系(厚255～563m)、三叠系(残厚大于380m)、二叠系(厚1304m)、石炭系(厚127～204m)和奥陶系(厚489m),含煤地层为石炭—二叠系。永城煤多为无烟煤,含S<0.5%,挥发份<10%。

上篇　煤矿区大气颗粒物理化特征及生物活性研究

　　煤炭资源的开发利用对环境影响严重,在煤炭资源的生产、加工、燃用过程中,会产生大量的烟尘、煤尘,同时释放大量碳氧化合物和含 S 化合物等污染物。因此,煤炭的大规模开发带来了严重的大气污染,使煤矿城市往往带有严重的大气污染特色。研究结果表明,目前我国煤矿区城市的大气污染物仍主要是可吸入颗粒物。要提高煤矿区城市的大气质量,就必须严格加强大气颗粒物的治理,需要对煤矿区城市的大气颗粒物污染进行深入的研究。研究的主要内容应包括以下方面:大气颗粒物的物理化学性质(包括质量浓度、颗粒物微观形貌、粒度分布、颗粒物的聚集特性、化学组分等)、来源解析以及对人体健康的影响等。

　　大气颗粒物的质量浓度(包括 PM_{10}、$PM_{2.5}$)是评价环境大气质量的主要依据,也是流行病学调查的基础。大气颗粒物的大小和形状决定颗粒最终进入人体的部位,颗粒物粒径与其在呼吸道内的沉着、滞留和清除有关。

　　PM_{10} 源解析的目的是为了了解大气颗粒物的污染来源、源分布及各种污染源的贡献等,从而为颗粒物的污染控制提供基础资料。

　　对于煤矿区城市大气颗粒物的健康影响,主要进行了大气颗粒物的生物活性研究,将颗粒物暴露在分离的活体细胞或组织中,通过评价颗粒物对这些细胞或组织的破坏程度来评价它们的生物活性。本书采用质粒 DNA 评价法评价大气颗粒物的生物活性,通过定量评价颗粒物对 DNA 的损伤作用,确定大气颗粒物的生物活性。

　　本篇以煤矿城市(平顶山、义马、永城)的为例,研究煤矿区城市大气颗粒物污染的特征及健康效应,分析煤矿区城市大气颗粒物污染的特征及变化规律,探讨煤矿区城市大气颗粒物污染治理的方法与途径。

2 煤矿区城市大气颗粒物的污染水平

可吸入颗粒物的质量浓度是评价空气质量的主要指标，是目前制定国家空气质量标准的重要依据之一，也是大部分流行病学调查研究的基础，为此世界各国环保机构先后制订了 PM_{10} 和 $PM_{2.5}$ 的国家标准。美国国家环境空气质量标准规定大气 PM_{10} 的日均值和年均值分别为 $150\mu g/m^3$ 和 $50\mu g/m^3$；美国国家环保署公布了 $PM_{2.5}$ 的标准，规定其日均值和年均值分别为 $65\mu g/m^3$ 和 $15\mu g/m^{3[173]}$。2012年我国首次在北京、天津、河北和长三角地区、珠三角地区等重点区域以及直辖市和省会城市开展 $PM_{2.5}$ 和臭氧监测。我国在 2016 年开始实施新的环境空气质量国家标准（GB 3095—2012），PM_{10} 二级标准的日均值和年均值分别为 $150\mu g/m^3$ 和 $70\mu g/m^3$，$PM_{2.5}$ 的二级标准日均值和年均值分别为 $75\mu g/m^3$ 和 $35\mu g/m^3$，煤矿区城市以煤炭为主要污染源的大气污染非常严重，为分析煤矿区城市的大气污染状况，作者在义马、平顶山和永城采集大气 PM_{10} 样品，分析河南省三个矿区城市夏冬两季 PM_{10} 质量浓度的变化特征。

2.1 煤矿区城市大气总体质量分析

在中华人民共和国环境保护部数据中心网站（http://datacenter.mep.gov.cn/）收集河南省煤矿区代表城市平顶山 2004～2013 年的污染物的数据，分析了平顶山空气污染物的变化情况。将公布的空气污染指数转换为当天的可吸入颗粒物、二氧化硫、二氧化氮的质量浓度值，具体转换公式是按表 2.1 的数据进行线性插值。

表 2.1 大气污染物污染指数与浓度的对应关系

污染指数 API	污染物浓度（日均值，mg/m³）		
	SO_2	NO_2	PM_{10}
50	0.05	0.08	0.05
100	0.15	0.12	0.15
200	0.80	0.28	0.35
300	1.60	0.565	0.42
400	2.10	0.75	0.50
500	2.62	0.94	0.60

2.1.1 平顶山市 2004～2013 年大气总体质量水平分析

近 10 多年来,经济的发展和污染控制情况有很大的变化,造成平顶山市环境空气质量有一定的波动(图 2.1),年度环境空气质量为优的天数最少为 9 天,最多达到 135 天,大部分在 20～40 天;优良的天数在 225～340 天,优良率为 61.6%～93.2%。总体上看,从 2004 年到 2013 年,有一个空气质量下降—上升—下降的反复。从首要污染物分布(图 2.2)来看,一天中可吸入颗粒物是首要污染物的天数从 230～352 天,有较大变化,占污染天数总数的 79.6%～100%;二氧化硫污染指数最高的天数从 0～67 天,占污染天数总数的 0%～9.1%。这些数据说明从 2005 年到 2009 年,平顶山空气质量的优良率逐年上升,2010 年到 2013 年平顶山空气

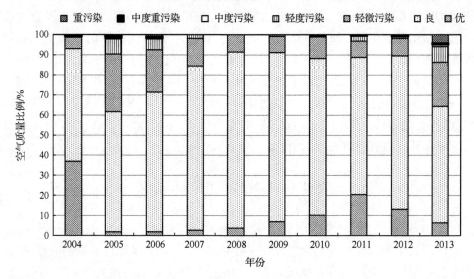

图 2.1　平顶山市 2004～2013 年大气质量分布图(数据来源:http://datacenter.mep.gov.cn/)

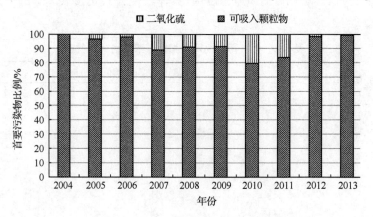

图 2.2　平顶山市 2004～2013 年大气首要污染物天数分布比例

质量的优良率有所下降,可吸入颗粒物污染一直占有较大比例,平顶山的空气质量控制任务比较重。

2.1.2 平顶山市 2004～2013 年大气颗粒物浓度变化情况

和 2004～2013 年平顶山市环境空气质量变化类似,2004～2013 年平顶山市的年平均 PM_{10} 也呈现下降—上升—下降的趋势(图 2.3),年平均 PM_{10} 最小值和最大值分别为 $79\mu g/m^3$ 和 $151\mu g/m^3$。年度内变化比较大,2008 年 PM_{10} 最大值是最小值的 5.2 倍;2004 年平顶山市 PM_{10} 最大值是最小值的 37.5 倍,主要是当年有 PM_{10} 浓度达到标准的最大值,造成 PM_{10} 最大值与最小值比值变得很大。

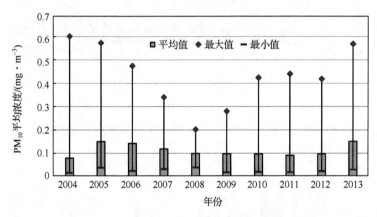

图 2.3 平顶山市 2004～2013 年 PM_{10} 平均浓度变化

2004～2013 年平顶山市可吸入颗粒物年均值从 $79\mu g/m^3$ 到 $151\mu g/m^3$,其中 2005～2007 年以及 2013 年平均值超过《环境空气质量标准》(GB 3095—1996)二级标准(可吸入颗粒物年平均值为 $100\mu g/m^3$)。2008～2012 年可吸入颗粒物年平均值均在 $100\mu g/m^3$ 以下,比较稳定,到 2013 年有较大的上升。

大气污染物浓度随污染物排放、天气状况等的变化而变化,图 2.4 是平顶山市 2004～2013 年 PM_{10} 浓度月平均变化曲线,不同年度月平均浓度变化规律不同,但大致可以看出,一般 PM_{10} 浓度月平均值 1 月较高,随后逐步降低,一般到 7、8 月最低,后逐渐上升,到 12 月达到高点,其中,2011 年 8 月平顶山市 PM_{10} 浓度月平均值最低,为 $48\mu g/m^3$,2013 年平顶山市 PM_{10} 浓度月平均值 12 月最高,为 $329\mu g/m^3$,这说明平顶山冬季污染相对比较严重,其余季节污染较轻。平顶山市大气污染物浓度变化范围较大,说明其变化的影响因素很多,各种因素如污染物的来源、气象条件(降水、风、温度)等都有可能影响污染物浓度的变化,不同季节的变化程度和频繁程度不同。

平顶山市季节分明,分别以 3～5 月为春季,6～8 月为夏季,9～11 月为秋季、

12月和次年1、2月为冬季。分析PM_{10}的季度变化情况,平顶山市2004～2013年四季大气PM_{10}变化情况结果如图2.5所示。从图中可以看出,除了2012年秋季PM_{10}季度平均值较低,低于当年夏季平均值外,一般都是冬季＞秋季＞夏季,春季的PM_{10}季度平均值与当年其他季度的平均值相比变化较大。总体来看,平顶山冬季污染严重,夏季污染较轻。

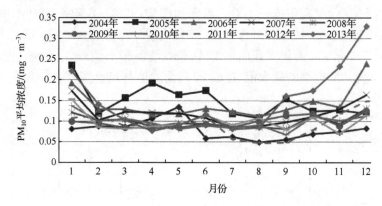

图2.4 平顶山市2004～2013年PM_{10}质量浓度月变化曲线

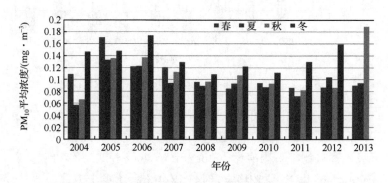

图2.5 平顶山市2004～2013年PM_{10}质量浓度季度变化

2.2 煤矿区城市采样点冬季及夏季大气颗粒物的污染水平

2.2.1 矿区城市大气颗粒物的采集

根据河南省成煤年代不同、地形地势不同,选择义马(高原)、平顶山(丘陵)、永城(平原)三个地区分别代表河南省煤矿区采样地点(图1.1)。

义马采样点选择跃进矿招待所三层楼顶,经纬度坐标为N34°43′24.7″、E111°52′49.8″。采样点东南方向约50m处为跃进矿洗煤厂,南面为顺昌电厂和煤矸石堆放场,西北方向 6km 处为千秋煤矿、10km 处为义煤电厂,东北方向约 8km 处为新义马电厂。

平顶山市区采样点设在二矿招待所六层楼顶,经纬度坐标为 N33°44′56.5″,E113°18′06.5″,采样点距地面高度约 18m。采样点东面为东电厂,南面为市区,西南方向 8～9km 为姚孟电厂,北面为平顶山二矿,二矿主要污染源为煤矸石堆放场和电厂。郊区距市区约 12km,郊区采样点设在平顶山工学院新校区招待所 3 层楼顶,经纬度为 N33°46′33.6″,E113°10′37.3″。采样点东南面 3km 左右为姚孟电厂,北面 8 公里为坑口电厂,南面是操场和学校建筑。背景点位于平顶山鲁山县尧山镇汉城招待所 3 层楼顶。背景点距离石人山风景区 15km,四周环山。紧邻采样点楼前为一条马路,有过往机动车辆。

永城采样点选择在城郊矿五层楼顶,经纬度坐标为 N33°56′25.8″、E116°22′49.0″。东南方向 1km 处为煤矸石堆放场,西南方向 500m 处为选煤厂和取暖锅炉。东北方向 5km 处为永煤热电厂,西面 8km 处为神火电厂。

三个城市的主要污染源都具有煤炭特色,典型污染源包括燃煤电厂、煤炭相关工业、煤矸石、粉煤灰及煤堆堆放场。非典型污染源包括地表扬尘、交通、垃圾焚烧等。

1. 矿区城市大气颗粒物采样设备的选择

本次采样使用的仪器有以下 4 类:

1) TSP-PM$_{10}$ 型中流量采样仪(KB-120F,青岛崂山)

采样流量 100L/min,采集大气 PM$_{10}$ 样品,使用 Φ90mm 玻璃纤维滤膜。该采样仪主要用来监测质量浓度。

2) Minvol 便携式采样仪(Air Metric 公司,U.S.A)

采样流量为 5L/min,采集大气 PM$_{10}$ 样品,使用的滤膜是孔径为 0.67μm、直径 47mm 的聚碳酸酯滤膜。采集样品用来进行 FESEM 和 SEM-EDX 分析。该仪器的优点是重量轻、便于携带、噪声低等。

3) Negretti(UK)粒度切割器

该采样头连接到 KB80-E 型采样泵(青岛崂山电子),将进气流量调节为 30L·min^{-1} 时采集 PM$_{10}$ 样品。使用的滤膜是孔径为 0.67μm 聚碳酸酯滤膜。样品主要用来做质粒 DNA 评价实验和 ICP-MS。

4) KB-2 型单颗粒采样仪

采样流量为 1L/min,样品用来做 TEM-EDX 分析。

　　2. 矿区城市大气颗粒物采样设备的选择

　　(1) 采样时间：2008 年 5 月～2008 年 12 月。

　　(2) 采样方案：2008 年夏季(5～6 月)和冬季(12 月)分别在河南省义马、平顶山、永城进行采样，每个季节每个地点各采样一周。根据实验目的的不同，各仪器设置的采样时间也不同：中流量采样仪采集样品的时间为 12 个小时；Minivol 采样仪分白天和晚上采样，一般为 2～8h，样品采集时间视污染程度而定；Negretti 采样头采集样品的采样时间为 24h，采样过程中要注意气体流量的变化，防止堵塞滤膜导致流量为 0。夏季样品的质量浓度以 Minivol 采集样品为准，冬季样品的质量浓度以中流量采样仪采集样品为准。TEM 采样时间为 60～120s，根据污染程度而定。采样安排目的是样品能够代表整个煤矿区城市夏季和冬季颗粒物污染状况，但义马和永城夏季采样期间遇到下雨情况，考虑到河南省雨季多集中在夏季，夏季降水量几乎占到全年降水量的 50%，所以采集样品基本上能代表夏季煤矿区污染状况；冬季采样期间未见有下雨下雪的特殊情况。

　　采样期间用 NK4000(USA)自动记录每小时的温度、湿度、气压等气象参数，风速和风向多次手动测量，根据每个样品的采样时间选取相应采样时间内气象参数的平均值，表 2.2 为纪录的原始数据。

　　采样前后需要将滤膜置于温度为 20±1℃、相对湿度为 40%±5% 的条件下恒温 48h，然后用十万分之一电子天平(日本 AND)称重，天平使用前需要预热 2h，称重得到的前后质量差除以气体总体积(标准状况下)即颗粒物质量浓度。其计算公式如下：

$$C = (W_2 - W_1)/V$$

其中，C 为质量浓度，$\mu g/m^3$；W_1 为采样前滤膜的质量，μg；W_2 为采样后滤膜的质量，μg；V 为换算成标准状况下的采样气体体积，m^3。

表 2.2　河南省煤矿区大气 PM_{10} 质量浓度原始数据

样品序号	样品编号	采样时间	质量浓度/$(\mu g \cdot m^{-3})$	气温/℃	湿度/%	平均风速/$(m \cdot s^{-1})$	天气	能见度/km	备注
No. 1	义夏 1	2008.6.9～10	400.1	28.5	37	静风	多云	4	
No. 2	义夏 3	2008.6.11～12	349.1	26.9	59	东/1.0	阴	3	义马夏季
No. 3	义夏 4	2008.6.12	245.6	30.6	46.8	东南/1.7	多云转阴	3	
No. 4	义夏 5	2008.6.13	312.3	28.5	58.5	东北/1.3	多云	3	
No. 5	义夏 6	2008.6.14～15	452	26.4	66.9	静风	阴,轻霾	3	
No. 6	义夏 7	2008.6.15～16	415.7	22.1	74	东/2.1	阴,轻霾,雨	3	

样品序号	样品编号	采样时间	质量浓度/($\mu g \cdot m^{-3}$)	气温/℃	湿度/%	平均风速/($m \cdot s^{-1}$)	天气	能见度/km	备注
No.7	平夏1	2008.5.29~30	393	26.6	26	北/3.4	多云,浮尘	3	
No.8	平夏2	2008.5.30~31	326.3	28.5	26.4	西北/1.1	晴	4	
No.9	平夏3	2008.5.31~6.1	320.1	30.1	32.1	西南/0.7	多云	4	平顶山夏季
No.10	平夏4	2008.6.1~2	300	29.2	26.4	东北/1.4	多云,雨	3	
No.11	平夏5	2008.6.2~3	190.7	22	56.1	东南/1.1	阵雨	4	
No.12	平夏6	2008.6.4~5	218.6	23.6	47.6	西北/2.2	晴	7	
No.13	平夏7	2008.6.5~6	206.4	28	35.5	东北/0.5	晴	3	背景点
No.14	平夏8	2008.6.7~8	68.5	25.5	59.4	静风	多云,有太阳雨	10	
No.15	平夏9	2008.6.8~9	86.1	28.9	49.1	静风	晴	10	
No.16	永夏1	2008.6.19~20	133.6	27.3	79	南/1.7	多云,雨	5	永城夏季
No.17	永夏2	2008.6.21~22	191.1	28.9	76	静风	晴	5	
No.18	永夏3	2008.6.22~33	215.2	28.5	69.5	东南/1.3	多云	4	
No.19	义冬1	2008.12.15~16	185.6	11.4	35.3	西北/0.2	晴	4	
No.20	义冬2	2008.12.16~17	242.7	6.5	52	西南/3.0	晴,霾	4	义马冬季
No.21	义冬3	2008.12.17~18	244.6	4.5	47.4	冬/1.8	晴	4	
No.22	义冬4	2008.12.18~19	247.5	3.1	54.1	东南/0.9	晴,霾	4	
No.23	义冬5	2008.12.19~20	244.6	4.4	44.9	西北/2.8	晴	3	
No.24	平冬1	2008.12.8~9	134	13	45.1	西南/2.2	晴	8	
No.25	平冬2	2008.12.9~10	160.4	12.5	54.4	西南/0.8	晴,轻霾	6	
No.26	平冬3	2008.12.10~11	217.4	6.8	58.1	东北/1.9	阴,轻霾	5	
No.27	平冬4	2008.12.11~12	239.5	7.9	60.5	西南/0.7	多云,轻霾	4	平顶山冬季
No.28	平冬5	2008.12.12~13	282.8	6.3	61.8	西南/0.2	多云,霾	4	
No.29	平冬6	2008.12.13~14	115.9	4	51.3	东北/1.1	晴	4	
No.30	平冬7	2008.12.14~15	136.5	5.5	58.4	西北/0.2	多云,霾	4	
No.31	永冬1	2008.12.21~22	165.8	−3.5	23.5	北/3.2	多云	5	
No.32	永冬2	2008.12.22~23	132.8	−3.3	35.9	东南/1.0	晴	5	
No.33	永冬3	2008.12.23~24	150.7	0.6	42.8	东南/0.7	晴	5	永城冬季
No.34	永冬4	2008.12.24~25	221.2	1.9	40.5	西北/0.4	多云	4	
No.35	永冬5	2008.12.25~26	165.8	1.2	36.3	西北/1.3	多云	4	

2.2.2 采样点大气颗粒物污染水平的变化规律

将当日早9点到次日早9点做为该日的质量浓度值,可以得到河南省煤矿区城市夏季颗粒物的质量浓度值(图2.6)。义马市空气颗粒物质量浓度最大值和最小值分别为452μg/m³ 和246μg/m³;平顶山市空气颗粒物质量浓度最大值和最小值分别为393μg/m³ 和191μg/m³;永城市空气颗粒物质量浓度最大值和最小值分别为215μg/m³ 和134μg/m³;背景点设在平顶山鲁山县尧山镇汉城招待所,其质量浓度平均值为77μg/m³。义马、平顶山和永城夏季颗粒物质量浓度平均值分别为362μg/m³、279μg/m³ 和180μg/m³,义马>平顶山>永城。三个煤矿区城市监测的夏季颗粒物质量浓度日均值均大于国家二级标准150μg/m³,说明煤矿区城市整体污染严重,只有背景点远离煤矿区,非常接近石人山风景区,其空气质量为良。由于河南省雨季主要集中在夏季,在采样过程中三个地区均有下雨情况。其中永城夏季雨水最多,采样前几天已经下过雨,雨水清除了空气中的污染物,所以永城夏季颗粒物质量浓度最低。

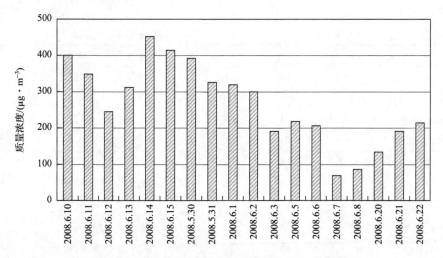

图2.6 河南省煤矿区城市2008年夏季PM$_{10}$质量浓度

2008.6.10~16为义马数据,2008.5.30~6.5为平顶山矿区数据,2008.6.6~8为平顶山背景点(鲁山县尧山镇)数据,2008.6.20~22为永城数据

图2.7为河南省煤矿区城市冬季颗粒物的质量浓度值。义马市空气颗粒物质量浓度最大、最小值分别为248μg/m³、186μg/m³;平顶山市空气颗粒物质量浓度最大、最小值分别为283μg/m³、112μg/m³;永城市空气颗粒物质量浓度最大和最小值分别为221μg/m³ 和133μg/m³。义马、平顶山和永城冬季颗粒物质量浓度平均值分别为233μg/m³、184μg/m³ 和167μg/m³,义马>平顶山>永城。三个煤矿区城市监测的冬季颗粒物质量浓度日均值均大于国家二级标准150 mg/m³,说明煤矿

区城市冬季污染仍然很严重。

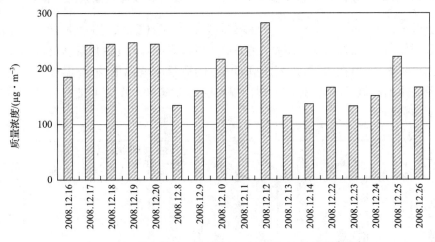

图 2.7　河南省煤矿区城市 2008 年冬季 PM$_{10}$质量浓度

2008.12.16~20 为义马数据,2008.12.8~14 为平顶山数据, 2008.12.22~26 为永城数据

　　三个煤矿区城市夏季和冬季颗粒物质量浓度都是义马最大、平顶山次之、永城最小。义马采样点设在跃进矿,采样点周围煤矿较多,而且电厂设在煤矿区内,使得空气污染严重。平顶山采样点设在二矿招待所,周围为市民生活区和二矿,其余煤矿和电厂距离采样点较远,所以污染小于义马。永城由于濒临淮河,雨水较多,而且永城多为无烟煤,煤质最好,使得空气污染最小。采样期间夏季与冬季相比,夏季矿区颗粒物质量浓度大于冬季,可能与夏季风速较低、污染物不易扩散、空气湿度大有关。而采样期间冬季干燥多风使得空气污染还没有夏季严重。

2.3　煤矿区城市采样点大气颗粒物质量浓度与气象条件之间的相关分析

　　空气污染的根本原因是由于存在各类污染源,污染物排放量是影响空气质量的根本因素,同时气象条件的变化又是影响空气质量的客观因素。Louiea 等[174]和 Lin 等[175]研究表明大气颗粒物的污染水平和温度、湿度、风向以及风速都有直接关系。Vecchia 等研究表明在空气相对湿度为 50% 的条件下用重量法监测颗粒物的质量浓度比相对湿度为 20% 时测得的结果高 1.07~1.09 倍,颗粒物质量浓度和相对湿度有一定关系[176]。宋艳玲等[177]、张睿等[178]研究也表明污染物的累积与气象因子关系密切。作者在 2008 年 6 月和 2008 年 12 月样品采集过程中,详细记录了采样时间段内温度、相对湿度、气压、风速、能见度等气象要素。下面讨论煤矿区城市采集的颗粒物质量浓度与气象参数(温度、相对湿度和风速)的相关性。

2.3.1　煤矿区城市采样点夏季大气颗粒物的质量浓度与气象条件之间的关系

煤矿区城市夏季采样期间 PM$_{10}$ 的质量浓度与温度、相对湿度和风速之间的关系分别如图 2.8、图 2.9 和图 2.10 所示。可以看出，PM$_{10}$ 的质量浓度与湿度的相关性较明显，成负相关，即湿度越高，PM$_{10}$ 的质量浓度越低，而与温度和风速之间的相关性不明显，表明采样时间段内煤矿区城市夏季 PM$_{10}$ 的质量浓度主要受空气湿度的影响。

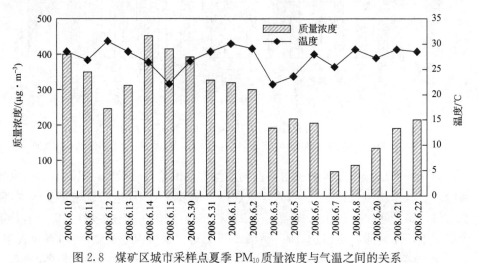

图 2.8　煤矿区城市采样点夏季 PM$_{10}$ 质量浓度与气温之间的关系

2008.6.10～15 为义马数据，2008.5.30～6.5 为平顶山矿区数据，2008.6.6～8 为平顶山背景点（鲁山县尧山镇）数据，2008.6.20～22 为永城数据

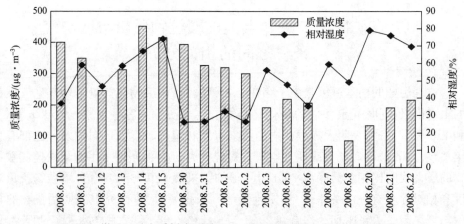

图 2.9　煤矿区城市采样点夏季 PM$_{10}$ 质量浓度与相对湿度之间的关系

2008.6.10～15 为义马数据，2008.5.30～6.5 为平顶山矿区数据，2008.6.6～8 为平顶山背景点（鲁山县尧山镇）数据，2008.6.20～22 为永城数据

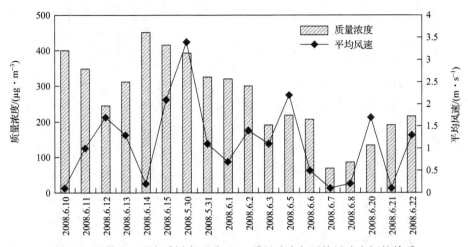

图 2.10　煤矿区城市采样点夏季 PM_{10} 质量浓度与平均风速之间的关系

2008.6.10～15 为义马数据,2008.5.30～6.5 为平顶山矿区数据,2008.6.6～8 为平顶山背景点(鲁山县尧山镇)数据,2008.6.20～22 为永城数据

2.3.2　煤矿区城市采样点冬季大气颗粒物的质量浓度与气象条件之间的关系

　　煤矿区城市冬季采样期间 PM_{10} 的质量浓度与温度、相对湿度和风速之间的关系分别如图 2.11、图 2.12 和图 2.13 所示。可以看出,PM_{10} 的质量浓度与湿度的相关性较明显,成正相关,即湿度越高,PM_{10} 的质量浓度越高,而与温度和风速之间的相关性不明显,表明采样时间段内煤矿区城市冬季 PM_{10} 的质量浓度主要受空气湿度的影响。

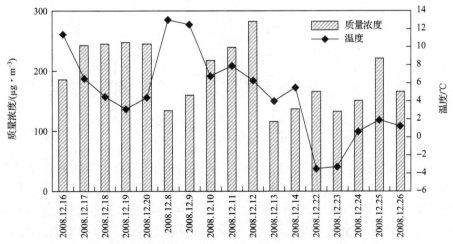

图 2.11　煤矿区城市采样点冬季 PM_{10} 质量浓度与气温之间的关系

2008.12.16～20 为义马数据,2008.12.8～14 为平顶山数据,2008.12.22～26 为永城数据

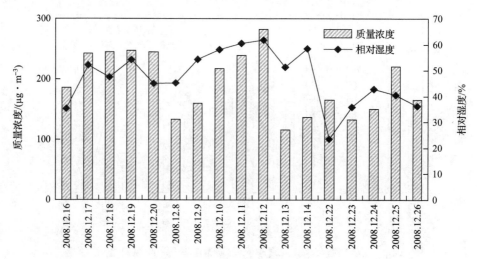

图 2.12　煤矿区城市采样点冬季 PM$_{10}$ 质量浓度与相对湿度之间的关系

2008.12.16～20 为义马数据,2008.12.8～14 为平顶山数据,2008.12.22～26 为永城数据

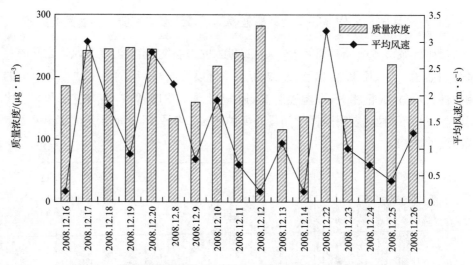

图 2.13　煤矿区城市采样点冬季 PM$_{10}$ 质量浓度与风速之间的关系

2008.12.16～20 为义马数据,2008.12.8～14 为平顶山数据,2008.12.22～26 为永城数据

　　不同季节颗粒物质量浓度与空气相对湿度之间的关系有明显的差异,夏季成正相关而冬季呈负相关。其原因可能是夏季雨水较多,采样期间遇到下雨情况,空气相对湿度最大达到 79%,导致污染物被冲刷稀释。而冬季采样期间,没有降水,使得空气湿度越大,空气污染越严重。夏季和冬季采样期间颗粒物的质量浓度与温度和风速的相关性并不大,这可能是由于 PM$_{10}$ 的质量浓度是各种气象要素、不同季节的污染源的变化引起的综合作用的结果。

2.4 小 结

（1）2004～2013 年河南煤矿区代表城市平顶山的首要污染物是 PM_{10}。总体来看，平顶山冬季污染严重，夏季污染较轻。

（2）2008 年对河南省煤矿区城市平顶山、义马、永城的监测数据结果表明，煤矿区城市污染相当严重，冬季和夏季煤矿区城市的颗粒物浓度日均值均大于国家空气质量 2 级标准（$150\mu g/m^3$），各矿区污染程度为义马＞平顶山＞永城。监测结果表明煤矿区城市冬季颗粒物污染程度小于夏季，可能与采样监测的时间段较短以及特殊的气象条件有关。

（3）煤矿区城市 PM_{10} 的污染水平与采样时的湿度关系较大，夏季与湿度呈负相关而冬季与湿度呈正相关。颗粒物的质量浓度与温度和风速的相关性并不大，PM_{10} 的质量浓度是各种气象要素、不同季节的污染源的变化引起的综合作用的结果。

3 煤矿区城市大气颗粒物的微观形貌及粒度分布特征

大气颗粒物污染源的复杂性使得单颗粒物分析成为研究颗粒物的重要手段，它可以提供颗粒物的粒度分布、大小、来源、成分及化学变化等信息[179]。电子显微镜是表征单颗粒的理想工具，与 X 射线能谱结合，电子显微镜可以同时提供颗粒物的形貌、化学成分和粒度分布等信息[180]，这些信息可作为判断大气颗粒物来源的证据之一，从而为制定相应的污染防治措施提供理论依据。可吸入颗粒物的表面特性对其所吸附的物质的种类、数量及所发生的化学反应起决定作用，健康效应与粒径小于 100nm 的超细颗粒物密切相关[181]。一般而言，颗粒物的粒径越小，其比表面积越大，携带有害物质如金属元素、PAHs 等的能力就越强，对人体的健康危害也就越大。因此，对可吸入颗粒物粒度分布的研究非常重要。

煤炭在未来几十年内仍是我国主要的一次能源，大量煤炭的消耗对环境造成了严重的污染，煤燃烧产生的可吸入颗粒物已成为矿区城市大气污染的主要来源[182]。目前国内对 PM_{10} 微观形貌和粒度分布的特征研究主要集中在北京、上海、兰州、郑州等大城市[18,91,92]，对煤矿区城市的研究还很少[183,184]。由于煤矿区城市煤矿和电厂居多，二氧化硫和氮氧化物排放量随之增多，会导致空气中可吸入颗粒物类型以及粒度分布的变化。本书采集平顶山、义马、永城颗粒物样品，分析矿区颗粒物的微观形貌、颗粒物组成变化以及粒度分布，以期为颗粒物的来源分析和生物活性评价提供基础资料。

3.1 扫描电镜分析的基本原理简介

3.1.1 扫描电镜的基本结构和工作原理

自从 1965 年第一台商用扫描电镜问世后，它得到了迅速发展，是一种比较理想的表面分析工具。扫描电镜可以直接观察大块试样，样品制备非常方便，而且景深大、放大倍数连续调节范围大，分辨本领比较高，所以它成为样品表面分析的有效工具[185]。

扫描电镜主要由电子光学系统、扫描系统、信号检测系统、显示系统、真空和电源系统组成，其主要部件如图 3.1 所示。电子光学系统由电子枪、电磁透镜、扫描线圈和样品室等部件组成。电子光学系统作用是用来获得扫描电子束，作为产生物理信号的激发源。为了获得较高的信号强度和图像分辨率,扫描电子束应具有较高的亮度和尽可能小的束斑直径。扫描系统由扫描信号发生器、扫描放大器组成。信号检测系统最主要的部件是电子收集器,它是由闪烁体、光电管和光电倍增管组成,其作用是将电子信号收集起来,成比例地转换成光信号,经放大后再转换成电信号输出(增益达 10^6)。电子光学系统、扫描系统、信号检测系统等三个系统共同完成扫描电镜的成像过程。图像显示系统的作用是将信号收集器输出的信号成比例地转换为阴极射线显像管电子束强度的变化,这样就在荧光屏上得到一幅与样品扫描点产生的某一物理信号成比例的亮度变化的扫描像。真空系统由机械泵、油扩散泵、各种真空阀和真空检测单元组成。电源系统由一系列变压器、稳压器及相应的安全控制线路组成,这两个系统是实现扫描电镜功能的基本环境要求。

扫描电子显微镜的原理是依据电子与物质的相互作用,获取被测样品本身的各种物理、化学性质的信息。实际成像过程是:电子枪发射能量高达 30keV 的电子束,经汇聚透镜与物镜缩小、聚焦,在试样表面形成一个具有一定能量、强度、斑点直径的电子束。在扫描线圈的磁场作用下,入射电子束在试样表面经按一定时间与空间顺序作光栅式逐点扫描,由于入射电子与试样表面之间相互作用,从试样中激发出二次电子。由于二次电子收集器的作用,可将向各方向发射的二次电子汇集起来,再经加速极加速射到闪烁体上转变成光信号,经过光导管到达光电倍增管,使光信号再转变为电信号。这一电信号经视频放大器放大,将其输出到显像管的栅极,调制显像管的亮度,因此在荧光屏上呈现出反映试样表面起伏程度的二次电子像。高分辨率的 SEM 图像受控于直径很小的电子束的电流大小,场发射枪发射的电子束亮度较六硼化镧电子发射枪发射的电子束高一个数量级,因此使得图像分辨率有了更大的提高[185,186]。因此,场发射枪在扫描电镜中的应用越来越广泛。

X 射线能谱分析法的特点是直接对从样品中所激发出来的特征 X 射线进行定量分析。EDX 是由一系列电子学仪器所组成的分析系统,主要由 Si(Li)检测系统、多道脉冲分析器、主放大器和计算机系统等四部分组成。X 射线探测器的位置简图如图 3.1 所示。特征 X 射线主要用于元素鉴定和组成分析。EDX 应用广泛、操作简单,但是只能分析原子序数大于 11(Na)的元素,对于原子序数小的元素可以使用无窗或窄窗 EDX 检测器的 X 射线探测器,半定量地研究小原子序数的化学成分。

3.1.2 扫描电镜在大气颗粒物研究中的应用

扫描电镜已经被成功应用于大气颗粒物的研究。Post 等[188]利用扫描电镜和能谱分析了由两种或者多种成分所组成的单颗粒物的形貌和成分。Aragon 等使用 SEM 和 TEM 研究了墨西哥 San Luis Potosi 大气中的含铅颗粒的微观形貌特

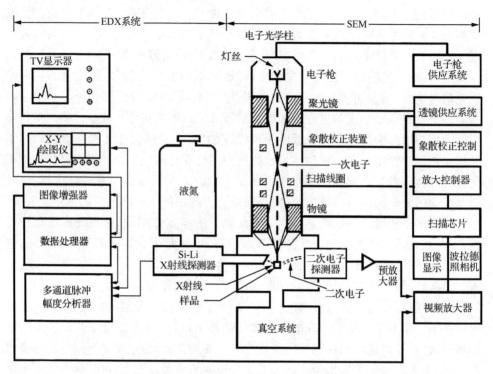

图 3.1 扫描电镜/X 射线能谱仪(SEM-EDX)示意图[187]

征[189]。Kasparisan 等[190]和 Whittaker 等[191]利用扫描电镜研究了大气颗粒物微观形貌、数量-粒度和体积-粒度分布。Pósfai 等使用透射电镜研究了大气中的不同类型颗粒物的混合状态,并推断颗粒物发生的大气化学反应[192]。

刘咸德等应用带能谱的扫描电镜对大气颗粒物进行单颗粒研究,将青岛大气颗粒物分为土壤扬尘、燃煤飞灰、硫酸钙、二次颗粒物等,并分析了矿物颗粒表面的硫化现象[193]。汪安璞等利用 SEM-EDX 分析了北京市郊区大气颗粒物中单个颗粒的形貌和元素成分,发现粗颗粒主要为矿物质如石英、方解石、石膏,细颗粒样品中则含有较多的铁或铵的硫酸盐及氯化铵[194]。Zhang 等[195]对含 S 酸盐、硝酸盐的单个颗粒和沙尘粒子分别做了 X 射线能谱分析,发现北京市区粗粒子和细粒子中都含有硝酸盐粒子。董树屏等使用 SEM-EDX 识别出广州大气颗粒物的主要类型,分为富钙颗粒、富硫颗粒、富钾颗粒、碳质颗粒等[196]。邵龙义课题组利用 FESEM 分析出北京市大气颗粒物的微观形貌类型,主要分为球形颗粒、矿物颗粒、烟尘集合体和超细未知颗粒等四种类型;利用 SEM-EDX 将北京市矿物颗粒分为黏土矿物、石英、方解石、白云石、钾长石等不同种类[197,198]。

3.2　样品的制备与图像分析步骤

本书对采自 2008 年夏季和冬季义马、平顶山和永城煤矿区城市的可吸入颗粒物样品进行 FESEM 和粒度分布分析,样品具体信息见表 3.1。

实验使用场发射扫描电镜获得颗粒物的二次电子图片。聚碳酸酯滤膜正面表面比较光滑,适合于电镜分析和图像分析[199],TOEM 滤膜和玻璃纤维滤膜的表面可以看到玻璃纤维,会对颗粒物的形貌观察产生干扰,因此在本次研究中,选择聚碳酸酯滤膜进行场发射扫描电镜分析。其具体步骤如下:剪下滤膜中间颗粒物分布比较均匀的一小块(0.5cm×0.5cm),用镊子贴到导电胶表面上,并防止滤膜出现鼓包。为了使可吸入颗粒物导电,使电子能顺利泄漏,避免样品在分析过程中放电,粘贴完之后,把样品放入喷罐中喷金,先抽真空 120s 左右,达到要求后在颗粒物表面喷金约 20nm 厚。本实验在中国科学院过程工程研究所进行,所用仪器为 JSM-6700F 型场发射扫描电子显微镜。

采用 MV2000 显微数字分析工作站的标准版进行图像处理和图像分析,分析颗粒物的类型主要有烟尘集合体、燃煤飞灰、矿物颗粒和未知细颗粒,这些颗粒物的识别主要依据颗粒物的微观形貌特征,由于未知细颗粒的粒径<0.1μm,在画图时不易识别,容易造成较大偏差,所以此次分析没有统计超细颗粒物的数量。图像分析的具体步骤为:打开软件,调入要分析的 FESEM 图像;进入测量菜单→坐标设定→重新确定比例尺;进入测量菜单→测量交互→分别对烟尘集合体、燃煤飞灰、矿物颗粒进行周长测量、面积测量;将统计结果导入 EXCEL 表格,如此循环,直到处理完一个样品的所有 FESEM 图像;对不同类别的颗粒物重复以上步骤。

3.3　煤矿区城市大气颗粒物中的主要单颗粒类型

在对大气颗粒物的单颗粒物的分析过程中,高分辨率 FESEM 图像可以清晰地显示亚微米级的颗粒的尺寸和微观形貌,场发射电镜附带的 X 射线能谱可以对单个颗粒物样品中的元素进行定性、定量分析。根据 FESEM 的单个颗粒物的形貌特征及颗粒物的 X 射线能谱特征分析,可以对煤矿城市大气颗粒物进行识别、分类。由于一般情况下相同来源的大气颗粒物具有比较近似的微观形貌(即颗粒物来源的"指纹"),可以根据大气颗粒物的微观形貌初步判定大气颗粒物的来源。

在对煤矿城市大气颗粒物微观形貌的分析中,可以识别的颗粒物类型主要有:烟尘集合体(soot aggregates)、矿物颗粒(mineral particle)、球形颗粒(spherical particle,包括燃煤飞灰及二次反应生成物)及其他颗粒物。其微观形貌和能谱特征的总结见表 3.2。

表 3.1 河南省煤矿区 PM$_{10}$ 的扫描电镜样品信息

样品序号	样品编号	采样时间		质量浓度 /(μg·m^{-3})	气温 /℃	相对湿度/%	平均风速 /(m·s^{-1})	天气	能见度 /km	备注
No. 1	Y2008-6-A′	2008.6.10	11:00~17:00	349.4	32.3	20.1	静风	多云	2	义马
No. 2	Y2008-6-D	2008.6.14	9:30~13:30	539.7	25.5	75	静风	轻霾	3	夏季
No. 3	Y2008-6-A	2008.6.9~10	21:00~1:00	518.6	23.8	42.3	静风	多云	2	
No. 4	P2008-5-B	2008.5.30~31	23:00~1:00	370.7	25.3	26.7	西北/1.1	晴	5	
No. 5	P2008-5-B′	2008.5.31	11:00~17:00	282	34.7	20.7	东南/0.7	晴	5	
No. 6	P2008-5-C	2008.5.31~6.1	23:00~01:00	387.8	27.4	37.8	西南/0.7	多云	5	平顶山
No. 7	P2008-6-C′	2008.6.1	11:00~17:00	309.6	35.9	19.6	西北/1.7	晴	5	夏季
No. 8	P2008-5-A	2008.5.29~30	20:00~1:00	585	25.1	36.4	北/3.6(轻微浮尘)	多云	4	
No. 9	P2008-5-E′	2008.6.3~4	23:00~4:00	165.8	17.8	65.8	东北/3.8(风速大)	多云	7	
No. 10	P2008-6-4	2008.6.8	10:00~16:00	80.1	31	39.8	静风	晴	10	背景点
No. 11	P2008-6-5	2008.6.9	1:00~3:00	100.3	26.5	58.6	西南/1.4	晴	10	夏季
No. 12	S2008-6-B′	2008.6.21	11:20~17:20	182.2	29.8	59.4	静风	阴	5	
No. 13	S2008-6-C′	2008.6.22	11:00~17:00	196	31.8	61.4	东南/1.3	晴	5	永城
No. 14	S2008-6-C	2008.6.21~22	19:00~1:00	345.4	24.6	80.1	西南/0.6	阴	2	夏季
No. 15	S2008-6-D	2008.6.22~23	21:00~3:00	234.5	24.7	74	东北/1.1	多云	4	

续表

样品序号	样品编号	采样时间	质量浓度/(μg·m⁻³)	气温/℃	相对湿度/%	平均风速/(m·s⁻¹)	天气	能见度/km	备注
No.16	Y2008-12-1	2008.12.15~16　23:00~01:00	368.4	1	61.9	西北/0.2	晴	3	
No.17	Y2008-12-2	2008.12.16　13:00~15:00	91.9	13.2	33.4	西北/2.5	晴	5	义马冬季
No.18	Y2008-12-6	2008.12.18　11:00~13:00	197.2	9.2	29.9	西南/1.1	晴	3	
No.19	Y2008-12-7	2008.12.19　01:00~02:00	312.9	−1.5	66.3	东南/0.9	晴	3	
No.20	Y2008-12-8	2008.12.19　11:00~17:00	199.1	9.2	41.3	西南/3.6	晴	3	
No.21	P2008-12-3	2008.12.9　11:00~13:00	108.6	19	31.6	西南/0.6	多云	6	
No.22	P2008-12-5	2008.12.10　11:00~13:00	540.6	10.8	45.7	东北/1.9	多云	5	平顶山冬季
No.23	P2008-12-6	2008.12.10~11　23:00~01:00	203.5	4.7	67.6	东南/1.8	晴	6	
No.24	P2008-12-8	2008.12.11~12　23:00~01:00	258.8	6.6	68.6	东/1.1	多云	4	
No.25	P2008-12-9	2008.12.12　11:00~13:00	487.5	9.5	57.6	西南/0.2	多云	3	
No.26	S2008-12-5	2008.12.23　10:00~12:00	98.8	−0.5	32.4	西南/0.7	晴	6	
No.27	S2008-12-6	2008.12.23~24　23:00~1:00	115.8	−0.8	44.3	东南/0.7	晴	5	永城冬季
No.28	S2008-12-7	2008.12.24　10:00~16:00	141.0	4.7	35.9	南/1.0	晴	5	
No.29	S2008-12-9	2008.12.25　10:00~12:00	285.2	5.3	27.3	西北/0.7	晴	4	
No.30	S2008-12-10	2008.12.25~26　23:00~01:00	247.6	0.9	35.6	西北/1.3	晴	4	

表 3.2 煤炭城市大气颗粒物主要类型及特征

颗粒物类型		微观形貌特征	X射线能谱特征	备注
烟尘集合体	链状颗粒	链状小球,特征明显	主要是C	主要来源于燃煤、机动车尾气和生物质燃烧,密实颗粒可能经过老化过程
	簇状颗粒	簇状小球,比链状密实,空隙少	主要是C	
	密实颗粒	颗粒聚集紧密,表面有薄层覆盖	主要是C	
矿物颗粒	规则矿物	颗粒形状规则,呈针状、柱状、长条状、簇状和片状等	含有Ca、Na、Mg、S、N等	二次大气化学反应形成
	不规则矿物	颗粒形状不规则	含有Si,Ca,Mg,Al,Ti等	土壤扬尘颗粒、道路扬尘颗粒、煤矸石风化颗粒
球形颗粒	燃煤飞灰	球体表面光滑,也有表面黏附细小颗粒等其他形状	要成分是Si、Al,并含有少量的Ca、K等元素,有时其成分全部为C	燃煤产生
其他颗粒物	超细未知颗粒	粒径太小,难于分辨形貌	太小,难以进行能谱分析	
	特殊颗粒	形貌特别	有时含C,也有其他元素	量少,多种来源

3.3.1 烟尘集合体

烟尘集合体是大气颗粒物研究的重点之一,燃煤和机动车尾气是我国烟尘集合体的主要来源。烟尘集合体是在高温下($>600℃$)燃料燃烧过程中生成的由很小的球体组成的串珠状聚合体,通常是由C的小分子浓缩聚合形成。在高分辨率扫描电镜和高放大倍数下可观察到烟尘集合体的形态呈球形和椭球形,粒度为$50\sim100\text{nm}$。河南省煤矿区的烟尘集合体主要有以下几种类型:链状(图3.2(a)、(b))、蓬松状(图3.2(c)、(d))、密实状(图3.2(e))和吸湿后的烟尘集合体(图3.2(f))。链状烟尘集合体既可能来自机动车尾气,也可能来自燃煤,蓬松状和密实状的烟尘集合体主要来自汽车尾气排放[200,201]。烟尘集合体含有硫或其他的污染物,如硫酸盐和硝酸盐,会产生吸湿性[9,202]。在拍摄的河南省煤矿区城市微观形貌图片中,烟尘集合体主要是链状,而图3.2(e)所示的大块密实状烟尘集合体只有少量出现,说明煤矿区城市大气污染主要来自燃煤和机动车尾气。

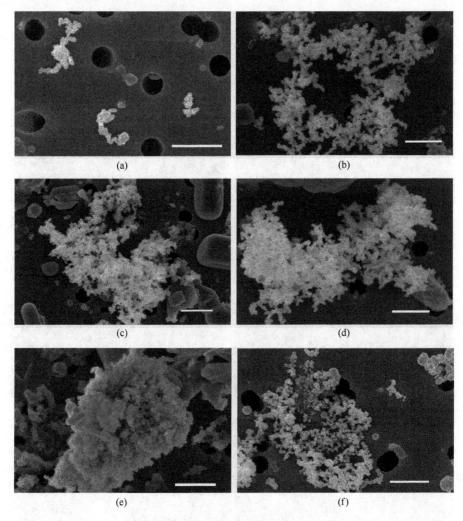

图 3.2 烟尘集合体的 FESEM 显微形貌

(a)单个链状烟尘集合体(No. 24);(b)多个链状烟尘集合体(No. 13);(c)"蓬松状"的烟尘集合体(No. 1);
(d)"蓬松状"的烟尘集合体(No. 8);(e)密集的烟尘集合体(No. 3);(f)吸湿后的烟尘集合体(No. 27)
(比例尺 1μm)

3.3.2 矿物颗粒

矿物颗粒是煤矿区城市大气颗粒物的最主要组分之一。大气中的矿物颗粒物可以分为两类:地表扬尘矿物颗粒和二次大气化学反应形成的结晶颗粒。地表扬尘颗矿物粒包括土壤扬尘颗粒、道路扬尘颗粒、煤矸石风化颗粒等,其微观形貌如图 3.3(a)~(f)所示,一般具有不规则的形态。二次大气化学反应形成的二次结晶颗粒一般具有规则形态[203],其形状有针状、柱状、长条状、簇状和片状等,微观形貌如图 3.4(a)～(i)。这些规则的不同形状矿物主要是由于其成分和环境不同,导致有不同的生长方向[204]。夏季空气中规则矿物种类最多,图 3.4(a)～(h)都为夏季空气中的规则矿物类型,而冬季出现的规则矿物类型如图 3.4(i)～(j)所示。

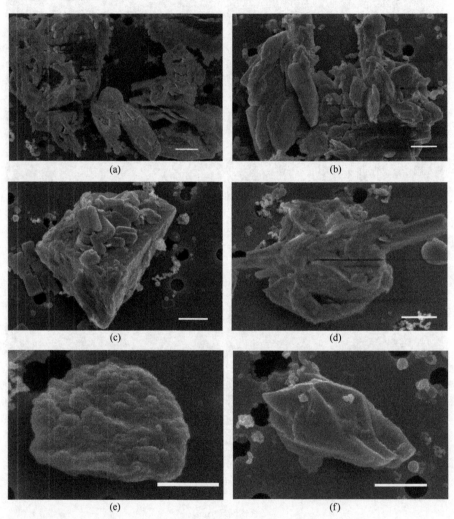

图 3.3　不规则矿物颗粒的 FESEM 显微形貌

(a)矿物集合体(No.8);(b)矿物集合体(No.3);(c)矿物集合体(No.12);(d)矿物集合体(No.13);
(e)不规则矿物(No.11);(f)不规则矿物(No.15)(比例尺 1μm)

从几百张颗粒物的微观形貌图片上看,煤矿区城市和北京、兰州等相比的一个很大特点是矿物颗粒物数量多、粒径大。一般在风速较大的情况下,空气中的矿物多为不规则矿物。而在风速较小,气流平稳、空气湿度较大的条件下,空气中会有

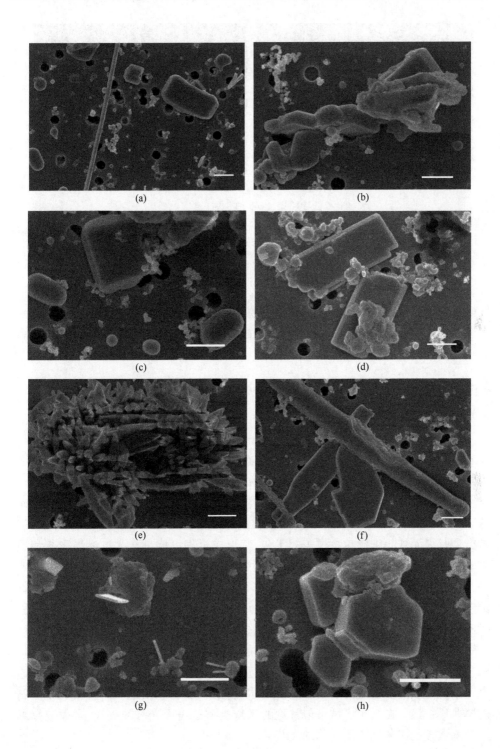

(a)

(b)

(c)

(d)

(e)

(f)

(g)

(h)

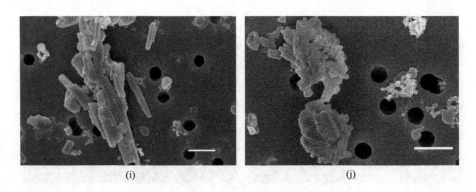

图 3.4　规则矿物的 FESEM 显微形貌

(a)针状矿物(No. 1);(b)规则矿物集合体(No. 1);(c)方块状矿物(No. 1);(d)柱状矿物(No. 2);
(e)簇状矿物(No. 8);(f)长条矿物(No. 5);(g)片状矿物(No. 15);(h)片状矿物(No. 15);
(i)针状矿物(No. 24);(j)簇状矿物(No. 23)(比例尺 1μm)

大量的规则矿物出现,这主要是由煤矿区周围电厂排放的大量 SO_2 和 NO_x 与碱性矿物发生反应形成。根据规则矿物形貌特征,并结合它的成分可以很好地研究大气二次反应的机理,这类规则矿物多为硫酸盐和硝酸盐类矿物。煤矿区颗粒物的硫化现象在第 5 章中详细叙述。

3.3.3　球形颗粒

球形颗粒包括燃煤飞灰和二次反应生成粒子两种。

燃煤飞灰的主要来源是燃煤和工厂排放,一般情况下飞灰颗粒主要呈球形,EDX 分析表明其主要成分是 Si、Al,并含有少量的 Ca、K 等元素,有时其成分全部为 C[54]。飞灰颗粒的等效球直径大部分在 1μm 以下。

煤矿区的燃煤飞灰主要有以下六种类型:第一种类型为浑圆球形,表面非常光滑,未被其他颗粒物覆盖(图 3.5(a)),其粒度可能从几百纳米到几微米不等;第二种类型是表面被超细颗粒物覆盖的飞灰,其形成机理可能是在大量燃煤飞灰和超细颗粒物的烟尘中,由于燃煤飞灰的吸附作用吸附了部分超细颗粒物[99],也可能是飞灰在淬冷过程中,颗粒内部或表面形成结晶相物质[100,164](图 3.5(b)、(c));第三种类型是有厚壳覆盖的飞灰,在其他地区未见报道,可能是飞灰在空气中长时间的漂浮和其他物质反应生成(图 3.5(d));第四种类型是多孔状飞灰颗粒(图 3.5(e));第五种类型的燃煤飞灰呈局部内陷、表面不规则等形态(图 3.5(f)、(g));最后一种类型的飞灰是空心燃煤飞灰(图 3.5(h)),其内部为完全空心,扫描电镜下观察表面多呈光滑的单个空心球体,偶见单体相连的复体,球体的大小及壁的厚薄不一致。在煤矿区城市最常见的飞灰类型是表面光滑的飞灰、表面被超细颗粒物覆盖的飞灰和表面内陷的飞灰。

二次球形颗粒外形与飞灰相似（图 3.5(i)、(j)），本书第 5 章将详细介绍其结构和内部成分。采用 TEM 进一步分析表明相当一部分椭球形颗粒来源于空气中

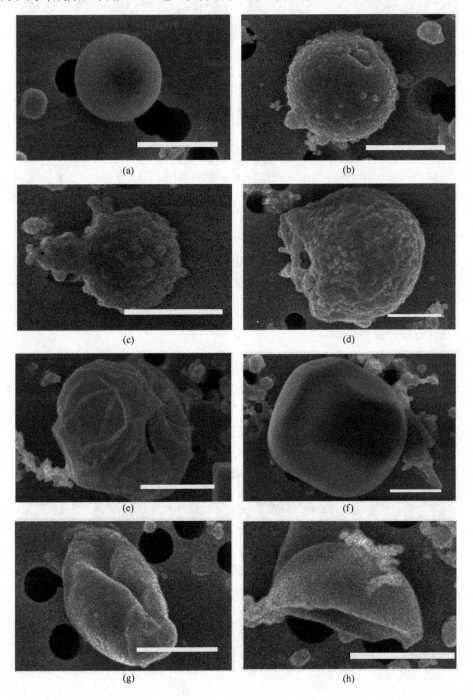

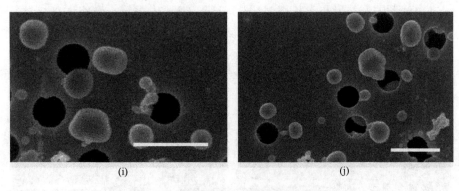

图 3.5　球形颗粒的 FESEM 显微形貌

(a) 表面平滑的燃煤飞灰(No.11)；(b) 表面被超细颗粒物覆盖的燃煤飞灰(No.18)；(c) 表面被超细
颗粒物覆盖的燃煤飞灰(No.26)；(d) 有包壳的燃煤飞灰(No.22)；(e) 有孔的燃煤飞灰，比表面积极大
(straw burning)；(f) 表面凹坑的燃煤飞灰(straw burning)；(g) 表面凹坑的燃煤飞灰(No.24)；(h) 中空
的半个燃煤飞灰(No.22)；(i) 二次球形粒子(No.7)；(j) 二次球形粒子(No.10)；(比例尺 1μm)

二次反应生成的硝酸盐和硫酸盐颗粒。在透射电镜的强电子束作用下，硝酸盐分
解，留下硫酸盐的残留痕迹，其能谱图上表现为高的 S 峰，二次硫酸盐较稳定，而硝
酸铵和半挥发性有机物则容易受强电子束的破坏。

3.3.4　超细未知颗粒物

还有一些颗粒物(图 3.6(a)、(b))，它们的粒径小于 100nm，即使在放大 10000
倍的 FESEM 下，其微观形貌特征也难以辨认，本研究将其定为超细未知颗粒物。
超细未知颗粒物在大气中的数量大，能够被人类呼吸到肺泡中，直接进入血液循
环。这些细小的颗粒中还可能含有高浓度的多环芳烃和诱变剂[205]，是潜在的过
敏源的携带者，因此超细未知颗粒物对人体健康的危害更大[206]。对河南省煤矿
区的超细颗粒物而言，由于其污染源主要是电厂排放的烟尘，所以其中的超细颗

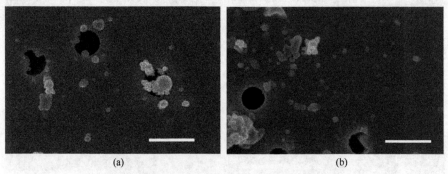

图 3.6　超细未知颗粒物的 FESEM 显微形貌

(a) (No.5)；(b) (No.17)(比例尺 1μm)

粒可能是细小的烟尘颗粒和二次大气化学反应形成的粒径更为细小的椭球形颗粒。

3.3.5　其他颗粒

在煤矿区城市还发现一些特殊类型的颗粒物,其中图 3.7(a)、(d)为平顶山二矿夏季夜间采集的样品(2h)的 FESEM 像,从微观形貌上可能是与煤炭有关的颗粒物;图 3.7(b)为永城城郊矿夏季采样时遇到焚烧小麦秸秆时采集的颗粒物的 FESEM 像,颗粒物为长条状纤维;图 3.7(c)为平顶山冬季二矿采样样品的 FESEM 像,可能为二次结晶矿物颗粒。

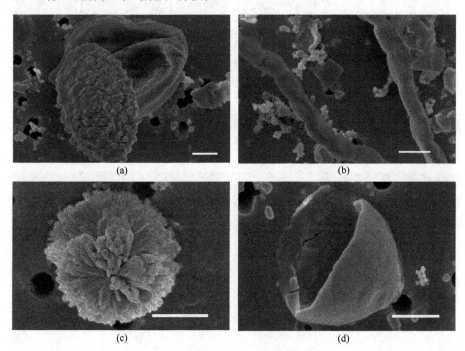

图 3.7　其他颗粒的 FESEM 显微形貌

(a)(No. 4);(b)(秸秆焚烧);(c)(No. 23);(d)(No. 4)(比例尺 1μm)

3.3.6　煤矿区城市不同季节大气颗粒物的微观形貌对比及来源分析

在场发射扫描电镜下观察煤矿区城市 PM$_{10}$ 的微观形貌,颗粒物的类型主要有烟尘集合体、燃煤飞灰、球形颗粒、规则矿物、不规则矿物和超细未知颗粒等。但是不同地点不同季节采集颗粒物的组成及形态有很大差异。选择出能代表煤矿区普通天气条件下颗粒物的微观形貌图片如图 3.8 所示。

图 3.8(a)、(c)、(e)是义马、平顶山、永城夏季 6h PM$_{10}$ 样品。从微观形貌上可

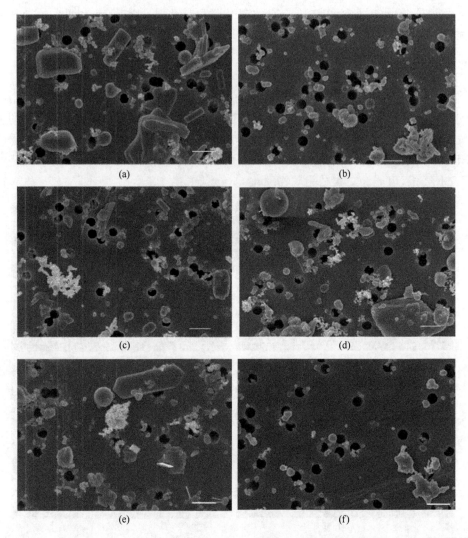

图 3.8　煤矿区城市不同季节 PM_{10} 的 FESEM 显微形貌(比例尺 1μm)

(a) 2008 年 6 月义马 6h PM_{10}(No. 1);(b) 2008 年 12 月义马 2h PM_{10}(No. 18);(c) 2008 年 6 月
平顶山 6h PM_{10}(No. 7);(d) 2008 年 12 月平顶山 2h PM_{10}(No. 22);(e) 2008 年 6 月永城 6h
PM_{10}(No. 15);(f) 2008 年 12 月永城 2h PM_{10}(No. 28)

以看出,夏季颗粒物的类型主要有浑圆状燃煤产生的飞灰、烟尘集合体、规则矿物、
不规则矿物和未知超细颗粒物等。与冬季的矿区颗粒物的明显区别是夏季颗粒物
中有许多长方体状规则矿物,在义马地区还出现了六面体和板状规则矿物。邵龙
义等[18]研究表明,这些规则矿物是硫酸盐和硝酸盐。分析其原因是由于夏季大气
温度高、二次化学反应剧烈,煤矿区高浓度的 SO_2 和 NO_x 与空气中的颗粒物发生
均相或非均相反应生成。

表 3.3 2008 年煤矿区城市夏季 PM_{10} 单颗粒 FESEM 分析数据表

样品序号	样品编号	颗粒物总个数	球形颗粒比例/%		烟尘集合体比例/%		规则矿物比例/%		不规则矿物比例/%		备注
			数量	面积	数量	面积	数量	面积	数量	面积	
No. 1	Y2008-6-A′	225	19.1	8.4	50.7	23	8	28.2	22.2	40.4	义马夏季
No. 2	Y2008-6-D	283	17.3	9.7	49.1	24.5	6.4	41.4	27.2	24.3	
No. 3	Y2008-6-A	469	28.1	12.6	34.5	34.5	6.4	14.6	30.9	38.3	
No. 4	P2008-5-B	965	42.4	14.3	24.8	29.7	11.5	8.8	21.3	47.2	平顶山夏季
No. 5	P2008-5-B′	575	26.3	8.9	28.5	22	4.3	5	40.9	64.1	
No. 6	P2008-5-C	1019	25.1	11.2	25.6	25.4	9.5	10.6	39.7	52.8	
No. 7	P2008-6-C′	968	29.8	12.3	31.6	23.8	10.2	13.2	28.4	50.7	
No. 8	P2008-5-A	710	31.4	13.3	29.9	24.5	3.5	11.5	35.2	50.7	
No. 9	P2008-5-E′	520	19.4	12.2	42.7	36	4.6	22.7	33.3	29.1	
No. 10	P2008-6-4	558	50.4	32.5	24.6	29.6	12	16.2	13.1	21.7	背景点夏季
No. 11	P2008-6-5	281	34.5	17.1	21.7	22.2	2.1	2.8	41.6	57.9	
No. 12	S2008-6-B′	359	32.6	13.3	50.4	40.5	5.8	24.7	11.1	21.6	永城夏季
No. 13	S2008-6-C′	305	34.1	18	55.4	70.5	1.6	1.6	8.9	9.8	
No. 14	S2008-6-C	475	23.2	8.4	53.7	48.5	4.8	11.4	18.3	31.6	
No. 15	S2008-6-D	455	25.5	8.4	40	36.1	3.5	10.7	31	44.8	
No. 16	Y2008-12-1	465	22.6	12.5	30.5	31.5	3.4	11	43.4	45	义马冬季
No. 17	Y2008-12-2	464	37.3	26.5	13.6	15.5	6.5	12.1	42.7	45.8	
No. 18	Y2008-12-6	409	18.6	11.6	7.6	13.6	4.4	8.8	69.4	66	
No. 19	Y2008-12-7	281	27	21	20.6	29.2	7.1	9.4	45.2	40.4	
No. 20	Y2008-12-8	461	24.9	6.5	11.3	10.3	30	48.7	33.8	34.4	
No. 21	P2008-12-3	375	35.5	14.7	29.9	38.4	11.2	12	23.5	34.9	平顶山冬季
No. 22	P2008-12-5	341	14.4	10.9	42.2	40.8	4.7	6.6	38.7	41.7	
No. 23	P2008-12-6	133	24.8	15.6	38.3	49.4	5.3	10.2	31.6	24.8	
No. 24	P2008-12-8	537	17.3	10.5	50.1	39.3	7.8	12.3	24.8	38	
No. 25	P2008-12-9	573	22	12.4	37.2	26	4.2	7.6	36.6	54	
No. 26	S2008-12-5	353	23.8	21.9	20.1	27.5	4.2	9.8	51.8	40.8	永城冬季
No. 27	S2008-12-6	212	23.1	15.9	7.1	26.2	25.5	25.2	44.3	32.7	
No. 28	S2008-12-7	297	33.3	12.6	22.2	39.8	17.8	15.3	26.6	32.3	
No. 29	S2008-12-9	298	35.6	19.1	29.2	39.8	1.7	1.4	33.6	39.8	
No. 30	S2008-12-10	318	34	17.9	30.2	42.3	3.8	5.3	32.1	34.6	

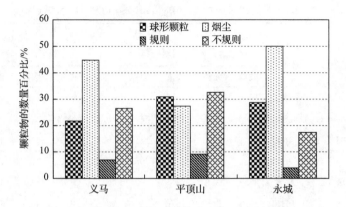

图 3.9　煤矿区城市 2008 年夏季 PM_{10} 颗粒物类型数量百分比

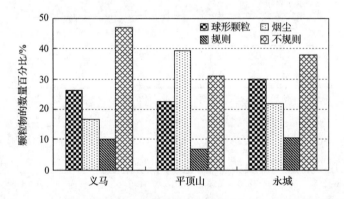

图 3.10　煤矿区城市 2008 年冬季 PM_{10} 单颗粒物类型数量百分比

　　图 3.8(b)、(d)、(f)是义马、平顶山、永城冬季 2h 样品。从微观形貌图上可以看出颗粒物的类型有燃煤飞灰、椭球形颗粒、烟尘集合体、规则矿物、不规则矿物和超细未知颗粒,还有一些重叠在一起的颗粒物。三个地区颗粒物在微观形貌上区别较小,但与夏季颗粒物微观形貌区别较大。冬季燃煤污染更为严重,会产生更多的 SO_2 和 NO_x 污染物,但是从微观形貌上却较少看到规则矿物的出现。可能是由于冬季气温较低,12 月份未有下雨现象,空气湿度比夏季小,在颗粒物表面不具备发生二次反应的条件。

　　表 3.3 是对煤矿区城市夏季和冬季采集样品的 FESEM 图像分析后得到的各种类型颗粒物的数量和面积百分比。由表 3.3 可以看出,义马夏季 PM_{10} 中球形颗粒的数量百分比在 19.1%~28.1%之间变化,平均值为 21.5%;烟尘集合体的数量百分比在 34.5%~50.7%之间变化,平均为 44.8%;规则矿物的数量百分比为 6.4%~8.0%,平均值为 6.9%;不规则矿物的数量百分比为 22.2%~30.9%,平均值为 26.8%。平顶山 PM_{10} 中球形颗粒的数量百分比在 25.1%~42.4%之间变

化,平均值为 30.9%;烟尘集合体的数量百分比在 24.8%～31.6%之间变化,平均为 27.6%;规则矿物的数量百分比为 5.0%～13.2%,平均值为 8.9%;不规则矿物的数量百分比为 47.2%～64.1%,平均值为 32.6%。永城 PM_{10} 中球形颗粒的数量百分比在 23.2%～34.1%之间变化,平均值为 28.9%;烟尘集合体的数量百分比在 40%～55.4%之间变化,平均值为 49.9%;规则矿物的数量百分比为 1.6%～5.8%,平均值为 3.9%;不规则矿物的数量百分比为 8.9%～31.0%,平均值为 17.3%。三个地区中平顶山 PM_{10} 中球形颗粒、规则矿物和不规则矿物的数量百分比最多,永城 PM_{10} 中烟尘集合体的数量百分比最多。平顶山矿物颗粒多的原因可能与平顶山多风的天气使得煤矸石和粉煤灰堆场以及裸露地表的尘土飘浮在空气中有关。

由表 3.3 可以看出,义马冬季 PM_{10} 中球形颗粒的数量百分比在 18.6%～37.3%之间变化,平均值为 27.0%;烟尘集合体的数量百分比在 7.6%～20.6%之间变化,平均值为 13.3%;规则矿物的数量百分比为 4.4%～30.0%,平均值为 12.0%;不规则矿物的数量百分比为 33.8%～69.4%,平均值为 47.8%。平顶山 PM_{10} 中球形颗粒的数量百分比在 14.4%～35.5%之间变化,平均值为 22.8%;烟尘集合体的数量百分比在 29.9%～50.1%之间变化,平均值为 39.5%;规则矿物的数量百分比在 4.2%～11.2%之间变化,平均值为 6.6%;不规则矿物的数量百分比在 23.5%～38.7%之间变化,平均值为 31.0%。永城 PM_{10} 中球形颗粒的数量百分比在 23.1%～35.6%之间变化,平均值为 30.0%;烟尘集合体的数量百分比在 7.1%～30.2%之间变化,平均值为 21.8%;规则矿物的数量百分比变化幅度较大,从 1.7%到 25.5%,平均值为 10.6%;不规则矿物的数量百分比为 26.6%～51.8%,平均值为 37.7%。三个地区中永城 PM_{10} 中球形颗粒的数量百分比最多,义马 PM_{10} 中规则和不规则矿物的数量百分比最多,平顶山 PM_{10} 中烟尘集合体数量百分比最多。

采样过程中的浮尘天气(夏季 No.8)粒径＞1 μm 的矿物颗粒占总体积的 80%。颗粒物的微观形貌显示,浮尘天气矿物颗粒多表现为较大的不规则形状,这些浮尘主要是本地或异地搬运的地壳源矿物颗粒,故矿物颗粒的质量基本上就是浮尘天气 PM_{10} 的质量。强风天气(夏季 No.9)的特征是球形颗粒和规则矿物的数量百分比减小,球形颗粒的体积(质量)百分比减小为 8.2%,1～2.5 μm 粒径范围内的矿物颗粒体积(质量)百分比最大为 50%。从夏季背景点平顶山的 FESEM 图像上看,PM_{10} 中有许多椭球形颗粒。背景点空气质量好,污染较轻,这些椭球形颗粒的数量百分比范围是 34.5%～50.4%,高于矿区城市球形颗粒数量百分比。

从图 3.9 和图 3.10 可以更直观地看出夏冬两季不同矿区各类颗粒物的数量百分比。

3.4 煤矿区城市大气颗粒物的粒度分布特征

颗粒物的数量-粒度分布代表颗粒物在不同粒径范围内出现的数量频率及所占的百分比。体积-粒度分布代表颗粒物在不同粒径范围内出现的体积频率及所占的百分比,也可以用来代表质量-粒度分布。图像分析技术应用于大气颗粒物所得的数据是评价颗粒物健康效应、来源分析和模拟气候效应的基础,已有学者对环境大气颗粒物的数量-粒度和体积-粒度分布进行了大量的研究[180,207]。本书使用图像分析技术研究了 2008 年 6 月和 12 月在河南省不同煤矿区城市采集颗粒物的数量-粒度和体积-粒度分布,以及不同类型颗粒物的数量和体积百分比。

3.4.1 煤矿区城市夏季大气颗粒物的粒度分布特征

1. 义马夏季大气颗粒物的粒度分布

2008 年 6 月在义马采样点共采集 3 个样品,将 3 个样品进行统计分析得出义马夏季采样点 PM_{10} 样品的粒度分布图(图 3.11)。不同类型颗粒物在数量上的贡献从大到小依次为烟尘集合体、矿物颗粒和球形颗粒,所占数量百分比分别为 43.5%、34.1%、22.4%。从图 3.11(a)的数量-粒度分布图可以看出,矿物颗粒呈双峰分布,峰值分别出现在 0.3~0.4μm 和 1~2.5μm 范围内,峰值为 8.1% 和 2.8%;烟尘集合体的数量-粒度呈单峰分布,其峰值出现在 0.2~0.3μm 范围内,峰值为 14.6%(占所有烟尘集合体的 33.5%);球形颗粒主要分布在 0.1~0.3μm 范围内,占所有颗粒物的 15.0%。总体上看,87.9% 的颗粒分布在 <0.6μm 范围内。

图 3.11(b)是义马夏季颗粒物的体积-粒度分布。体积-粒度分布在一定程度上反映了颗粒物的质量-粒度分布。不同类型颗粒物在体积上的贡献从大到小依次为矿物颗粒、烟尘集合体和球形颗粒,所占体积百分比分别为 71.5%、20.8%、7.7%。矿物颗粒的体积主要分布在 1~2.5μm 范围内,占总体积的 32.4%;烟尘集合体和球形颗粒的峰值出现在 0.4~0.5μm 范围内,分别占总体积的 4.6% 和 1.5%。

2. 平顶山夏季大气颗粒物的粒度分布

2008 年平顶山夏季大气 PM_{10} 中不同类型颗粒物的数量-粒度分布如图 3.12(a)所示。不同类型的颗粒物在数量上的贡献有很大差异,它们的贡献从大到小依次为矿物、球形颗粒和烟尘集合体,数量百分比分别为 41.2%、30.8% 和 28.0%。从数量-粒度分布看,三种类型的颗粒物均呈单峰分布。其中,矿物颗粒主要分布在粒

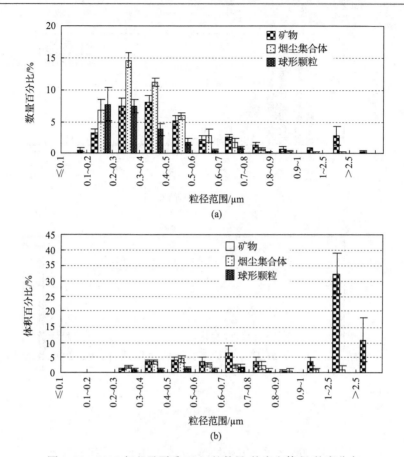

图 3.11　2008 年义马夏季 PM_{10} 的数量-粒度和体积-粒度分布

径<0.6μm 的范围内，峰值在 0.2～0.3μm 之间，占所有颗粒物数量百分比的 12.5%；烟尘集合体峰值在 0.2～0.3μm 之间，数量百分比为 9.9%；球形颗粒主要分布在粒径<0.4μm 的范围，峰值出现在 0.1～0.2μm 之间，数量百分比为 16.2%。

图 3.12(b)为平顶山夏季颗粒物的体积-粒度分布。不同类型颗粒物在体积上的贡献从大到小依次为矿物、烟尘集合体、球形颗粒，所占体积百分比分别为 71.5%、22.3%和 6.3%。矿物颗粒的体积主要分布在>1μm 范围内，占总体颗粒物体积百分比的 50.2%；烟尘集合体分布在 1～2.5μm 的范围，体积百分比为 8.1%；球形颗粒体积百分比很小从图中无法看出其分布特征。

3. 永城夏季大气颗粒物的粒度分布

图 3.13 是永城采样点夏季采集 PM_{10} 的粒度分布图。颗粒物在数量上的贡献由大到小依次是烟尘集合体（50.9%）、球形颗粒（30.3%）、矿物（18.9%）。从

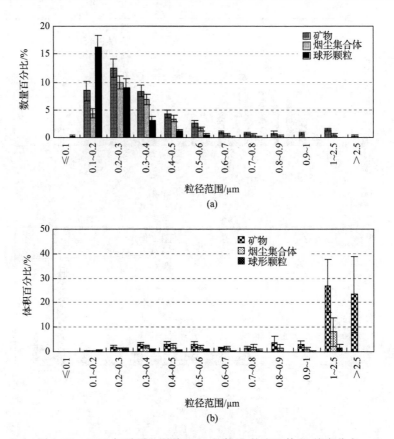

图 3.12　2008 年平顶山夏季 PM_{10} 的数量-粒度和体积-粒度分布

图 3.13(a) 可知,三种类型颗粒物均呈单峰分布。矿物颗粒主要分布在 0.1～0.5μm 的范围内,峰值出现在 0.2～0.3μm,体积百分比为 5.2%;烟尘集合体主要分布在 0.1～0.5μm 的范围内,峰值出现在 0.2～0.3μm,体积百分比为 16.5%;球形颗粒则在 0.1～0.3μm 的范围内出现频率最大,占总体颗粒物数量百分比的 24.2%。

　　图 3.13(b)是永城夏季颗粒物的体积-粒度分布。颗粒物在体积上的贡献由大到小依次是烟尘集合体(49.2%)、矿物颗粒(43.1%)、球形颗粒(7.7%)。矿物颗粒的峰值出现在 >1μm 的范围内,占总体颗粒物体积百分比的 29.4%;烟尘集合体的峰值则出现在 1～2.5μm 的范围内,体积百分比为 16.5%;球形颗粒的体积百分比很小,从图中无法看出其分布特征。

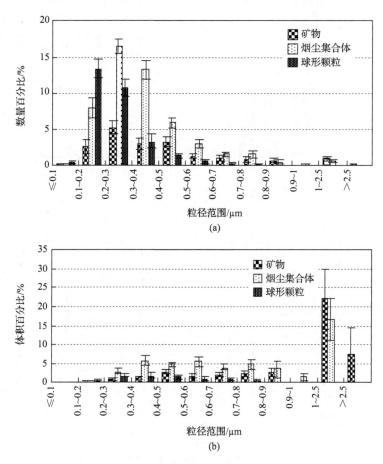

图 3.13 2008 年永城夏季 PM_{10} 的数量-粒度和体积-粒度分布

3.4.2 煤矿区城市冬季大气颗粒物的粒度分布特征

1. 义马冬季大气颗粒物的粒度分布

图 3.14 是义马冬季颗粒物的数量-粒度和体积-粒度分布。各类颗粒物的数量百分比顺序依次是矿物（60.9％）、球形颗粒（26.7％）和烟尘集合体（18.5％）。从图 3.14(a)的数量-粒度分布上看，矿物颗粒的峰值出现在 0.2～0.3μm 的范围内，数量百分比为 16.1％；烟尘集合体主要分布在 0.2～0.5μm 的范围内，数量百分比为 13.1％；球形颗粒的峰值出现在 0.1～0.3μm 的范围内，数量百分比 18.9％。

图 3.14(b)是各类颗粒物的体积-粒度分布。矿物、烟尘、球形颗粒所占总体积的百分比分别为 72.7％、18.9％和 13.4％，总体上仍以矿物颗粒为主。矿物颗粒的主峰出现在 1～2.5μm 的范围内，体积百分比为 24.1％，次峰出现在 0.4～0.5μm

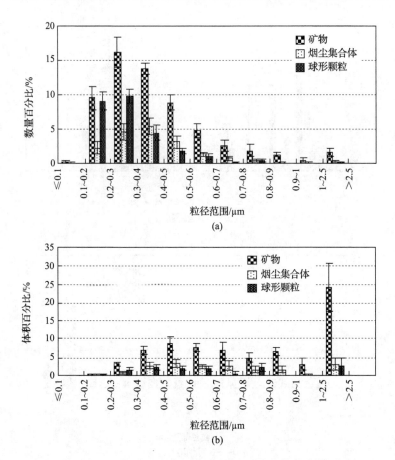

图 3.14　2008 年义马冬季 PM$_{10}$ 的数量-粒度和体积-粒度分布

的范围内,体积百分比为 8.9%;烟尘集合体的峰值出现在 0.4~0.5μm 的范围内,体积百分比为 3.3%;球形颗粒的峰值出现在 0.3~0.4μm 和 0.7~0.8μm 的粒径范围内,两个区间颗粒总的体积百分比为 4.4%。

2. 平顶山冬季大气颗粒物的粒度分布

平顶山冬季颗粒物的数量-粒度和体积-粒度分布如图 3.15 所示。各种类型颗粒物数量百分比的顺序是矿物(36.3%)、烟尘集合体(34.8%)和球形颗粒(28.9%)。从图 3.15(a)颗粒物的数量-粒度分布上看,各种类型颗粒物呈单峰分布。矿物颗粒和烟尘集合体的数量主要分布在 0.1~0.5μm 的范围内,数量百分比分别为 30.9% 和 30.3%;球形颗粒分布在 0.1~0.4μm 的范围内,体积百分比为 26.3%,峰值出现在 0.1~0.2μm 的范围内。

图 3.15(b)为颗粒物的体积-粒度分布。各种类型颗粒物体积百分比的顺序

是矿物(49.9%)、烟尘集合体(40.2%)和球形颗粒(9.9%)。与义马冬季 PM$_{10}$ 中矿物颗粒的粒度分布相同,矿物颗粒的主峰出现在 1~2.5μm 的范围内,体积百分比为 19.4%,次峰出现在 0.4~0.5μm 的范围内,体积百分比为 6.3%;烟尘集合体的峰值出现在 1~2.5μm 的范围内,体积百分比为 13.5%;球形颗粒占的体积百分比较小,在 0.2~0.7μm 的各个粒径范围内,几乎均匀分布,总体积百分比为 8.4%。

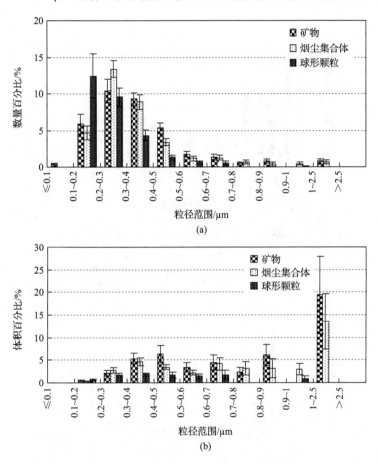

图 3.15　2008 年平顶山冬季 PM$_{10}$ 的数量-粒度和体积-粒度分布

3. 永城冬季大气颗粒物的粒度分布

永城冬季颗粒物的数量-粒度和体积-粒度分布如图 3.16 所示。各种类型颗粒物数量百分比的顺序是矿物(48.1%)、球形颗粒(29.0%)和烟尘集合体(23.0%)。从图 3.16(a)颗粒物的数量-粒度分布上看,各种类型颗粒物呈单峰分布。矿物颗粒和球形颗粒的数量主要分布在 0.1~0.4μm 的范围内,数量百分比分别为 43.2% 和 27.7%;烟尘集合体主要分布在 0.2~0.4μm 的范围内,数量百分比为 12.0%。图 3.16(b)为颗粒物的体积-粒度分布。各种类型颗粒物体积百分比的顺序是矿物(42.6%)、烟尘集合体(41.4%)和球形颗粒(16.0%)。矿物颗粒的峰值出现在 0.3～0.4μm 和 1～2.5μm 的范围内;烟尘集合体的峰值出现在 0.6～0.7μm 和 1～2.5μm 的范围内;球形颗粒则主要在 0.2～0.5μm 和 0.9～2.5μm 的范围内。

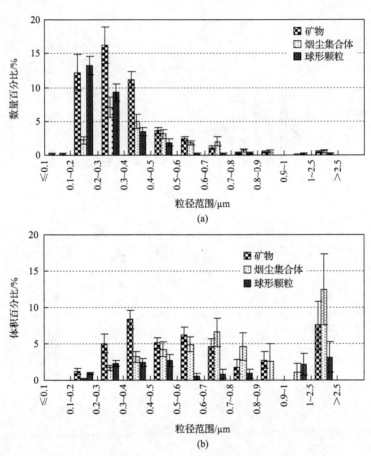

图 3.16　2008 年永城冬季 PM_{10} 的数量-粒度和体积-粒度分布

3.4.3　平顶山夏季背景点和特殊天气大气颗粒物的粒度分布

　　夏季背景点在鲁山县石人山风景区附近。附近污染较少,但从微观形貌上看,仍有许多球形颗粒,颗粒物的粒度分布如图 3.17 所示。各种类型颗粒物数量百分比的顺序是球形颗粒(43.0%)、矿物(31.9%)和烟尘集合体(25.1%)。从数量-粒度分布上看(图 3.17(a)),矿物颗粒主要分布在 0.1～0.4μm 的范围内,峰值出现在 0.2～0.3μm 的范围内,数量百分比为 8.1%;烟尘集合体主要分布在 0.1～

0.4μm的范围内,峰值出现在0.2～0.3μm的范围内,数量百分比为7.9%;球形颗粒的峰值出现在0.1～0.2μm的范围内,数量百分比为16.2%。

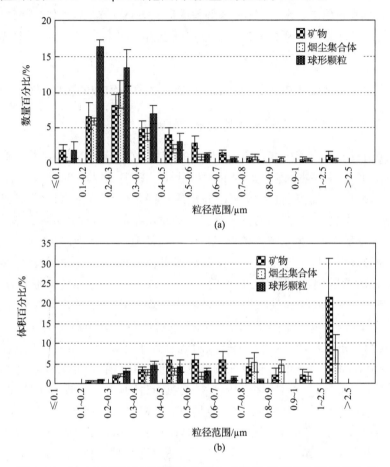

图 3.17 2008年平顶山夏季背景点 PM$_{10}$ 的数量-粒度和体积-粒度分布

体积-粒度分布如图 3.17(b)所示,各种类型颗粒物体积百分比的顺序是矿物(52.5%)、烟尘集合体(29.8%)和球形颗粒(17.7%)。矿物颗粒和烟尘集合体的峰值出现在1～2.5μm的范围内,体积百分比分别为21.5%和8.4%。球形颗粒的体积-粒度分布很小,主要出现在0.3～0.5μm的范围内,体积百分比为8.6%。

另外在平顶山夏季市区采样过程中遇到轻微浮尘和强风天气。轻微浮尘天气条件下球形颗粒的峰值出现在0.1～0.2μm粒径范围内,烟尘集合体和矿物的峰值出现在0.2～0.3μm范围内。与普通天气粒度分布不同的是,1～2.5μm范围内的矿物颗粒数量百分比增多,有的直径达到10μm,主要是因为浮尘多为地壳来源大块矿物所致。强风天气条件下矿物颗粒粒径变小,峰值出现在0.1～0.2μm范围内,烟尘集合体的数量百分比相对增多,峰值出现在0.2～0.3μm粒径范围内。

采样过程中的浮尘天气粒径＞1μm 的矿物颗粒占总体积的 80％。颗粒物的微观形貌显示浮尘天气矿物颗粒多表现为较大的不规则形状，这些浮尘主要是本地或异地搬运的地壳源矿物颗粒，故矿物颗粒的质量基本上为浮尘天气 PM_{10} 的质量。强风天气的特征是球形颗粒的体积百分比减小为 8.2％，1～2.5μm 粒径范围内的矿物颗粒体积百分比最大为 50％。

3.4.4　义马、平顶山和永城不同地区不同季节大气颗粒物的粒度分布比较

1. 夏季三个地区大气颗粒物粒度分布的比较

对河南省三个煤矿区城市夏季 PM_{10} 的数量-粒度分析表明，义马三种颗粒物数量百分比的顺序是烟尘集合体（43.5％）、矿物颗粒（34.1％）、球形颗粒（22.4％），平顶山三种颗粒物数量百分比的顺序是矿物颗粒（41.2％）、球形颗粒（30.8％）、烟尘集合体（28.0％），永城三种颗粒物数量百分比的顺序是烟尘集合体（50.9％）、球形颗粒（30.3％）、矿物（18.9％）。从总体上来看，三个矿区三种类型的颗粒物的数量主要分布在 0.1～0.7μm 范围内，烟尘集合体的数量主要分布在 0.1～0.4μm 范围内，球形颗粒的数量主要分布在 0.1～0.3μm 范围内，矿物颗粒主要分布在 0.1～0.5μm 范围内。义马和永城烟尘集合体的数量百分比最多，分别为 43.5％和 50.9％，平顶山则是矿物颗粒的数量百分比最多为 41.2％。义马由于采样点周围电厂较多，而且采样点附近有火车、汽车经过，所以烟尘集合体的数量百分比最多。平顶山采样点周围裸露的地表、煤矸石和粉煤灰堆放场较多，而且平顶山多风，使得空气中矿物颗粒粒径偏粗，质量偏大。永城采样时由于濒临淮河流域而雨水较多、空气湿度大，空气质量最好；PM_{10} 的来源仍以燃煤和汽车尾气为主，所以烟尘集合体的数量百分比相对较多，而且从微观形貌上看，多呈湿的团聚状。

对夏季 PM_{10} 的体积-粒度分析表明，义马三种颗粒物体积百分比的顺序是矿物颗粒（71.5％）、烟尘集合体（20.8％）和球形颗粒（7.7％）；平顶山三种颗粒物体积百分比的顺序是矿物颗粒（71.5％）、烟尘集合体（22.3％）和球形颗粒（6.3％）；永城三种颗粒物体积百分比的顺序是烟尘集合体（49.2％）、矿物颗粒（43.1％）、球形颗粒（7.7％）。从体积（质量）粒度分布上看，三个矿区颗粒物的质量几乎都是＞1μm 的矿物颗粒的质量。平顶山和永城地区 1～2.5μm 范围内烟尘集合体的质量约占总体颗粒物质量的 10％，而义马地区 1～2.5μm 范围内烟尘集合体的质量百分比约为 2％。

2. 冬季三个地区大气颗粒物粒度分布的比较

对冬季三个煤矿区城市 PM_{10} 的数量-粒度分析表明，义马各类颗粒物数量百分比的顺序是矿物（60.9％）、球形颗粒（26.7％）和烟尘集合体（18.5％）；平顶山各

类颗粒物数量百分比的顺序是矿物（36.3%）、烟尘集合体（34.8%）和球形颗粒（28.9%）；永城各类颗粒物数量百分比的顺序是矿物（48.1%）、球形颗粒（29.0%）和烟尘集合体（23.0%）。总体上各种类型颗粒物的数量主要分布在 $0.1\sim0.5\mu m$ 范围内。与夏季相比，冬季三个矿区都是以矿物颗粒的数量百分比相对最多。冬季煤矿区城市燃煤增多，且采样地区冬季连续未雨，空气干燥，导致粉煤灰、煤矸石堆放场的灰尘长期漂浮在大气中所致。

对冬季 PM_{10} 的体积-粒度分析表明，义马 PM_{10} 中各类颗粒物体积百分比的顺序是矿物（72.7%）、烟尘集合体（18.9%）、球形颗粒（13.4%）；平顶山各种类型颗粒物体积百分比的顺序是矿物（49.9%）、烟尘集合体（40.2%）、球形颗粒（9.9%）；永城各种类型颗粒物体积百分比的顺序是矿物（42.6%）、烟尘集合体（41.4%）和球形颗粒（16.0%）。体积-粒度分布总体上仍以矿物颗粒为主，义马和平顶山 PM_{10} 中矿物颗粒的峰值出现在 $1\sim2.5\mu m$ 范围内，体积百分比占到 20% 以上；永城 PM_{10} 中矿物颗粒的峰值出现在 $0.3\sim0.4\mu m$ 和 $1\sim2.5\mu m$ 范围内，说明永城矿物颗粒粒径较小。与夏季相比，冬季三个矿区球形颗粒的体积百分比相对增多，其原因可能是冬季燃煤导致的 SO_2 浓度增高，空气中发生二次化学反应生成的球形颗粒增多。夏季矿物颗粒的体积在粒径 $>2.5\mu m$ 范围内有分布，而冬季矿物颗粒的体积几乎没有分布在 $>2.5\mu m$ 范围内，说明夏季矿物颗粒粒径较大。

3.5　煤矿区城市与非煤矿区城市的比较

时宗波等利用高分辨率场发射扫描电镜识别出北京市 PM_{10} 中的单颗粒类型有烟尘集合体、燃煤飞灰、矿物颗粒、生物颗粒物、煤屑、残炭、盐类和超细未知颗粒物等[203]。杨书申对上海市 PM_{10} 的微观形貌研究得出颗粒物的类型有烟尘集合体、矿物颗粒、飞灰、残留油滴、液滴颗粒、海盐颗粒、未知细颗粒和其他颗粒[208]。李凤菊研究得出郑州市 PM_{10} 中单颗粒的形貌类型有燃煤飞灰、矿物颗粒、烟尘集合体、生物质颗粒、海盐颗粒、未知细颗粒和其他颗粒等[92]。

本书利用 FESEM 分析得出煤矿区城市 PM_{10} 中颗粒物的类型有燃煤飞灰、椭球形颗粒、矿物颗粒、烟尘集合体、生物质、超细未知颗粒以及一些不能识别成分的颗粒物。矿区城市与其他城市颗粒物微观形貌的最大区别是矿物颗粒种类多、粒径大，而且有多种规则矿物在一个地区出现。可能与煤矿区的特色资源煤炭有关，一些煤矸石、粉煤灰堆放场的露天堆放，其中的小颗粒随风飘移，使得煤矿区城市不规则矿物的种类较多；而矿区高浓度的 SO_2 和 NO_x 使得空气中的规则矿物大量生成。

邵龙义等对北京市 PM_{10} 的粒度分析表明，PM_{10} 中颗粒物含量从大到小依次为烟尘集合体、矿物颗粒和燃煤飞灰[18]。北京市西北城区 2001 年夏季和 2002 年春季 PM_{10} 的粒径分别主要分布在 $0.2\sim0.5\mu m$ 和 $1\sim2.5\mu m$ 之间[197]，颗粒物相对较粗。李凤菊对郑州市夏季大气颗粒物的数量-粒度分析表明,PM_{10}数量呈单峰分布,矿物、球形颗粒和烟尘集合体数量-粒度分布在 $0.1\sim0.5\mu m$ 范围内[92]。对煤矿区城市而言,夏季义马和永城 PM_{10} 中以烟尘集合体数量百分比最高,而冬季则以矿物颗粒所占数量百分比最多,可能与煤矿区煤矸石、粉煤灰、电厂等特征污染源有关;颗粒物的数量-粒度主要分布在 $0.1\sim0.5\mu m$ 范围内。郑州市颗粒物中粒径$>1\mu m$ 的颗粒中烟尘集合体的体积约占 40%,而矿区烟尘集合体的体积百分比$<15\%$,说明郑州市粒径$>1\mu m$ 的烟尘集合体和矿物颗粒对空气质量浓度贡献很大,而煤矿区城市粒径$>1\mu m$ 的矿物颗粒对空气质量浓度贡献很大,可能与矿区大量裸露的煤矸石、粉煤灰堆场有关。肖正辉[91]研究表明,兰州市全年 PM_{10} 基本上由细颗粒组成,粒径$<2.5\mu m$ 颗粒物所占的数量百分比高达 99%,与煤矿区城市 PM_{10} 的粒度分布相同,均对人体健康的危害性较大。

3.6 小 结

(1) FESEM 研究结果表明,煤矿区城市 PM_{10} 中颗粒物的类型有球形颗粒、矿物颗粒、烟尘集合体、超细未知颗粒以及一些不能识别成分的颗粒物。与非煤矿区城市相比,微观形貌上最大特点是不规则矿物颗粒数量和种类多、粒径大,分析其来源,可能与煤矿区城市煤矸石、粉煤灰、煤堆堆放场的露天堆放有关。

(2) 夏季平顶山 PM_{10} 中球形颗粒(30.9%)、规则矿物(8.9%)和不规则矿物(32.6%)的数量百分比最多,永城 PM_{10} 中烟尘集合体的数量百分比最多(49.9%);冬季永城 PM_{10} 中球形颗粒的数量百分比最多(30.0%),义马 PM_{10} 中规则矿物(10.3%)和不规则矿物(46.9%)的数量百分比最多,平顶山 PM_{10} 中烟尘集合体数量百分比最多(39.5%)。各地区不同类别颗粒物数量百分比的变化反映了污染物来源的不同。

(3) 夏季义马、平顶山和永城 PM_{10} 的数量-粒度呈单峰分布,主要分布在 $0.1\sim0.7\mu m$ 范围内,义马 PM_{10} 在 $1\sim2.5\mu m$ 范围还有一个小的峰值,说明数量上仍以细颗粒为主。义马和永城烟尘集合体的数量百分比最多,平顶山则是矿物颗粒的数量百分比最多,可能与污染物来源不一致有关。烟尘集合体和矿物颗粒的峰值出现在 $0.2\sim0.3\mu m$,球形颗粒的峰值出现在 $0.1\sim0.2\mu m$,体积-粒度分布表明颗粒物的体积(质量)以$>1\mu m$ 的矿物颗粒为主。

(4) 冬季义马、平顶山和永城颗粒物的数量-粒度呈单峰分布,主要分布在 $0.1\sim0.6\mu m$ 范围内,三个矿区颗粒物的数量上都以矿物颗粒为主。矿物颗粒和烟尘集合体的峰值出现在 $0.2\sim0.3\mu m$,球形颗粒的峰值出现在 $0.1\sim0.2\mu m$,与夏季颗粒物的粒度分布趋势相同。从体积-粒度分布上看,各矿区颗粒物以 $1\sim2.5\mu m$ 的矿物颗粒和烟尘集合体为主。

4 煤矿区城市细颗粒物的 TEM 分析

透射电镜在大气颗粒物研究中的应用在 20 世纪 60 年代就开始了。Ku 等利用冷冻方法和透射电镜、图像处理技术对亚微米级气溶胶小液滴的尺寸分布进行了直接测量,并将测量结果和空气动力学粒径分光计进行了比较[210]。Pósfai 等用 TEM 分析研究了南部非洲生物燃烧产生的气溶胶的粒径、形状、成分、混合状态、表面覆盖物及相对含量[192]。Li 等对取自北大西洋两个地点清洁及污染海洋边界层的大气气溶胶进行 TEM 研究,分析了新鲜的和发生部分或全部反应的海盐、工业源颗粒物及细小陆地矿物灰尘等主要海洋气溶胶颗粒物类型[211]。

国内利用 TEM 分析颗粒物的研究也逐渐发展起来。陈天虎等利用 TEM 对大气降尘进行研究[212]。许黎等通过 TEM-EDX 分析指出,北京市春末—初秋大气颗粒物颗粒形态以不规则、丸形、液态滴形和方形为主,主要元素有 Ca、K、Si、S、Al、Mg、Fe 等[213]。杨书申等利用 TEM-EDX 对北京市大气颗粒物进行了分析,显示出城市大气中细颗粒物表面的晶体结构及能谱成分[214]。李卫军等利用 TEM-EDX 对北京市雾天大气颗粒物的内部混合状态进行分析指出,雾天空气中颗粒物表面硫化现象严重,透射电镜下观察颗粒物外表有一层透明状物质附着,能谱分析大部分为 S[215]。目前对于煤矿区城市气溶胶的透射电镜研究还少见有报道。由于透射电镜具有比扫描电镜更高的分辨率和放大倍数,因此透射电镜下的单颗粒分析更适用于大气细粒子的形成及演化以及大气化学反应等的研究。

4.1 TEM 分析简介

透射电子显微镜成像原理与透射光学显微镜成像原理相似,只是它是以电子束来代替可见光源,以电磁透镜代替光学透镜。

任何显微镜的工作原理都是通过透镜将光线聚焦成像,得到比原来物体放大的像。透射电镜的总体工作原理如图 4.1 所示,由电子枪发射出来的电子束,在真空通道中沿着镜体光轴穿越聚光镜,通过聚光镜将之会聚成一束尖细、明亮而又均匀的光斑,照射在样品室内的样品上;透过样品后的电子束携带有样品内部的结构信息,样品内致密处透过的电子量少,稀疏处透过的电子量多;经过物镜的会聚调焦和初级放大后,电子束进入下级的中间透镜和第一、第二投影镜进行综合放大成像,最终被放大了的电子影像投射在观察室内的荧光屏板上;荧光屏将电子影像转化为可见光影像以供使用者观察。

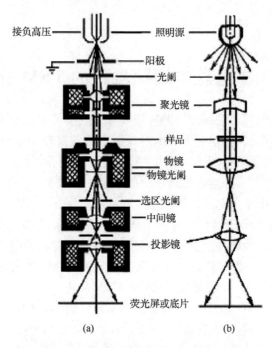

图 4.1　透射电子显微镜原理及光路图[208]

透射电子显微镜的总体结构包括镜体(镜筒)和辅助系统两大部分。

镜体(镜筒)部分包含:①照明系统(电子枪、聚光镜),它的功用主要在于为样品及成像系统提供足够亮度的光源和电子束流。电子枪由灯丝(阴极)、栅级和阳极组成。加热灯丝发射电子束,经加速而具有能量的电子从阳极板的孔中射出。射出的电子束能量与加速电压有关,栅极起控制电子束形状的作用。电子束有一定的发散角,经会聚镜调节后,得到发散角很小甚至为 0 的平行电子束。电子束的电流密度(束流)可通过调节会聚镜的电流来调节。②成像系统(样品室、物镜、中间镜、投影镜),该系统样品室有一套机构,保证样品经常更换时不破坏主体的真空。样品可在 X、Y 两方向移动,以便找到所要观察的位置。经过会聚镜得到的平行电子束照射到样品上,穿过样品后就带有反映样品特征的信息,经物镜和反差光阑作用形成一次电子图像,再经中间镜和投射镜放大一次后,在荧光屏上得到最后的电子图像。③观察记录系统(观察室、照相室),电子图像反映在荧光屏上,荧光发光和电子束流成正比,把荧光屏换成电子干板,即可照相。

辅助系统包含:①真空系统(机械泵、扩散泵、真空阀、真空规),它的作用是排除镜筒内气体,使镜筒真空度至少要在 10^{-5} 托(Torr,1 托=133.3223684 帕,Pa)以上,目前最好的真空度可以达到 $10^{-9} \sim 10^{-10}$ 托。如果真空度低的话,电子与气体分子之间的碰撞引起散射而影响衬度,还会使电子栅极与阳极间高压电离导致极间放电,残余的气体还会腐蚀灯丝,污染样品。②电路系统(电源变换、调整控制),加速电压和透镜磁电流不稳定将会产生严重的色差并降低电镜的分辨本领,所以加速电压和透镜电流的稳定度是衡量电镜性能好坏的一个重要标准。

另外,许多高性能的电镜上还装备有扫描附件、能谱议、电子能量损失谱等仪器。其中镜筒是透射电子显微镜的放大成像的核心部分,它的光路原理和透射式光学显微镜非常相似,如图 4.1 所示。

电子束轰击待测样品会产生吸收电子、二次电子、背散射电子、特征 X 射线等各种信号,利用 X-射线能谱分析仪收集这些信号就可以得到样品的各种信息。根据 X-射线能谱分析仪出现的特征谱线及其所在的能量范围,可以测定样品中所含元素及其含量。样品中某种元素谱峰强度值与标样谱峰强度值之比,则为该元素含量的一级近似值,经过 ZAF 法物理模型校正,可以得到样品中该元素的含量值。

4.2 大气颗粒物 TEM 样品的制样和分析

河南省煤矿区城市透射电镜颗粒物样品的采集使用 KB-2 型单颗粒采样仪,采样流量为 1L/min。透射电子显微镜的样品一般采用外径为 3mm 的铜网支持,铜网有 400 目的圆孔。采样时将带有 Formvar(聚乙烯醇缩甲醛)支持膜的铜网放在采样仪中的滤膜上,气溶胶细颗粒物直接沉降在铜网上,采样时间可以根据气溶胶质量浓度的具体情况决定,以网上采到分布合适的颗粒物为准,一般为 1～3min。将采集有细颗粒物样品的有 Formvar 膜的铜网,放入日立 HITACHI H-8100 透射电镜(附有 Philips DX4 型能谱仪)上进行分析,加速电压为 200kV。

实验所用样品的采集信息见表 4.1。

表 4.1 细颗粒物 TEM 分析样品信息

样品序号	样品编号	采样地点	采样时间	温度/℃	相对湿度/%	能见度/km	天气情况
No.1	S1	义马跃进矿招待所三层楼顶	2008.6.14 15:40	27.5	63.1	3	阴,霾
No.2	T2	平顶山二矿招待所六层楼顶	2008.5.30 18:30	28.6	15.2	5	晴
No.3	T3	平顶山工学院招待所三层楼顶	2008.6.5 12:30	32.6	24.2	3	晴
No.4	T4	鲁山县尧山镇汉城招待所三层楼顶	2008.6.7 9:00	24.5	69.6	10	阴,小雨
No.5	S2	永城城郊矿五层楼顶	2008.6.21 17:50	31.6	72.2	3	阴,霾
No.6	2008-12-7	义马跃进矿招待所三层楼顶	2008.12.18 17:40	5.4	42.1	4	晴
No.7	2008-12-1	平顶山二矿招待所六层楼顶	2008.12.9 09:25	15.6	42.1	7	晴
No.8	2008-12-5	平顶山工学院新校区	2008.12.14 12:30	10.7	34.4	4	晴
No.9	2008-12-9	永城城郊矿综合楼五层楼顶	2008.12.22 10:43	1.2	16	5	晴

4.3　透射电镜下煤矿区大气细颗粒物的特征

与扫描电镜分析类似,不同来源的大气颗粒物在透射电子显微镜下也呈现显著的特征,是大气颗粒物来源的"指纹"。在透射电子显微镜下可以根据对大气细颗粒物的形貌、能谱的分析,对煤矿城市大气颗粒物进行识别、分类,可以根据大气颗粒物的透射电镜形貌初步判定大气颗粒物的来源。同时,由于透射电镜具有更高的分辨率,可以分析出不同颗粒物的混合状态。透射电镜下煤矿区城市典型的大气颗粒物的特征见表4.2。

表 4.2　透射电镜下煤炭城市大气颗粒物的主要类型及特征

颗粒物类型		微观形貌特征	X 射线能谱特征	备注
烟尘集合体	链状颗粒	形貌特征明显	主要是 C	主要来源于燃煤、机动车尾气和生物质燃烧
	簇状颗粒	形貌特征明显	主要是 C	
燃煤飞灰	Fe 质飞灰	一般呈规则的圆球形,表面光滑;也有燃煤飞灰表面吸附有超细颗粒物和二次颗粒物	一类是 Fe 质飞灰,颗粒成分以 Fe 为主,还有一定量的 Si 和 Al;一类是硅铝酸盐飞灰,成分以 Si、Al 为主,含有少量的 Mg、K、Ca、Ti 等	燃煤
矿物颗粒	规则矿物	形状规则	含有 O、S 和 Ca 之外,还普遍含有少量的 K	二次大气化学反应生成
	不规则矿物	形状不规则	石英和黏土矿物	地面扬尘、煤矸石扬尘
球形颗粒		球形、椭球形颗粒	含有较高的 S 和 Ca	电子束照射后表面物质挥发
金属颗粒		TEM 像呈黑色,圆形	除了 Fe、Zn 金属元素外,还含有 S、O 和其他元素	表面覆盖透明的硫酸盐或硝酸盐
碳质颗粒		TEM 像呈黑色,形状各异	主要是 C	可能来源于煤矿区城市的煤屑

4.3.1　烟尘集合体

在透射电镜下烟尘集合体的形貌特征比较明显,典型的烟尘集合体的形貌有簇状和链状(图 4.2(a)、(b))。在高分辨率和高放大倍数下,可观察到单个颗粒的形态基本上呈球形。结合能谱分析(图 4.2(d))可知,其成分主要是 C。Wentzel 等在更大放大倍数下观察发现,它由洋葱状的纳米晶石墨组成(图 4.2(c))[216]。燃煤、机动车尾气和生物质燃烧是烟尘集合体的主要来源。

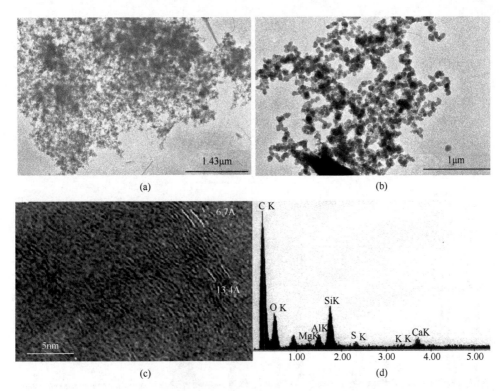

图 4.2　煤矿区城市烟尘集合体的 TEM 像及能谱图

(a)簇状(No.2);(b)密实链状(No.2);(c)洋葱状结构的放大体[216];(d)代表性能谱图

4.3.2　燃煤飞灰

透射电镜下观察到的燃煤飞灰的粒度变化较大,一般呈规则的圆球形,表面光滑,未被其他颗粒物覆盖;也有燃煤飞灰表面吸附有超细颗粒物和二次颗粒物[18]。煤矿区城市的燃煤飞灰在透射电镜下观察也有其他多种形态,图 4.3(a)、(b)为煤矿区城市燃煤飞灰,在透射电镜的强光照射下表面覆盖的挥发性物质挥发,剩下球形的燃煤飞灰颗粒。飞灰颗粒物的典型能谱图一类是 Fe 质飞灰,颗粒成分以 Fe 为主,还有一定量的 Si 和 Al(图 4.3(c));一类是硅铝酸盐飞灰,成分以 Si、Al 为主,含有少量的 Mg、K、Ca、Ti 等(图 4.3(d))。

4.3.3　矿物颗粒

环境大气中的矿物颗粒包括不规则矿物颗粒和规则矿物颗粒两种。不规则矿物颗粒的主要来源为地面扬尘(包括土壤扬尘、建筑扬尘、风起扬尘、道路扬尘等),在煤矿区还会有煤矸石风化的扬尘。规则矿物颗粒多为空气中二次大气化学反应

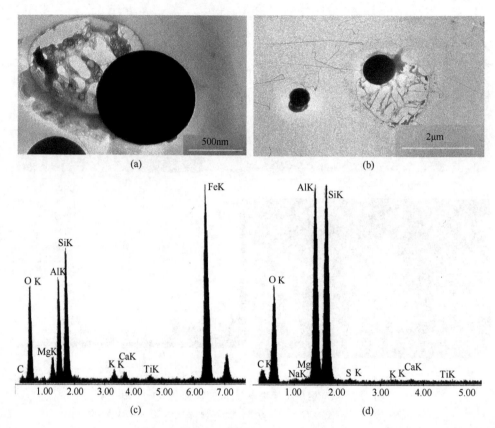

图 4.3　煤矿区城市飞灰的 TEM 像及能谱图

(a)、(b)表面附有挥发物质的飞灰颗粒(No. 7 样品);(c)、(d)代表性能谱图

生成。

图 4.4 是煤矿区城市不规则矿物的典型 TEM 像,根据 EDX 能谱得出为黏土矿物。石英和黏土矿物是地球表层分布最广的矿物,是各种类型母岩风化的产物。黏土矿物是自然界颗粒最细小的一类矿物,直径多小于 2μm。煤矿区城市可吸入颗粒物中有大量的石英和黏土矿物。

图 4.5 是煤矿区城市规则矿物的 TEM 像。从形貌上看,图 4.5(a)为规则矿物在电子束强光的作用下挥发留下的痕迹,根据它的能谱(图 4.5(c))推测此硫酸盐为硫酸铵;图 4.5(b)为规则矿物的微观形貌,根据它的能谱图(图 4.5(d))推测此硫酸盐为硫酸钙,这种颗粒除了含有 O、S 和 Ca 之外,还普遍含有少量的 K。硫酸盐(包括硫酸铵或硫酸钠等)主要是由空气中的 SO_2 和其他物质发生二次反应生成的,它的存在在一定程度上反映了 SO_2 的污染程度。

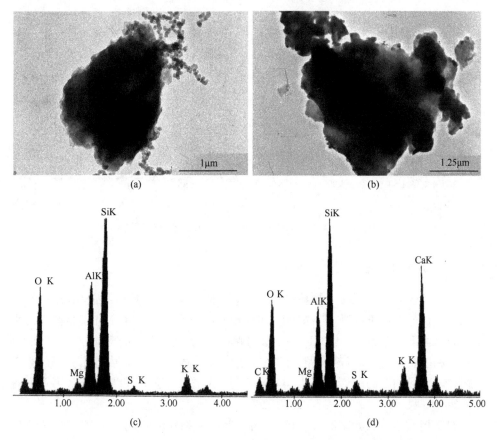

图 4.4　煤矿区城市不规则矿物的 TEM 像及能谱图

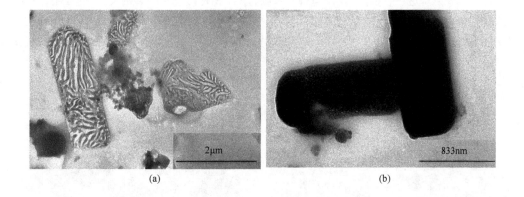

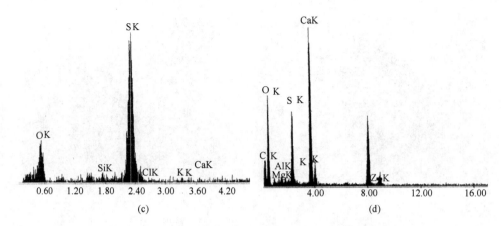

图 4.5　煤矿区城市规则矿物的 TEM 像及能谱图

4.3.4　二次球形颗粒

在煤矿区城市的可吸入颗粒物样品中,发现很多球形、椭球形颗粒,外形与飞灰相似。在透射电镜的强光下如图 4.6(a)～(c)所示,图 4.6(a)为球形颗粒几乎完全分解留下的痕迹;图 4.6(b)为正在分解的球形颗粒留下的痕迹;图 4.6(c)分为外层和内层两种物质,球形颗粒的壳在电子束的强光下分解,内部未分解的为矿物颗粒。球形颗粒的能谱如图 4.6(d)～(f)所示,分为"富 S"和"富 Ca"(第 5 章有具体定义)两种。

根据李卫军等实验室的模拟结果分析,碱性矿物颗粒首先与 HNO_3 发生非均相反应生成吸湿性很强的硝酸盐气溶胶覆盖在矿物表面,再吸附其他酸性气体(如 HCl 和 SO_2),进一步消耗这种碱性矿物组分。最终,这种非均相反应将消耗掉所有的碱性矿物组分。这种非均相反应的颗粒物微观形貌如图 4.6(c)所示,外面的壳为硝酸盐类,内部可能为未反应完全的碱性矿物[217]。叶兴南和陈建民对大气二次颗粒的形成机理做了研究和总结[218]。

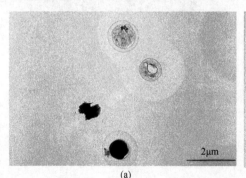

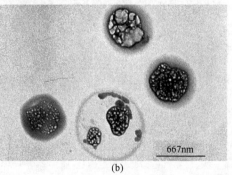

(a)　　　　　　　　　　　　　(b)

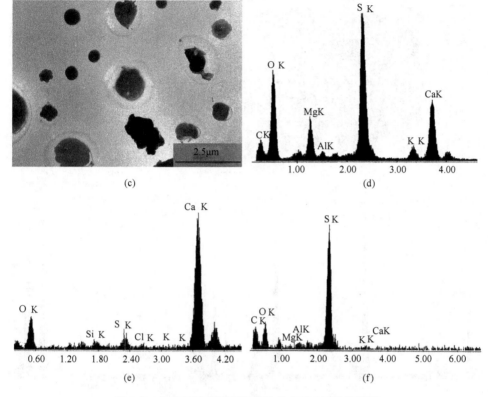

图 4.6　煤矿区城市椭球形颗粒的 TEM 像及能谱图

4.3.5　金属颗粒

煤矿区城市的金属颗粒主要包括"富 Fe"和"富 Zn"颗粒,这些颗粒显示出较规则的圆形。从颗粒的形貌特征上分析,"富 Fe"颗粒几乎和飞灰无法分辨。金属颗粒的表面覆盖一种透明胶体状的物质,为硫酸盐或硝酸盐。其能谱图如图 4.7(c)、(d)所示,这种金属颗粒除了金属元素外,还含有 S、O 和其他元素。

4.3.6　碳质颗粒

碳质颗粒和有机颗粒在能谱下都表现为较高的 C 峰。碳质颗粒的微观形貌如图 4.8(a)所示,煤矿区城市有比其他城市更多的碳质颗粒,这些颗粒可能来源于煤矿区城市的煤屑。有机物质的微观形貌不易识别,在 TEM 像中一般呈黑色,不易受电子束破坏,根据能谱上的 C 峰可以推测有机成分在煤矿区城市存在。李卫军研究表明在清晰天气条件下,约 92% 的内混矿物颗粒和 68% 的"富 S"颗粒内部混合着有机组分[217]。

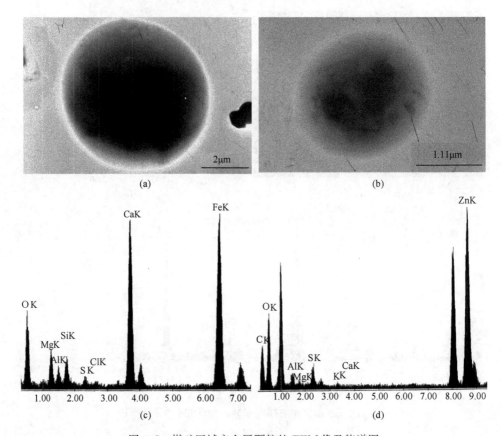

图 4.7　煤矿区城市金属颗粒的 TEM 像及能谱图

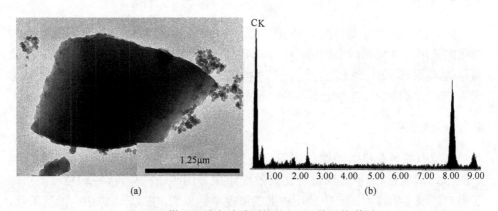

图 4.8　煤矿区城市碳质颗粒的 TEM 像及能谱图

4.3.7　三个煤矿区城市大气细颗粒物的 TEM 特征比较

1. 夏季不同矿区大气细颗粒物的 TEM 特征

图 4.9 和图 4.10 是观察到的煤矿区城市细颗粒物的 TEM 像。从 TEM 图像来看,有烟尘集合体、燃煤飞灰、矿物,以及透射电镜强电子束下分解后的硝酸盐痕迹等。

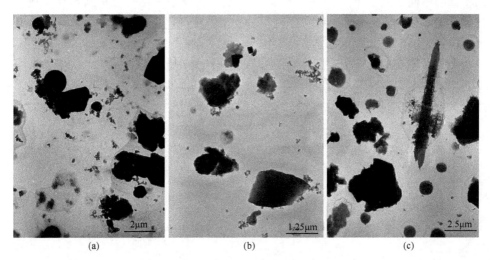

图 4.9　煤矿区城市夏季颗粒物的 TEM 像
(a)(No. 1)义马;(b)(No. 2)平顶山;(c)(No. 5)永城

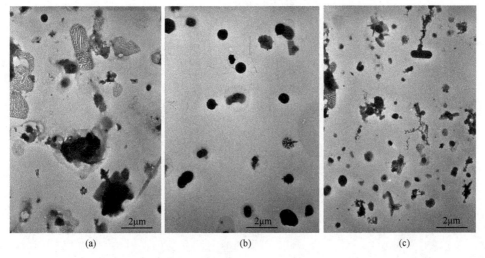

图 4.10　煤矿区城市冬季颗粒物的 TEM 像
(a)(No. 6)义马;(b)(No. 7)平顶山;(c)(No. 9)永城

　　图 4.9(a)、(b)、(c)是夏季义马跃进矿、平顶山二矿、永城城郊矿附近采集的大气细颗粒物图像,表 4.3 是对应的能谱结果。义马几乎每个颗粒都含有 K 和 S,这与夏季秸秆焚烧有关。采样时空气湿度达到 63.1%,有利于颗粒物的硫化现象发生;平顶山以 Si、Al 颗粒为主,S 含量很低,说明平顶山夏季以来源于地壳的矿物颗粒为主。采样时的空气湿度为 15.2%,颗粒物表面未被硫化。还有几个 C 质颗粒,可能来源于煤屑;永城夏季颗粒化学成分以 Si、Al、S、K 为主,与其他两个矿区相比的不同之处在于 55% 的颗粒含 Fe。永城在夏季采样时也遇到秸秆焚烧的状况,以 K 为示踪物。采样时阴有轻雾,相对湿度达到 72.2%,这种天气条件有利于颗粒物表面的硫化现象发生。从能谱分析结果可知,每个颗粒都含有较高的 S,说明永城夏季在空气湿度大、雾霾发生时,颗粒物的硫化现象严重。

表 4.3　煤矿区城市夏季单颗粒物成分特征

城市	单颗粒序号	元素组成/wt %										
		Na	Mg	Al	Si	K	Ca	Fe	S	Cl	Ti	C
义马	1				2.36	54.19			43.46			
	2				0.67	51.28			48.04			
	3				1.03	56.05			42.92			
	4					43.87			56.13			
	5				2.99	73.97			23.04			
	6				5.88	35.68	36.19		22.25			
	7				31.09	25.37	5.13			38.42		
	8				28.91	22.49				48.60		
	9				16.87					83.13		
	10				35.40	9.97	12.89			41.75		
平顶山	1			36.30	51.80	11.90						
	2	0.76	1.33	28.27	45.35	6.45	6.64		1.33		9.87	
	3	0.56	0.74	44.07	52.22	0.56	0.74		0.74		0.37	
	4	100										
	5		3.24	30.92	57.06	7.06			1.72			
	6		1.81	22.24	61.48	12.12	1.63		0.72			
	7		2.35	30.92	52.64	9.00	3.72		1.37			
	8											100
	9											100
	10											100

续表

城市	单颗粒序号	元素组成/wt %										
		Na	Mg	Al	Si	K	Ca	Fe	S	Cl	Ti	C
永城	1			18.27	28.98	2.20	1.89	0.94	2.68		45.04	
	2			27.72	41.76	8.99		5.43	16.10			
	3			31.49	47.33	9.92		5.53	5.73			
	4	8.87				4.81	5.36		80.96			
	5	18.09					23.08		58.84			
	6			19.81	32.41	6.48	3.33	16.48	21.48			
	7			30.88	50.18	6.07		4.78	3.68		4.41	
	8			24.78	40.27	8.26	6.05		59.14			
	9			3.50	7.61	16.46	56.79	4.53	11.11			
	10			14.29	55.32	20.27		4.98	5.15			
	11	20.13					18.42		55.46			
	12			7.25	13.44	1.43	0.59		4.16			73.13
	13			5.63	8.81	2.45	0.86		14.69			67.56

注：表中数据为单个颗粒中元素质量百分含量。

2. 冬季不同矿区大气细颗粒物的 TEM 特征

图 4.10(a)～(c)为冬季三个矿区的颗粒物微观形貌。冬季三个矿区采样时天气条件差别不大，没有特殊天气状况出现。从微观形貌上看，义马的颗粒物中二次粒子最多。表 4.4 为冬季不同矿区颗粒物的能谱结果。义马颗粒物中的元素以 Si、S、Al、Fe、K、Ca 为主。冬季颗粒物中 K 含量高，冬季不会有秸秆焚烧情况，可能为长石类矿物。义马冬季矿物类型以长石和黏土类矿物为主，且有较高的 Fe 类颗粒，颗粒物表面有硫化现象发生。此外还有 2 个 C 质颗粒；平顶山冬季统计的颗粒较多，颗粒物的元素含有 Si、Al、Ca、Fe、Mg、Na、S 等，此外还有燃煤产生的重金属 Zn 和 Mo。结合能谱数据，平顶山冬季矿物颗粒的类型为黏土、长石和碳酸盐类，还有一些含 Fe 量高的颗粒。S 元素的百分比含量很高，颗粒物的硫化现象严重。永城冬季颗粒物的元素主要为 Si、Al、K、Ca、Fe、Mg、Na、S 等，此外还有微量重金属元素 Zn、Ni、Cr、Co、Cs、Ba 等。与平顶山矿物颗粒类型相似，永城冬季矿物颗粒物的类型为黏土、长石和碳酸盐类，还有一些含 Fe 量高的颗粒，以赤铁矿和菱铁矿为主，颗粒物表面有硫化现象发生。与夏季相比，冬季颗粒物中元素的类别较多，且由于冬季燃煤量增大，产生的微量重金属元素也增多。

表 4.4　煤矿区城市冬季单颗粒物成分特征

城市	单颗粒序号	元素组成/wt %											
		Na	Mg	Al	Si	K	Ca	Fe	S	Cl	Ti	C	其他元素
义马	1	2.38	0.89		13.86	12.07	9.39	36.51	24.89				
	2	1.45		2.58	38.13	5.82	16.96	11.15	23.91				
	3	0.91	0.91	0.91	1.30	3.77		1.82	3.12			87.27	
	4	1.07		34.16	46.26	4.80	4.63	5.69	3.38				
	5			3.19	6.99			89.83					
	6			2.15	4.89			7.03				85.94	
	7				4.73	82.77		12.50					
	8			3.80	6.41	3.40	1.96	5.50	16.36				62.57(Ba)
	9			100									
	10			4.94	3.96	20.27		70.83					
平顶山	1		11.19		1.84		84.84		2.12				
	2	0.56	1.24		1.24		1.13	91.77	4.06				
	3		10.02	8.01	17.86	4.67	22.54	8.51	28.38				
	4	1.03	6.19	6.19	14.58	6.63	18.11	10.46	36.82				
	5				0.99			96.15	2.86				
	6	4.11	2.68	4.11	12.68	8.57	3.39		52.32				12.14(Zn)
	7	0.00	4.01	13.21	27.76	3.51	3.51	39.63	8.36				
	8	0.00	2.33	11.81	28.62	3.22	9.66	31.66	12.70				
	9	5.16	3.91	6.23	21.89	1.96	17.97		29.00				13.88(Zn)
	10	8.59	2.50				34.70		44.19				10.02(Zn)
	11		2.06	5.50	6.33	5.09	12.52		68.50				
	12			42.32	52.30		3.19		2.20				
	13			3.24				87.17	9.60				
	14	0.95	1.05	6.43	1.79		37.62	49.42	2.74				
	15			33.09	46.40	6.47		11.51	2.52				
	16	51.59	8.60	1.59	2.55	5.41		2.55	27.71				
	17	2.58		14.01	27.38	6.44	23.51	8.86	17.23				
	18			4.85	63.33	3.23	1.62	22.29	4.68				
	19	37.46	7.37	4.13	7.37	13.57		4.72	25.37				
	20			31.52	43.78	4.26	4.77	11.58	4.09				
	21	43.73	8.00			5.87	5.60	1.87	34.93				

续表

城市	单颗粒序号	元素组成/wt %											其他元素
		Na	Mg	Al	Si	K	Ca	Fe	S	Cl	Ti	C	
平顶山	22			1.60	4.43		75.53	3.01	15.43				
	23			3.55	9.93		75.71	6.21	4.61				
	24		2.22	6.35	49.19	7.53	6.06	18.32	10.34				
	25			3.68	4.34	56.05	20.39	11.99	3.55				
	26	7.71	0.36	0.00	6.81	28.14	26.34	2.15	3.05				25.45(Mo)
	27			17.94	35.87	2.58	5.42	36.39			1.81		
永城	1		4.91	2.71	4.39		35.79	35.92	5.56		3.36		7.35(Zn)
	2	0.41	0.31	0.71	0.51	1.32	1.32	95.02	0.41				
	3	34.71				15.70	2.48		27.27				19.83(Zn)
	4		16.50	3.50	4.66								75.34(Ni)
	5				5.35	20.69		3.91	60.64				9.41(Zn)
	6			0.61	1.71	2.69		6.00				88.98	
	7			1.76	4.57	51.85	1.05	5.98	34.80				
	8	0.39	0.39	3.77	6.37	3.38	1.95	5.46	16.12				61.38(Ba) 0.78(Cs)
	9				1.05			74.88					7.13(Ni) 16.94(Cr)
	10	0.57	0.38	9.14	67.81	1.71	19.62		0.76				
	11	0.38	1.14	6.65	86.12	0.57	3.80		1.33				
	12		1.04	0.52	2.22				3.13			93.08	
	13	0.70	1.05	3.49	9.42	1.92	72.95	5.93	4.54				
	14	19.28	0.00	57.99	5.32	5.32			12.09				
	15			2.00			98.00						
	16			0.83	1.04		15.16	3.01					17.65(Ni) 20.04(Cr) 42.26(Co)
	17			9.42	16.03	11.67	22.36	29.68	3.38	7.45			
	18			24.71	41.68	22.73	0.33	9.39					1.15(Zn)
	19			1.53	0.61			15.07					16.80(Ni) 19.96(Cr) 45.42(Co)

注：表中数据为单个颗粒中元素质量百分含量。

透射电镜的优点是可以看到颗粒物的内部结构,但缺点是采样时间短,一个样品采样时间为 60~120s,所采样品只能代表某时间段内的颗粒物特征。在不同的时间段内,由于气象条件的不同,颗粒物的特征会略有差别。所以在使用透射电镜分析大气细颗粒物时,建议相似天气条件下采集不同时间段内的颗粒物样品来代表某种季节某种天气的颗粒物污染状况。本书采样由于样品较少,所以只能从一方面代表各矿区的污染状况。建议下一步可以采集煤矿区城市多个时间段内的颗粒物样品来掌握不同季节、不同天气条件下的颗粒物特征。

4.4　小　　结

(1) 透射电镜可以清晰地分辨出煤矿区城市细颗粒物中的典型类型,包括烟尘集合体、燃煤飞灰、矿物颗粒、硫酸盐和硝酸盐颗粒、金属颗粒、碳质颗粒和有机组分等。它们在 TEM 下具有明显的特征。

(2) 义马和永城夏季颗粒物硫化现象严重,平顶山颗粒物几乎没有硫化现象,可能与空气湿度有关。且义马和永城夏季由于有秸秆焚烧现象,颗粒物中 K 含量高。义马几乎全部为含 S 和含 K 颗粒,平顶山和永城主要为黏土类矿物颗粒。

(3) 与夏季相比,冬季颗粒物中元素的类别较多,出现燃煤产生的微量重金属,且在采样时间段内都有不同程度的硫化现象。矿物颗粒的类型以黏土类、长石类、碳酸盐类和含 Fe 量高的"Fe 质"颗粒为主。

5 煤矿区城市单矿物颗粒组成特征及硫化现象分析

矿物颗粒约占对流层气溶胶的 50%,可以为大气非均相化学反应提供反应界面,进而直接或间接地影响全球气候[9,219,220]。矿物颗粒以及它所携带的有毒元素会对人体健康产生一定的危害作用,并且可以直接反映颗粒物的来源及成因信息[18,221]。因此,弄清大气颗粒物中矿物颗粒的组成特征具有十分重要的意义。

SEM-EDX 和 TEM-EDX 是目前最重要的单颗粒分析手段,这种分析方法可以同时提供颗粒物的形貌和成分的信息。Davis 和 Cho[222]、Davis[223] 提出了利用 XRD 技术定量分析采集在滤膜上的矿物颗粒的理论和实验方法。刘咸德等利用 SEM-EDX 对青岛大气颗粒物进行了研究[224]。张代洲对北京的沙尘粒子作了成分和形态分析[50]。汪安璞对北京大气气溶胶中粗粒($4.7 \sim 11 \mu m$)中的物相进行了初步研究[194]。邵龙义等[225]、吕森林等[226] 利用 SEM-EDX 对大气中的矿物颗粒按照物相进行分类,得出不同地方大气中矿物颗粒的主要类别。矿物颗粒按照物相进行分类的不足之处是对物相类别的辨别有难度,而且有些矿物颗粒表面的覆盖物干扰对矿物类别的判断。Okata 和 Kai 根据能谱中各种元素质量百分比的高低将中国北部呼和浩特市上空采集的矿物颗粒物分为“富 Si”、“富 Ca”、“富 Mg”等 9 种类别[227]。李卫军等根据 P(X)值将北京雾天矿物颗粒分为 8 种类别[214]。本书利用此分类方法分析河南省煤矿区城市矿物颗粒的种类。

5.1 样品信息与样品处理

5.1.1 样品信息

河南省煤矿区大气颗粒物 PM_{10} 的 SEM-EDX 实验的样品信息如表 5.1 所示,第 3 章微观形貌的一部分样品用来做 SEM-EDX。使用美国产 Minivol 采样器,流量在 5L/min 左右。采样滤膜为聚碳酸酯滤膜(滤膜孔径为 $0.6 \mu m$,Millipore),采集的样品一部分做场发射扫描电镜,一部分做能谱实验。

5.1.2 样品制备

做实验之前,将样品放入干燥皿干燥 48h,尽量使一些潮湿的样品干燥,可保护仪器不受污染。样品进入实验室后,将导电双面胶带贴在载样品台表面,然后将

表 5.1　SEM-EDX 单颗粒分析样品一览表

样品序号	样品编号	采样时间	质量浓度/(μg·m⁻³)	气温/℃	相对湿度/%	平均风速/(m·s⁻¹)	天气	能见度/km	备注
No.1	Y2008-6-A'	2008.6.10　11:00~17:00	349.4	32.3	20.1	静风	多云	2	义马夏季
No.2	Y2008-6-D	2008.6.14　9:30~13:30	539.7	25.5	75	静风	轻霾	3	
No.4	P2008-5-B	2008.5.30~31　23:00~1:00	370.7	25.3	26.7	西北/1.1	晴	5	平顶山夏季
No.6	P2008-5-C	2008.5.31~6.1　23:00~01:00	387.8	27.4	37.8	西南/0.7	多云	5	
No.7	P2008-6-C'	2008.6.1　11:00~17:00	309.6	35.9	19.6	西北/1.7	晴	5	
No.15	S2008-6-D	2008.6.22~23　21:00~3:00	234.5	24.7	74	东北/1.1	多云	4	永城夏季
No.18	Y2008-12-6	2008.12.18　11:00~13:00	197.2	9.2	29.9	西南/1.1	晴	3	义马冬季
No.19	Y2008-12-7	2008.12.19　01:00~02:00	312.9	-1.5	66.3	东南/0.9	晴	3	
No.22	P2008-12-5	2008.12.10　11:00~13:00	540.6	10.8	45.7	东北/1.9	多云	5	平顶山冬季
No.24	P2008-12-8	2008.12.11~12　23:00~01:00	258.8	6.6	68.6	东/1.1	多云	4	
No.29	S2008-12-9	2008.12.25　10:00~12:00	285.2	5.3	27.3	西北/0.7	晴	4	永城冬季
No.30	S2008-12-10	2008.12.25~26　23:00~01:00	247.6	0.9	35.6	西北/1.3	晴	4	

采集的样品裁下约 0.5cm² 平整地粘贴到双面胶上,一个样品台上大概可以放 10 个样品。实验用扫描电镜为英国产 LEO435VP 扫描电镜,配有 OxFord Link Pentafet 能谱分析系统;所用电压为 20KeV,电流 600pA;电子束斑直径约为 1μm;电子束的穿透样品的能力为 3~5μm,信号采集时间为 60s,使计数超过 1000;X-射线的出射角(Φ)大于 30°。为增加样品导电性,使颗粒物图像清晰,样品表面镀金,在低真空状态下获取背散射电子图像,对随机选定的矿物颗粒进行 X 射线能谱分析(一些 Si、Al 质物质有可能是粉煤灰,这就需要根据微观形貌来进行判断)。使用能谱仪自带的软件对所获颗粒物的元素成分及其氧化物含量自动进行 ZAF 校正,实验选用超薄视窗(Si-Li)探头,Co 作为标样进行定量数据校正,可以检测到 C 元素以后(Z>6)的所有元素。由于聚碳酸酯滤膜的 C 材质会对 C 峰产生影响,所以在实验过程中选取检测 O 以后的元素。每个样品选择 1~2 个区域,每个区域视颗粒物的多少进行能谱分析,每个区域大概打 20~40 个点。

5.2　煤矿区单矿物颗粒的化学组成分类

单个颗粒物的化学成分分类方法曾应用于大气气溶胶的化学和颗粒物来源等研究[228]。首先根据 EDX 的分析结果,分出单个矿物颗粒物中主要的 10 种元素成分(Na、Mg、Al、Si、S、Cl、K、Ca、Ti、Fe),然后把它们中具有最大 $P(X)$ 值的元素取出作为"富 X"颗粒。$P(X)$ 值计算如下:

$$P(X) = X/(Na+Mg+Al+Si+S+Cl+K+Ca+Ti+Fe) \times 100\%$$

其中,X 为矿物颗粒的元素重量百分含量。

然后再应用 $P(X)$ 值将矿物颗粒进一步分为亚类,其规定为某种元素的 P 值 $>65\%$ 称为"X"质,如"Ca 质";如果含量最高的元素的 P 值 $<65\%$,这时把矿物颗粒归为"P 值最高的元素+P 值第二高的元素"类。

5.2.1　煤矿区单矿物颗粒物的能谱特征

利用 SEM 得出煤矿区城市颗粒物的微观形貌示意图(图 5.1)。根据颗粒物中元素质量百分比的高低,得出各种颗粒物的类型。

图 5.1 中矿物颗粒 a、b、c、d、e、f 的能谱图如图 5.2 所示,分别为"富 Si"、"富 Ca"、"富 Al"、"富 Fe"、"富 K"、"富 S"颗粒,另外常见的还有"富 Cl"、"富 Mg"、"富 Ti"颗粒。此外还有一些特殊颗粒,例如一些颗粒在进行能谱分析时只有 C 元素,可能为有机物,也可能是煤矿区的 C 质颗粒-煤屑。在平顶山地区夏季还发现纯 Zr 颗粒、含有 V、Mn、Ti、Fe、Cu、Cl 等元素的混合颗粒,代表了平顶山夏季矿物颗

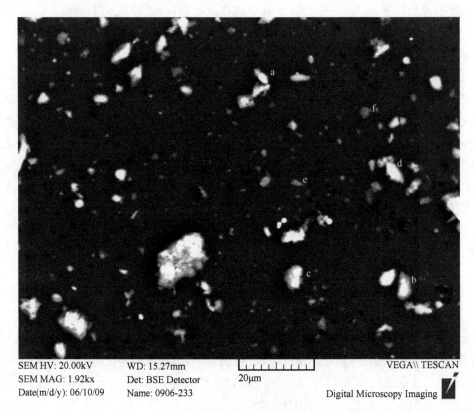

SEM HV: 20.00kV　　WD: 15.27mm　　　　　　　VEGA\\ TESCAN
SEM MAG: 1.92kx　　Det: BSE Detector
Date(m/d/y): 06/10/09　Name: 0906-233　　　　Digital Microscopy Imaging

图 5.1　煤矿区城市样品中矿物颗粒的 SEM 图像
a. "富 Si"；b. "富 Ca"；c. "富 Al"；d. "富 Fe"；e. "富 K"；f. "富 S"

粒的复杂性。在义马矿区冬季 PM_{10} 中发现了含 Pb、Cl 的颗粒。这种复杂颗粒物可能是细小的矿物颗粒相互碰撞并结合在一起的产物，也可能是由几种矿物组成的矿物集合体即岩屑，还有可能是某种单一矿物颗粒吸附其他杂质的结果。

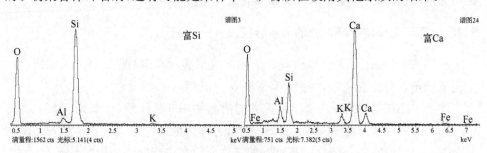

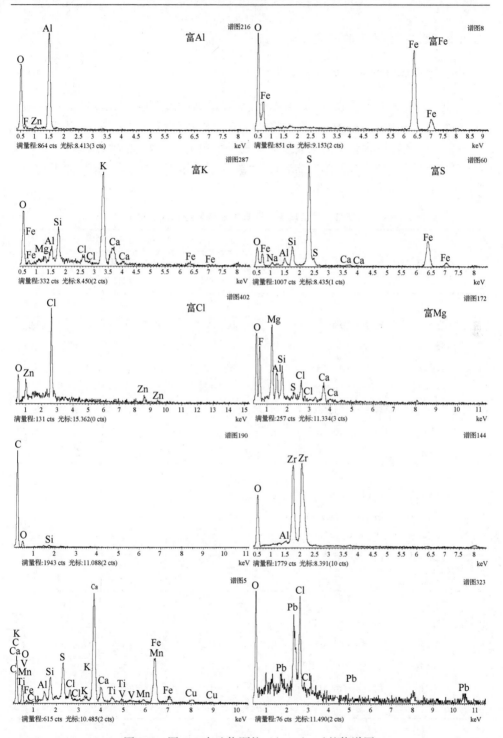

图 5.2　图 5.1 中矿物颗粒 a、b、c、d、e、f 的能谱图

5.2.2　煤矿区城市矿物颗粒分类

1. 煤矿区城市夏季矿物颗粒分类

Okata 和 Kai[227]根据 $P(X)$ 值把在中国北部呼和浩特上空采集的矿物颗粒分为 9 类,李卫军等[229]根据 $P(X)$ 值将北京雾天矿物颗粒分为 8 类,本书根据能谱中各元素质量百分含量把河南省煤矿区夏季采集的 540 个颗粒共分为"富 Si"、"富 Ca"、"富 S"、"富 Fe"、"富 Al"、"富 Ti"、"富 Mg"、"富 K"、"富 Cl"等 9 种不同的类型(表 5.2)。

表 5.2　河南省煤矿区夏季矿物颗粒物成分分类

颗粒类型		主要元素	义马		平顶山		永城	
			个数	百分含量/%	个数	百分含量/%	个数	百分含量/%
富 Si	Si 质	Si (86±11)	11	6.1	36	16.5	5	3.5
	Si+Al	Si(49±7)Al(27±8)	30	16.6	108	49.5	41	28.9
	Si+Ca	Si(32±9)Ca(23±5)			3	1.4	2	1.4
	Si+K	Si(57±4)K(24±6)	1	0.6	5	2.3	2	1.4
	Si+Fe	Si(39±9)Fe(25±5)	2	1.1	13	6.0	4	2.8
	Si+S	Si(37±10)S(24±4)	5	2.8			3	2.1
	其他	Si+Cl　Si+Mg			5	2.3	1	0.7
	合计		49	27.1	170	78.0	58	40.8
富 Ca	Ca 质	Ca(87±12)	4	2.2	11	5.0		
	Ca+Si	Ca(48±7)Si(25±5)	1	0.6	7	3.2		
	Ca+Mg	Ca(51±4)Mg(35±3)	2	1.1	3	1.4		
	Ca+S	Ca(49±8)S(40±7)	37	20.4	3	1.4	46	32.4
	其他	Ca+Al　Ca+K	5	2.8	2	0.9	1	0.7
	合计		49	27.1	26	11.9	47	33.1
富 S	S 质	S(78±6)	3	1.7				
	S+Si	S(39±13)Si(27±6)	5	2.8				
	S+Ca	S(45±7)Ca(34±8)	33	18.2			6	4.2
	S+K	S(54±5)K(26±9)	5	2.8	1	0.5	1	0.7
	其他	S+Fe　S+Ti　S+Mg	3	1.7	1	0.5	2	1.4
	合计		49	27.2	2	0.9	9	6.3

颗粒类型		主要元素	义马		平顶山		永城	
			个数	百分含量/%	个数	百分含量/%	个数	百分含量/%
富 Fe	Fe 质	Fe(86±9)	2	1.1	6	2.8		
	Fe+Si	Fe(40±11) Si(28±4)	1	0.6	8	3.7	3	2.1
	Fe+S	Fe(52±6) S(29±12)	2	1.1				
	其他	Fe+Ca			1	0.5		
	合计		5	2.8	15	7.0	3	2.1
富 Al	Al 质	Al(69)			1	0.5		
	Al+Si	Al(51)Si(25)			1	0.5		
	Al+Mg	Al(61)Mg(19)			1	0.5		
	合计		0		3	1.5		
富 Ti	Ti 质	Ti(81)	1	0.6				
	Ti+S	Ti(54)S(26)	1	0.6				
	合计		2	1.1				
富 Mg	Mg 质	Mg(100)	1	0.6				
	Mg+Al	Mg(39±18)Al(35±15)	2	1.1				
	合计		3	1.7				
富 K	K 质	K(74±11)	11	6.1			2	1.4
	K+Ca	K(51±8)Ca(30±4)	12	6.6			1	0.7
	K+Si	K(59±3)Si(14±1)			2	0.9		
	K+Cl	K(43±19) Cl(36±12)					2	1.4
	K+S	K(48±15) S(34±3)					5	3.5
	合计		23	12.7	2	0.9	10	7.0
富 Cl	Cl 质	Cl(88±13)					7	4.9
	Cl+K	Cl(53±9) K(20±8)					4	2.8
	Cl+Si	Cl(36±4) Si(29±1)					4	2.8
	合计						15	10.6
总计			180	99.4	218	100	142	100

注：括号内为元素平均质量百分含量±标准偏差。

　　从表 5.2 可以看出，义马、平顶山、永城"富 Si"颗粒占的数量百分比分别为 27.1%、78.0% 和 40.8%。其中"Si 质"主要是石英，而"Si+Al"主要是黏土矿物和长石类颗粒，总体上"富 Si"颗粒主要是来自于地壳中硅酸盐类颗粒。平顶山的

"富 Si"颗粒所占百分比最多,其中"Si＋Al"占 78.0％,说明平顶山的可吸入颗粒物多为地壳来源,与前两章中颗粒物的微观形貌和粒度分布结果相同,可能与平顶山夏季多风以及矸石堆放场没有合理的环保措施有关。

三个地区"富 Ca"颗粒在整个分析颗粒物数量中占的比例分别为 27.1％、11.9％和 33.1％。P(Ca)≥65％的"Ca 质"颗粒一般来源于地壳的方解石;"Ca＋Si"矿物颗粒主要来源于建筑工地的水泥(主要成分是硅酸钙类)或硅酸盐矿物与方解石的混合颗粒;"Ca＋Mg"矿物颗粒来源于地壳的白云石;"Ca＋S"颗粒主要是石膏成分。Okada 等[227]在乌鲁木齐上空采集的样品中"富 Ca"颗粒达到 18％,而在靠近塔克拉玛干沙漠采集样品中"富 Ca"颗粒占到 6％～9％,李卫军等[229]分析在北京市雾天"富 Ca"颗粒比例为 26.1％。本次分析三个矿区含 Ca 颗粒的数量百分比差别较大,其中永城的"富 Ca"颗粒百分比最多为 33.1％,高于其他两个矿区。这说明永城大气中"富 Ca"颗粒除了当地地表土壤、二次道路扬尘和远距离传送之外,还有其他的含钙矿物源。

三个地区"富 S"颗粒在整个分析颗粒物数量中占的比例分别为 27.2％、0.9％和 6.3％。义马"富 S"颗粒所占百分比最多,"S 质"颗粒百分比占 1.7％,大部分以"S＋Ca"存在(18.2％)。矿物颗粒表面的非均相化学反应能力和大气湿度呈一定的正相关性[230],Pandis 等研究表明雾滴可清除可溶性气体,如吸收 SO_2 并进一步氧化成硫酸[231]。由于义马采样时天气为雾天,而且为静风,湿度较大,因此人为排放的 SO_2 和 NO_x 在离排放源不远处就可能会发生一系列大气化学转化反应。"S＋Ca"颗粒中 S/Ca 比值为 1.32,这个值大于 $CaSO_4$ 中 S/Ca 比值 0.8,也就是说还有另外 1 种阳离子和剩余的 SO_4^{2-} 相结合,那可能是 NH_4^+,推测该颗粒为铵石膏颗粒($(NH_4)_2Ca(SO4)_2 \cdot H_2O$)。虽然 EDX 不能探测出 NH_4^+ 离子,但是已有研究表明在雾水中 NH_4^+ 是一种主要离子[232]。

三个地区"富 Fe"颗粒在整个分析颗粒物数量中占的比例分别为 2.8％、6.9％和 2.1％,平顶山地区的含 Fe 颗粒比例最高。这类颗粒部分来源于地表土壤中 Fe 的氧化物和菱铁矿,部分来源于人为源排放,如工厂、工地电焊等,一些静风的气象条件有利于这些人为排放的污染物的聚集。

义马矿区和永城矿区 PM_{10} 中"富 K"颗粒分别占分析矿物颗粒总数的 12.7％和 7.0％,平顶山地区"富 K"颗粒只占颗粒物总数的 0.9％。K 和 Cl 是生物质燃烧的示踪物[233],采样期间在义马煤矿区周围并未见到有焚烧秸秆的现象,而在采集的 PM_{10} 样品中的"富 K"颗粒则代表了可能在采样前段时间有焚烧秸秆现象,或者是别的地区焚烧秸秆的 PM_{10} 随风输送过来。永城在采样过程中有秸秆焚烧严重现象,空气 PM_{10} 中"富 Cl"颗粒占总颗粒物数量百分比的 10.6％。同样是夏季焚烧秸秆现象,义马矿区以"富 K"颗粒为示踪物,没有发现"富 Cl"颗粒,永城矿区主要以"富 Cl"颗粒为示踪物,有少量的"富 K"颗粒。根据实地采样状况可以推测在秸秆焚烧期间,产生大量的有机物,以"富 Cl"颗粒为示踪物,而在秸秆焚烧过后的几天里,有机物挥发或者分解,以"富 K"颗粒为示踪物。

另外,还检测出"富 Al"、"富 Mg""富 Ti"等类型的颗粒,它们占总量的比例小,很可能是来自地壳中的一些痕量矿物,如金红石、锐钛矿、岩盐、刚玉等。

2. 煤矿区城市冬季矿物颗粒分类

河南省冬季煤矿区的矿物颗粒可以分为"富 Si"、"富 Ca"、"富 S"、"富 Fe"、"富 Al"、"富 Mg"、"富 K"、"富 Cl"等 8 种类型(图 5.3)。与夏季煤矿区矿物颗粒的类型和各类颗粒的数量百分比相比,变化较大。

冬季义马、平顶山和永城"富 Si"颗粒的数量百分比分别为 60.4%、72.7% 和 65.8%,相差不大。与夏季相比,义马和永城冬季 PM_{10} 中"富 Si"颗粒数量百分比增多,说明两个矿区 PM_{10} 中的硅酸盐颗粒增多,与微观形貌图的分析结果一致。三个地区"富 Ca"颗粒的数量百分比分别为 19.8%、21.0% 和 28.3%,基本上与夏季相差不大。冬季矿区几乎没有"富 S"颗粒,只有在平顶山 PM_{10} 中发现 1 个"S+Ca"颗粒。冬季燃煤产生大量 SO_2 和 NO_x,但却几乎没有 S 质颗粒,说明大气中矿物颗粒的硫化现象与温度和湿度有关。三个地区"富 Fe"颗粒的数量百分比分别为 12.1%、5.6% 和 1.7%,义马冬季 PM_{10} 中"富 Fe"颗粒多于夏季,其余两个地区差别不大。"富 Al"颗粒只在义马和永城冬季 PM_{10} 中有所发现,所占百分比都很小。"富 Mg"颗粒只有在冬季和夏季平顶山 PM_{10} 中出现。其中代表生物质燃烧的示踪元素 K 和 Cl,在冬季矿区城市的 PM_{10} 中很少出现。冬季大气 PM_{10} 中未见有"富 Ti"颗粒。

表 5.3 河南省煤矿区冬季矿物颗粒物成分分类

颗粒类型		主要元素	义马		平顶山		永城	
			个数	百分含量/%	个数	百分含量/%	个数	百分含量/%
富 Si	Si 质	Si (89±10)	6	6.6	17	11.9	10	8.3
	Si+Al	Si(49±8)Al(27±8)	39	42.9	69	48.3	51	42.5
	Si+Ca	Si(38±8)Ca(25±7)	7	7.7	3	2.1	5	4.2
	Si+K	Si(55±6)K(20±2)			6	4.2	4	3.3
	Si+Fe	Si(43±9)Fe(25±4)	3	3.3	9	6.3	6	5
	其他						3	2.5
	合计		55	60.4	104	72.7	79	65.8

续表

颗粒类型		主要元素	义马		平顶山		永城	
			个数	百分含量/%	个数	百分含量/%	个数	百分含量/%
富 Ca	Ca 质	Ca(86±11)	10	11.0	11	7.7	21	17.5
	Ca+Si	Ca(47±11)Si(25±7)	5	5.5	6	4.2	9	7.5
	Ca+Mg	Ca(56±7)Mg(37±5)	1	1.1	6	4.2	4	3.3
	Ca+S	Ca(42±7)S(36±7)	1	1.1	7	4.9		
	其他	Ca-Al	1	1.1				
	合计		18	19.8	30	21.0	34	28.3
富 S	S+Ca				1	0.7		
富 Fe	Fe 质	Fe(93±10)	8	8.8	5	3.5		
	Fe+Si	Fe(44±10) Si(25±3)	2	2.2	3	2.1	2	1.7
	其他	Fe-Al	1	1.1				
	合计		11	12.1	8	5.6	2	1.7
富 Al	Al 质	Al(92±15)	4	4.4			1	0.8
富 Mg	Mg-Si	Mg(39±18)Si(35±15)	3	3.3				
富 K	K 质	K(85)					1	0.8
富 Cl	Cl 质	Cl(100)					1	0.8
	Cl+K	Cl(51)K(30)					1	0.8
	Cl+Ca	Cl(60) Ca(21)					1	0.8
	合计						3	2.4
总计			91	100	143	100	120	99.8

注：括号内为元素平均质量百分含量±标准偏差。

5.2.3　三个地区矿物颗粒中硫的变化

很多学者在对 PM_{10} 的颗粒分析时发现颗粒物表面的硫化现象[55]，这种现象通常出现在海洋大气环境中，但煤矿区城市大气中矿物颗粒表面的硫化现象表明了硫元素的富集和人为污染的严重。含 S 化合物是大气中的主要污染物，尤其煤矿区城市的电厂和煤矸石堆自燃会产生多于其他地区的 SO_2 和 NO_x 气体。一方面，这些硫酸(盐)气溶胶粒子通过干、湿沉降对地表环境造成破坏；另一方面有将近一半的硫酸盐转化成了硫酸盐气溶胶。王跃思等研究表明大气中燃油排放为主的大量 NO_x 促发了燃煤排放气态 SO_2 向颗粒态硫酸盐的快速转化，这些气态污染物在细颗粒表面的非均相反应可改变大气颗粒物的粒径及化学组分，促使颗粒物中的二次无机盐(如硫酸盐和硝酸盐等)的比例逐渐增大,导致颗粒物吸湿性显著增强,从而对强霾污染的形成起到了促进作用[234]。研究 SO_2 与颗粒物的多相反应可以找到颗粒物与 SO_2 相互作用的规律,对于我国大气环境中 SO_2 和颗粒物的控制有着很大意义。

为研究煤矿区 S 成分组成及其变化,画出了义马、平顶山和永城三个矿区样品中矿物颗粒(Si+Al)、Ca、S 的三角相图(图 5.3)。图 5.3(a)～(c)分别是平顶山、义马、永城夏季矿物颗粒的硫化现象三角图;图 5.3(a')～(c')分别为平顶山、义马、永城冬季矿物颗粒硫化现象三角图。其中(Si+Al)代表地壳来源矿物颗粒,Ca 是碱性矿物来源标志,S 代表人为污染来源。

硫化现象通常发生在夏季,大气 PM_{10} 中碳酸盐矿物、黏土矿物表面均有硫化现象发生。义马夏季矿区采样时为雾天,风速为静风。李卫军等[229]分析表明北京市雾天"富 S"颗粒占总颗粒数量百分比为 10.6%,而义马"富 S"颗粒所占百分比为 27.2%。义马矿区 59% 的颗粒 S/Ca 大于 0.8,分布在(Si+Al)-$CaSO_4$ 线左侧(图 5.3(a))。能谱图上有单质 S 的能谱,可能是 SO_2 和 NH_4^+ 反应生成的 $(NH_4)_2SO_4$,说明空气中 SO_2 污染严重。平顶山地区矿物颗粒(图 5.3(b))几乎不含 S,颗粒大多分布在(Si+Al)-Ca 线附近,说明矿物颗粒未被 S 化。可能与采样时天气晴朗、湿度较小、空气中有一定风速有关。永城矿区(图 5.3(c))矿物颗粒 S/Ca 略大于 0.8,50% 的矿物颗粒分布在(Si+Al)-$CaSO_4$ 线上,说明有 $CaSO_4$ 颗粒附在矿物颗粒表面;44.9% 落在 $CaSO_4$ 线上,说明 SO_2 与碱性矿物 CaO 发生均相反应生成 $CaSO_4$ 颗粒,可能与采样前一天刚下过雨,空气湿度大有关。夏季三个矿区相比,义马和永城矿物颗粒的硫化现象较严重,平顶山矿物颗粒的硫化现象较轻微。

煤矿区城市冬季采样时未有特殊天气,对冬季矿物颗粒的能谱分析能代表矿区冬季矿物颗粒的硫化现象。义马矿区矿物颗粒 68.1% 分布在(Si+Al)-Ca 线上,颗粒没有发生硫化现象;6.6% 的颗粒 S/Ca>0.8,颗粒硫化现象严重;25.3% 的颗粒 S/Ca<0.8,矿物颗粒表面轻微硫化(图 5.3(a'))。平顶山矿区矿物颗粒 70.0% 分布在(Si+Al)-Ca 线上,颗粒没有发生硫化现象;14.1% 的颗粒 S/Ca>0.8,颗粒硫化现象严重;15.9% 的颗粒 S/Ca<0.8,矿物颗粒轻微硫化(图 5.3(b'))。永城矿区冬季矿物颗粒 83.3% 分布在(Si+Al)-Ca 线上,颗粒没有发生硫化现象;2.5% 的颗粒 S/Ca>0.8,颗粒硫化现象严重;14.2% 的颗粒 S/Ca<0.8,矿物颗粒轻微硫化(图 5.3(c'))。对比冬季三个矿区矿物颗粒的硫化程度可知,冬季平顶山矿物颗粒硫化现象最严重,永城矿物颗粒硫化现象最轻,可能与采样时平顶山空气湿度大有关。

利用 SEM-EDX 分析矿物颗粒成分的结果表明夏季矿物颗粒的硫化现象整体上大于冬季。对夏季矿区而言,义马和永城矿物颗粒的硫化现象大于平顶山,结合

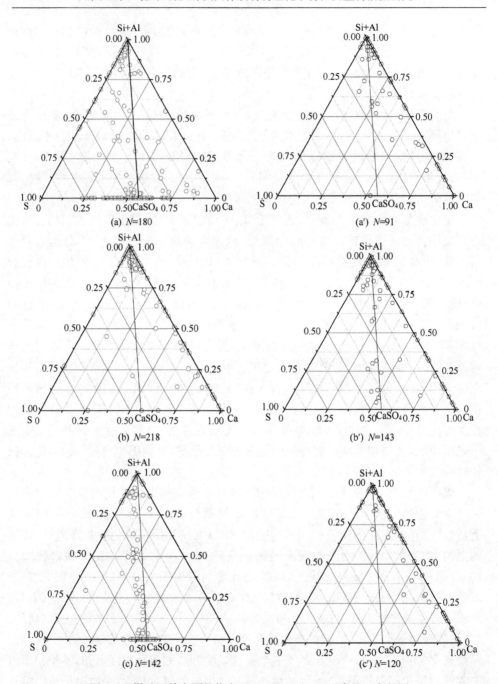

图 5.3　煤矿区单个颗粒物中 (Si+Al)、S 和 Ca 元素的三角相图

(Si+Al)-CaSO₄ 线代表石膏中 S/Ca 比值为 0.8

(a)(b)(c) 分别为义马、平顶山、永城夏季的硫化现象三角图

(a′)(b′)(c′) 分别为义马、平顶山、永城冬季的硫化现象三角图

当时的采样条件,义马和永城空气中的相对湿度最大为 75%,平顶山最大相对湿度则为 37.8%,说明矿物颗粒的硫化现象与湿度有很大关系;对冬季矿区而言,平顶山颗粒物的硫化现象相比而言最严重,永城矿区颗粒物硫化现象最轻,结合当时的采样条件,平顶山采样时的相对湿度最大。最后可以推测,矿物颗粒和 SO_2 发生均相和非均相反应的程度与采样大气环境中的温度和湿度有很大关系。

5.3　小　　结

(1) 利用 SEM-EDX 分析煤矿区大气 PM_{10} 中矿物颗粒的化学元素成分,根据 $P(X)$ 可以把颗粒分为 9 种不同的类型:"富 Si"、"富 Ca"、"富 S"、"富 Fe"、"富 Al"、"富 Ti"、"富 Mg"、"富 K"、"富 Cl"等,冬季大气 PM_{10} 中不存在"富 Ti"的矿物颗粒。

(2) 义马夏季矿物颗粒的主要类型是"富 Si"(27.1%)、"富 Ca"(27.1%)、"富 S"(27.2%);平顶山夏季矿物颗粒的主要类型是"富 Si"(78%)、"富 Ca"(11.9%);永城夏季矿物颗粒的主要类型是"富 Si"(40.8%)、"富 Ca"(33.1%)。其中以平顶山 PM_{10} 中"富 Si"颗粒百分比最多,义马 PM_{10} 中"富 S"颗粒百分比最多。冬季三个矿区均以"富 Si"、"富 Ca"颗粒为主。

(3) (Si+Al)-Ca-S 三角相图显示,夏季煤矿区城市大气 PM_{10} 中矿物颗粒的硫化现象大于冬季。其中夏季义马和永城矿物颗粒的硫化现象最严重,平顶山矿物颗粒的硫化现象最轻微;冬季平顶山矿物颗粒硫化现象最严重,永城矿物颗粒硫化现象最轻微。PM_{10} 中矿物颗粒与 SO_2 发生均相和非均相反应的程度与采样大气环境中的温度和湿度有很大关系。

(4) 夏季义马和永城地区存在焚烧秸秆的情况,其中义马地区颗粒物以"富 K"为主,永城地区颗粒物以"富 Cl"为主。根据实地采样状况可以推测在秸秆焚烧期间,产生大量的有机物,以"富 Cl"颗粒为示踪物,而在秸秆焚烧过后的几天里,有机物挥发或者分解,以"富 K"颗粒为示踪物。

6　煤矿区大气颗粒物中微量元素的组成特征

　　煤是一种异常复杂的混合物,几乎所有出现在元素周期表中的元素都可以在煤中找到。煤中的痕量元素(As、Cr、Pb、Hg、Sb等)一般都低于100μg/g,但由于煤的燃烧量巨大,因此痕量元素的排放对环境的影响很大,特别是一些痕量元素的生物活性大、化学稳定性好、具有迁徙性和沉积性而使得对环境和健康具有很大的危害性。燃煤还是大气中砷和汞的主要人为污染源。Clarke和Sloss[235]对煤燃烧过程中痕量元素的特征进行了分类,第一组元素浓缩在渣和底灰等较粗的固体废物中,主要是由于这些元素燃烧过程中挥发性小或者不挥发。第二组元素为那些在燃烧炉中挥发,而在离开燃烧炉随着温度降低发生冷凝的元素。这些元素主要富集在飞灰细小颗粒物中,能通过除尘系统进入大气中。当烟气冷凝时,这些挥发性的元素在细颗粒上富集。第三组元素具有更强的挥发性,能够保持气相状态,它们在固相中基本不存在,以气相形式排放到大气中[236,237]。挥发性较强的元素特征如下[238~240]。

　　煤中大部分汞通常是以固溶物形式存在于黄铁矿中,汞在煤中含量通常低于0.15mg/kg。煤中的汞在燃烧过程中,150℃开始挥发,大部分汞随烟气进入大气。燃煤是大气中汞的主要来源,且大气中颗粒汞主要结合在细颗粒物上,对人体的危害更大。特别是环境中任何形式的汞均可在一定条件下转化为剧毒的甲基汞。进入环境中的汞会产生长期的危害,是煤中最主要有害微量元素之一。

　　砷是一种蓄积性元素,砷的化合物一般为剧毒或高毒物质,煤炭是环境中砷的主要来源之一。煤中的砷主要存在于煤的有机大分子、黏土矿物和硫化矿物中。煤中的砷在高温(1300~1600℃)的炉膛内因挥发而呈蒸汽态,随着烟道气外逸过程中温度不断降低。砷"蒸汽"不断冷凝而附着于飞灰表面,而在较粗的底灰中含量有所降低。富集于小粒径飞灰中的砷会长时间停留在大气中,易被人和动物吸入体内,对健康造成危害,如在贵州省的兴仁、兴义一带由于燃烧含砷煤所引起的皮肤癌相当严重[241]。

　　硒是煤的标识元素之一。煤中的硒大部分分布于黄铁矿中,黏土矿物和有机组分中也含有硒。对煤的高温灰化(750℃)实验发现煤中75%以上的硒挥发,且飞灰中富集的硒79%分布于<2.0μm的细粒子中。硒是一种人体必须微量元素,但摄入量过多仍然对肌体有害。煤中硒燃烧产生的SeO₂易溶于水成为亚硒酸盐、硒酸盐,生物活性增大,且在湿润偏酸性环境中硒易于淋溶和迁移,在干旱偏碱性氧化环境下,在土壤中易富集。陕西安康、湖北恩施等地富硒石煤的利用,都曾

发生过人、畜硒中毒事件[242]。

目前,对于大气颗粒物中微量元素的研究已有较多报道,Moreno 等对来自西班牙 Hg 超标矿区的 PM_{10} 进行了分析[243],Goodarzi 对加拿大火电厂排放出来的细颗粒的微观形貌和化学组成进行了分析[244]。刘宪章等[66]对煤矿区城市大气颗粒物中微量元素进行过研究。煤矿区城市由于煤炭资源的丰富而更需要关注,煤矿区城市的大气污染几乎都为电厂排放、煤炭固废不科学堆放以及运输车辆尾气引起。其中燃煤电厂为主要的污染源,颗粒物中的有害痕量元素对煤矿区城市的居民健康危害严重。

本项目使用 ICP-MS 测定了河南省煤矿区城市义马、平顶山、永城大气颗粒物全样和水溶性 Li、Ti、V、Cr、Mn、Co、Ni、Cu、Zn、Ga、As、Ba、Bi、Rb、Sr、Cd、Sn、Sb、Cs、Ce、Hg、Tl 和 Pb 等 23 种微量元素的质量浓度。

6.1　电感耦合等离子体质谱(ICP-MS)的分析简介

ICP-MS 是一种超痕量元素分析的强有力有技术,具有极低的检出限和较宽的线性动态范围,它可以同时测量周期表中大多数元素,测定分析物浓度可低至亚纳克/升(ng/L)或万亿分之几(ppt,10^{-12})的水平。其谱图简单,能够进行快速的多元素分析,可使用同位素比值和同位素稀释法对超痕量杂质进行测定[245]。随着这项技术的迅速发展,现已被广泛地应用于环境、半导体、医学、生物、冶金、石油、核材料分析等领域。

典型的 ICP-MS 由等离子体离子源、四极杆质谱仪、检测器、质谱四部分组成(图 6.1)。其工作原理如下:ICP 作为质谱的高温离子源(7000K),样品在通道中进行蒸发、解离、原子化、电离等过程。离子通过样品锥接口和离子传输系统进入

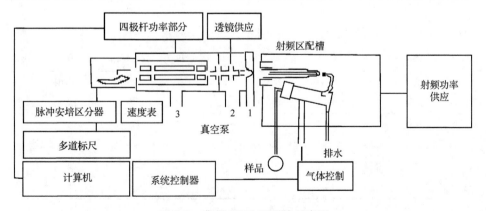

图 6.1　典型 ICP-MS 系统示意图

高真空的 MS 部分,MS 部分为四极快速扫描质谱仪,通过高速顺序扫描分离测定所有离子,扫描元素质量数范围从 6 到 260,并通过高速双通道分离后的离子进行检测,浓度线性动态范围达 9 个数量级从 ppt(10^{-12})到 1000ppm(10^{-6})直接测定。经过分离的离子用电子倍增管记数,所产生的信号由计算机处理。根据质谱峰的位置及元素浓度与计数强度的关系,进行试样中元素的定性和定量分析[246]。

6.2　样品信息及处理

河南省煤矿区义马、平顶山和永城 PM_{10} 的采样时间为 2008 年 6 月和 12 月,样品用 Negretti 采样头采集(流量 30L/min),选取两个季节能代表煤矿区天气的样品进行微量元素测试分析。用于研究 PM_{10} 中微量元素组成特征的样品信息见表 6.1。

表 6.1　煤矿区城市 PM_{10} 中微量元素组成特征的样品信息

样品序号	样品编号	采样时间	质量浓度/($\mu g \cdot m^{-3}$)	气温/℃	相对湿度/%	平均风速/($m \cdot s^{-1}$)	天气	备注
No. 1	义夏 1	2008.6.9~10	400.1	28.5	37	静风	多云	义马夏季
No. 2	义夏 4	2008.6.12	245.6	30.6	46.8	东南/1.7	多云转阴	
No. 3	义夏 5	2008.6.13	312.3	28.5	58.5	东北/1.3	多云	
No. 4	平夏 1	2008.5.29~30	393.0	26.6	26	北/3.4	多云,扬尘	平顶山夏市区
No. 5	平夏 2	2008.5.30~31	326.3	28.5	26.4	西北/1.1	晴	
No. 6	平夏 3	2008.5.31~6.1	320.1	30.1	32.1	西南/0.7	多云	
No. 7	平夏 4	2008.6.1~2	300.0	29.2	26.4	东北/1.4	多云,雨	
No. 8	平新区夏 6	2008.6.4~5	218.6	23.6	47.6	西北/2.2	晴	平顶山夏郊区
No. 9	平新区夏 7	2008.6.5~6	206.4	28	35.5	东北/0.5	晴	平顶山夏清洁点
No. 10	夏季备用 6	2008.6.8~9	86.1	28.9	49.1	静风	晴	
No. 11	永夏 1	2008.6.19~20	133.6	27.3	79	南/1.7	多云,雨	永城夏季
No. 12	永夏 2	2008.6.21~22	191.1	28.9	76	静风	晴	
No. 13	义冬	2008.12.15~16	185.6	11.4	35.3	西北/0.2	晴	义马冬季
No. 14	义冬 3	2008.12.17~18	244.6	4.5	47.4	冬/1.8	晴	
No. 15	义冬 4	2008.12.18~19	247.5	3.1	54.1	东南/0.9	晴	
No. 16	义冬 5	2008.12.19~20	244.6	4.4	44.9	西北/2.8	晴	

续表

样品序号	样品编号	采样时间	质量浓度/(μg·m⁻³)	气温/℃	相对湿度/%	平均风速/(m·s⁻¹)	天气	备注
No. 17	平冬 1	2008.12.8~9	134.0	13	54.4	西南/2.2	晴	
No. 18	平冬 3	2008.12.10~11	217.4	6.8	58.1	东北/1.9	阴,轻霾	平顶山市区
No. 19	平冬 4	2008.12.11~12	239.5	7.9	60.5	西南/0.7	晴,轻霾	
No. 20	平冬 5	2008.12.12~13	282.8	6.3	61.8	西南/0.2	晴,霾	
No. 21	平新区冬 6	2008.12.13~14	115.9	4	51.3	东北/1.1	晴	平顶山冬郊区
No. 22	平新区冬 7	2008.12.14~15	136.5	5.5	58.4	西北/0.2	晴,霾	
No. 23	永冬 1	2008.12.21~22	165.8	−3.5	23.5	北/3.2	多云	
No. 24	永冬 2	2008.12.22~23	132.8	−3.3	35.9	东南/1.0	晴	永城冬季
No. 25	永冬 4	2008.12.24~25	221.2	1.9	40.5	西北/0.4	多云	
No. 26	永冬 5	2008.12.25~26	165.8	1.2	36.3	西北/1.3	多云	

样品的前处理主要包括其水溶部分和全样样品的处理,其过程分别如下。

水溶部分样品的前处理过程:整张滤膜称重后计算出颗粒物的质量(μg),将带有颗粒物的滤膜剪碎置于 5mL 的洁净离心管中。根据颗粒物的质量配置颗粒物的最大浓度,加入需要的 HPLC 级水的体积,并将其放在涡旋振荡器上振荡 24h,其目的是使颗粒物尽可能地从滤膜上分离开来。用移液枪将溶液移出一半做为全样;另一半在离心机中离心 80min,取出上清液作为水溶样,取出其中的 1/2 用于 ICP-MS,另外 1/2 用于质粒 DNA 实验。

全样部分样品的前处理过程:本书采用微波消解法,微波消解系统参数为额定工作压力 1.4MPa(耐压 4.0MPa),额定工作温度 200℃,功率为 800W。具体步骤是,将已经编号的全样品放于微波消解系统(CEM MDS-2000)的特制清洁容器中,在通风橱中将 10mL 浓硝酸(Fisher Primar,比重为 1.48)加入容器中(须戴防护眼镜和乳胶手套),然后按顺序将装有颗粒物全样样品的容器安装到微波消解系统中,开启微波消解系统。消解 20h 后打开装有样品的容器,看样品是否完全消解,若仍有颗粒物固体存在,重复上述步骤,若颗粒物已完全消解,则将容器放在通风橱中的电热板上,待浓硝酸挥发完毕后在容器中加入 2mL 10% 的硝酸溶液,后转入样品瓶中,加入电阻率>18MΩ·cm 的去离子水稀释为 20mL。从制备好的颗粒物全样溶液中取出 1mL,与 0.5mL 的 50ppb 铑标准液混合,再加入 2% 硝酸至 10mL,使用 ICP-MS(Perkin Elmer Elan 5000)进行化学成分分析。

6.3　煤矿区城市 PM$_{10}$ 中微量元素的组成特征

6.3.1　夏季三个矿区大气颗粒物中微量元素的组成特征

结合煤中微量元素的含量分类,本次分析选择了 Li、V、Cr、Co、Ni、Cu、Zn、Ga、As、Rb、Sr、Mo、Cd、Sn、Sb、Cs、Ce、Ba、Tl、Pb、Bi、Ti、Mn 等 23 种元素的浓度。根据样品的质量浓度和各种微量元素在这些样品中的含量,可以计算出大气 PM$_{10}$ 样品中不同微量元素的质量浓度。为反映煤矿区普通天气条件下微量元素的分布特征,此次分析去掉夏季平顶山背景点 No.10,平顶山和永城冬季的大风天气 No.17 和 No.23 样品。煤矿区夏季微量元素的浓度如表 6.2 所示。表中数据均为每个地区多个样品的平均值。从表 6.2 可以看出,义马、平顶山和永城 PM$_{10}$ 中全样总浓度的平均值分别为 3097.07ng/m^3、1384.59ng/m^3 和 3171.42ng/m^3,永城＞义马＞平顶山,其中永城和义马 PM$_{10}$ 中微量元素的总浓度差别不大,而平顶山 PM$_{10}$ 中微量元素的总浓度小于另两个矿区。义马和永城 PM$_{10}$ 中微量元素全样总浓度平均值的标准偏差较大,说明这两个地区的各个样品中全样总浓度差别大。PM$_{10}$ 中水溶样微量元素的总浓度的平均值分别为 1751.91ng/m^3、430.19ng/m^3 和 1864.67ng/m^3,永城＞义马＞平顶山。其中以义马的各个样品中总浓度差别最大。

河南省煤矿区城市夏季 PM$_{10}$ 全样的平均浓度差异较大(表 6.2),其中 Zn、Ni、Pb、Ti、Mn 浓度较高,高达上千 ng/m^3,而全样中 Co、Ga、Mo、Sb、Cs、Ce、Tl 和 Bi 等元素的浓度最低,均小于 10ng/m^3。同一种元素浓度在不同煤矿区差别也较大,如全样 Zn、Cu、Ni、Pb 等元素。全样 Zn 的浓度在永城最高,达 2144.24ng/m^3,平顶山最低,仅 541.52ng/m^3;全样 Ni 的浓度也是永城最高,平顶山最低,分别为 503.35ng/m^3 和 26.78ng/m^3;而全样 Cu 的浓度则是义马最高,平顶山最低,分别为 120.96ng/m^3 和 32.95ng/m^3。

从表 6.2 可看出,煤矿区夏季 PM$_{10}$ 中各水溶性微量元素的浓度也存在较大差异,水溶性 Zn、Ni、Mn 等元素的浓度最高,有的高达上千 ng/m^3,而水溶样中 Li、Co、Ga、Mo、Cd、Sb、Cs、Ce、Tl、Bi 和 Ti 等元素的浓度最低,均小于 10ng/m^3。与此同时,煤矿区城市 PM$_{10}$ 中主要水溶性元素差别较大(表 6.2),水溶性 Zn 和 Ni 元素的浓度在永城最大,分别为 1135.57ng/m^3 和 503.0ng/m^3,而在平顶山则为 239.77ng/m^3 和 13.20ng/m^3。同一元素在夏季不同矿区差别较大,可能与不同矿区颗粒物中重金属来源不同有关。

河南省煤矿区城市夏季 PM$_{10}$ 中各元素的水溶部分占其全样的比例差异较大(表 6.2)。水溶性 Ni、Zn、Rb、Sr、Mo、Cd、Sb、Cs、Tl 和 Mn 等元素所占其全样的比

表 6.2 煤矿区夏季 PM_{10} 中全样和水溶性微量元素的浓度　　　　（单位：ng/m^3）

元素	义马夏季			平顶山夏季			永城夏季		
	全样±标准偏差 (n=3)	水溶±标准偏差 (n=3)	比例 /%	全样±标准偏差 (n=6)	水溶±标准偏差 (n=6)	比例 /%	全样±标准偏差 (n=2)	水溶±标准偏差 (n=2)	比例 /%
Li	12.20±3.38	6.94±1.83	56.89	8.42±6.36	2.75±0.72	32.66	4.75±1.96	1.03±0.11	21.68
V	8.72±3.20	2.94±1.11	33.72	10.06±7.61	1.54±0.31	15.31	2.59±1.98	0.62±0.23	23.94
Cr	22.36±5.82	7.56±0.31	33.81	12.24±6.07	3.43±0.94	28.02	16.66±8.88	5.80±1.26	34.81
Co	9.68±12.93	7.59±11.44	78.41	2.23±1.49	0.63±0.29	28.25	8.46±1.80	8.41±3.62	99.41
Ni	447.99±672.43	399.05±618.62	89.08	26.78±14.52	13.20±10.04	49.29	503.35±223.22	503.0±184.98	99.93
Cu	120.96±91.34	45.74±43.77	37.81	32.95±17.11	5.82±2.72	17.66	73.33±36.82	37.62±3.55	51.30
Zn	1652.63±876.69	1022.82±976.73	61.89	541.52±269.11	239.77±201.98	44.28	2144.24±1364.65	1135.57±204.77	52.96
Ga	4.82±2.92	0.45±0.29	9.34	3.32±3.15	0.19±0.03	5.72	0.91±0.86	0.26±0.19	28.57
As	52.36±12.37	12.03±0.75	22.98	23.31±8.10	6.51±1.48	27.93	66.07±42.23	6.43±6.85	9.73
Rb	22.57±3.08	16.71±2.84	74.04	21.95±5.93	12.78±4.08	58.22	8.39±1.03	8.26±3.53	98.45
Sr	39.03±10.27	22.74±5.39	58.26	35.23±21.81	19.49±9.01	55.32	21.71±8.22	12.07±3.94	55.60
Mo	7.20±3.88	5.64±3.34	78.33	3.95±2.48	2.69±1.78	68.10	0.99±0.38	0.73±0.24	73.74
Cd	11.63±11.08	9.01±9.15	77.47	3.33±0.98	1.68±0.92	50.45	4.15±0.59	3.80±0.77	91.57
Sn	29.19±15.02	0.99±0.75	3.39	15.16±6.74	0.67±0.54	4.42	36.37±28.01	0.51±0.25	1.40
Sb	8.79±3.24	6.43±3.37	73.15	4.91±2.88	2.46±1.36	50.10	4.88±1.52	4.68±2.25	95.90
Cs	2.10±0.17	1.55±0.04	73.81	1.64±0.80	0.63±0.34	38.41	0.73±0.23	0.70±0.16	95.89
Ba	58.44±27.21	19.99±7.38	34.21	61.80±53.16	14.68±5.52	23.75	23.58±13.13	6.21±1.27	26.34
Ce	4.62±2.05	0.24±0.09	5.19	7.31±6.47	0.19±0.18	2.60	1.26±0.82	0.06±0.03	4.76
Tl	2.61±0.42	2.34±0.33	89.66	2.02±1.28	1.40±0.95	69.31	0.99±0.36	0.92±0.30	92.93
Pb	231.21±60.33	48.07±19.46	20.79	124.48±41.65	12.20±6.65	9.80	87.49±87.07	41.77±37.68	47.74
Bi	2.70±1.11	0.42±0.27	15.56	1.96±0.68	0.19±0.13	9.69	0.73±0.78	0.32±0.31	43.84
Ti	182.38±75.01	1.84±1.05	1.01	287.48±294.78	1.22±0.85	0.42	67.79±66.01	0.61±0.02	0.90
Mn	162.88±59.01	110.83±61.17	68.04	152.54±89.21	82.08±29.29	53.81	92.00±6.92	80.24±24.83	87.22
总浓度	3097.07±1644.09	1751.91±1731.84	56.57	1384.59±695.97	430.19±240.96	30.78	3171.42±1445.40	1864.67±37.72	58.80

表 6.3　煤矿区冬季 PM$_{10}$ 中全样和水溶性微量元素的浓度　　　　　　（单位：ng/m^3）

元素	义马冬季			平顶山冬季			永城冬季		
	全样±标准偏差 (n=4)	水溶±标准偏差 (n=4)	比例 /%	全样±标准偏差 (n=5)	水溶±标准偏差 (n=5)	比例 /%	全样±标准偏差 (n=3)	水溶±标准偏差 (n=3)	比例 /%
Li	13.80±2.08	10.32±1.73	74.78	6.29±2.92	3.07±1.65	48.81	5.32±1.05	2.27±0.66	42.67
V	6.09±1.04	2.51±0.39	41.22	5.86±2.38	1.59±0.66	27.13	4.94±0.87	1.33±0.37	26.92
Cr	30.18±10.66	11.35±3.31	37.61	24.85±6.93	6.96±2.39	28.01	19.73±4.02	4.35±0.56	22.05
Co	3.59±0.97	2.39±0.87	66.57	7.24±2.37	5.10±1.88	70.44	1.92±0.14	0.78±0.14	40.63
Ni	144.57±57.74	118.14±53.30	81.72	355.20±102.04	277.92±103.80	78.24	46.97±2.52	26.52±3.56	56.46
Cu	109.06±36.98	32.21±10.46	29.53	219.96±92.67	80.40±47.88	36.55	38.85±3.56	7.49±1.41	19.28
Zn	931.75±21.18	483.27±78.85	51.87	1097.96±405.21	532.75±275.14	48.52	2189.63±875.71	1755.24±988.57	80.16
Ga	9.46±3.32	1.58±0.38	16.70	3.18±1.56	0.34±0.10	10.69	3.66±1.58	0.62±0.52	16.94
As	60.69±18.01	21.08±7.89	34.73	51.30±18.56	15.22±7.13	29.67	30.16±6.01	8.65±3.97	28.68
Rb	21.92±2.53	17.69±2.14	80.70	15.28±6.17	11.00±4.65	71.99	13.09±6.10	8.94±4.10	68.30
Sr	27.32±3.85	14.44±1.94	52.86	20.86±8.48	11.02±6.31	52.83	26.33±4.07	12.08±1.34	45.88
Mo	9.53±10.12	8.13±9.07	85.31	3.13±1.39	2.22±1.32	70.93	2.90±1.12	2.03±0.59	70.00
Cd	8.59±3.52	5.73±2.32	66.71	6.34±3.04	4.36±2.56	68.77	6.25±3.88	3.94±3.08	63.04
Sn	30.06±2.59	3.28±0.87	10.91	28.83±12.90	1.56±1.18	5.41	24.35±6.71	2.29±0.91	9.40
Sb	13.33±6.31	9.60±5.64	72.02	11.46±5.44	8.42±4.07	73.47	9.98±4.48	7.78±3.63	77.96
Cs	2.59±0.60	2.11±0.58	81.47	2.33±1.06	1.76±0.84	75.54	1.86±1.17	1.27±0.80	68.28
Ba	73.29±26.33	24.71±5.14	33.72	32.61±13.32	11.04±5.01	33.85	39.96±5.87	13.08±1.78	32.73
Ce	3.03±0.89	0.08±0.02	2.64	2.84±1.39	0.11±0.06	3.87	2.97±0.76	0.04±0.01	1.35
Tl	4.12±0.85	3.66±0.78	88.83	3.67±1.92	2.98±1.67	81.20	2.32±1.19	1.71±0.82	73.71
Pb	310.43±20.30	32.61±9.61	10.50	208.62±109.72	39.50±21.31	18.93	219.99±122.56	12.86±5.30	5.85
Bi	5.69±0.42	0.76±0.08	13.36	3.45±1.61	0.38±0.19	11.01	2.50±0.78	0.24±0.08	9.60
Ti	103.39±33.00	3.19±1.00	3.09	111.05±51.10	1.42±0.62	1.28	121.20±36.21	0.76±0.45	0.63
Mn	91.90±23.73	40.14±11.85	43.68	97.99±47.99	47.12±23.81	48.09	78.82±35.32	27.94±10.47	35.45
总浓度	2014.39±136.31	848.98±102.67	42.15	2320.31±793.84	1066.23±473.29	45.95	2893.68±1108.37	1902.20±1003.14	65.74

例最高,在三个煤矿区几乎均大于 50%;其次是 Li、V、Cr、Cu、Ba、Pb、Bi,其比例大致在 10%~50%;水溶性 Ga、Sn、Ce 和 Ti 等元素所占的比例最低,均小于 10%,其中 Ti 元素小于 1.0%,Ti 元素的浓度在全样中非常高,而在水溶样中却异常低,说明 Ti 元素几乎都不溶于水。不仅如此,PM_{10} 中一些微量元素的水溶部分占其全样的比例在三个煤矿区也有所不同。元素 Mo 在义马和永城的比例分别为 89.08%、99.03%,但在平顶山却只有 28.25%;As 元素的比例范围也在 9.73%~22.98%,分别在平顶山出现最大值、永城出现最小值。

6.3.2 冬季三个矿区大气颗粒物中微量元素的组成特征

河南省冬季煤矿区城市全样和水溶性 Li、V、Cr、Co、Ni、Cu、Zn、Ga、As、Rb、Sr、Mo、Cd、Sn、Sb、Cs、Ce、Ba、Tl、Pb、Bi、Ti、Mn 等 23 种元素的浓度如表 6.3 所示。冬季三个煤矿区无论全样还是水溶样,总浓度的变化特征均为永城>平顶山>义马。但是如果包括那些 PM_{10} 中浓度较高的元素,如 Fe、Ca、Mg 和 Al 等,那么很可能出现不一样的结果。

从表 6.3 可以看出,煤矿区冬季 PM_{10}(全样)中各微量元素的平均浓度差异较大,全样 Zn、Cu、Ni、Pb、Ti、Mn 等元素的浓度最高,有的高达上千 ng/m^3;全样 Cr、V、As、Rb、Sr、Sn、Sb 浓度次之,浓度位于 10~50ng/m^3 之间;而其他元素如 Li、Ga、Mo、Cd、Cs、Ce、Tl、Bi 的浓度均小于 10ng/m^3。相同元素在三个煤矿区的差别也较大,全样 Zn 的浓度在永城为 2189.63ng/m^3,在义马只有 931.75ng/m^3;全样 Ba 的浓度在义马为 73.29ng/m^3,而在平顶山为 32.16ng/m^3;全样 Ni 的浓度义马为 144.57ng/m^3,永城为 46.97ng/m^3;此外,Li、Cu 等元素在冬季不同煤矿区的全样浓度差别也较大。

煤矿区城市冬季 PM_{10} 中水溶性微量元素的平均浓度也存在较大差异,水溶性 Cu、Zn 和 Ni 等元素的浓度最高,Zn 甚至高达 1755.24ng/m^3,说明煤矿区城市 Zn 污染严重。其次是水溶性 As、Rb、Sr、Ba、Pb、Mn 等元素,其浓度在 10~50ng/m^3。Li、V、Cr、Co、Ga、Mo、Cd、Sn、Sb、Cs、Ce、Tl、Bi、Ti 等元素的水溶性浓度最低,均小于 10ng/m^3。不仅如此,冬季三个矿区城市的水溶性微量元素浓度变化明显(表 6.3)。水溶性 Zn 的浓度在永城为 1755.24ng/m^3,而在义马为 438.27ng/m^3;水溶性 Ni 在义马为 144.57ng/m^3,在永城为 46.97ng/m^3。此外,水溶性 Li、Cu、等元素也有较大差别。

从表 6.3 还可以看出,河南煤矿区城市冬季 PM_{10} 中各水溶性微量元素占其全样的平均比例差异较大,水溶性 Co、Ni、Zn、Rb、Mo、Sb、Cs、Tl、Bi 等元素占全样的比例最高,均大于 50%;其次是水溶性 V、Cr、Cu、Ga、As、Sr、Cd、Ba、Mn 等元素所占比例在 10%~50% 之间;水溶性 Sn、Ce 和 Ti 等元素占其全样的比例最低,均小于 10%。不同煤矿区 PM_{10} 中各元素的水溶部分占其全样的比例也有较大差别。

水溶性 Zn 在永城占全样的比例为 80.16%,平顶山为 48.52%。水溶性 Pb 在平顶山占全样的比例为 18.93%,而在永城占全样的比例为 5.85%。PM_{10} 中水溶性 Li 占其全样的比例在义马最高、永城最低,分别为 74.78%、48.81%。

6.3.3　夏季和冬季三个煤矿区城市大气颗粒物微量元素的变化特征

对三个煤矿区城市 PM_{10} 中全样微量元素的含量结果表明,义马、永城 PM_{10} 中全样和水溶样金属元素的含量夏季大于冬季,邵龙义等[18]研究得出冬季城市由于燃煤等因素导致大气 PM_{10} 重金属元素的含量增多,与此次研究分析平顶山的结果相同。但义马和永城大气 PM_{10} 重金属元素夏季却大于冬季,分析其原因可能为永城临近淮河,夏季多雨,空气湿润。结合采样时的状况,永城夏季焚烧秸秆严重,空气湿度大,颗粒物浓度高,导致重金属富集在颗粒物上,使得夏季颗粒物中金属元素的总浓度高于冬季。义马采样时也遇到湿度较大的雾天和小雨天气,同样使得空气中夏季重金属元素的总量大于冬季。所以推测颗粒物中重金属元素的含量不仅与重金属在空气中的含量有关,而且与空气湿度有关,在一定的湿度下,重金属才能富集到颗粒物中。

6.4　煤矿区大气颗粒物中微量元素的富集因子分析

富集因子主要用于研究大气颗粒物中元素的富集程度,判断和分析人为源与自然源对颗粒物中元素含量的贡献水平,以表征颗粒物的来源和污染特征[247]。

大气颗粒物中 i 元素富集因子的定义为:

$$(EF)_i = (X_i/X_R)_{颗粒物}/(X_i/X_R)_{地壳或土壤}$$

X 代表某元素的浓度,参比元素 R 一般选择全球地壳物质中或当地土壤中含量丰富、受人为污染影响小、化学稳定性高的元素,其中以地壳元素作为参考物质计算的富集因子称为相当于地壳的富集度,以土壤作为参考物质计算的富集因子称为相当于土壤尘的富集度,国际上常用 Al、Fe、Si、Sc 等作为参比元素。本研究中选择全国土壤中的 Al 元素作为参比元素,其他元素浓度的背景值同样取自全国土壤中的元素丰度值[248]。根据 EF 值的大小来判断元素在大气 PM_{10} 的富集程度,当某种元素的富集因子值 EF≤10 时,该元素相对地壳(或地表土)没有富集,说明颗粒物中该元素主要来源于地壳土壤和自然尘埃。如果富集因子值 EF>10,就可认为该元素在大气中被富集,主要来源于人为污染。

河南省煤矿区城市夏季 PM_{10} 中主要元素的富集因子如表 6.4 和图 6.2 所示。Ni、Cu、Zn、As、Mo、Cd、Sn、Sb、Tl、Pb、Bi 等元素在三个煤矿区城市的富集因子值均大于 10,可以认为这些元素主要来源于人类活动的污染,并且富集因子数值愈大污染愈严重。各种元素的富集程度几乎都为永城最高,平顶山最低,有的相差数十倍。Cd、Zn 和 Cu 元素的富集因子在永城高达 1771.07、1196.27、134.32,而在平顶山则为 375.38、79.80、15.94,相差较大。可能与夏季采样时永城焚烧秸秆严重有关。As、Sb 是燃煤源的主要标志元素,其富集程度约相当于土壤尘的 10 倍,是煤矿区城市污染的主要特征。

表 6.4 河南省煤矿区城市 2008 年夏季和冬季 PM_{10} 中化学元素的富集因子

元素	夏季矿区 EF			冬季矿区 EF		
	义马	平顶山	永城	义马	平顶山	永城
Li	5.24	2.83	6.05	11.80	4.58	2.06
V	1.48	1.33	1.30	2.05	1.68	0.75
Cr	5.12	2.19	11.31	13.75	9.64	4.07
Co	10.65	1.92	27.58	7.86	13.49	1.90
Ni	232.67	10.89	774.60	149.41	312.55	21.98
Cu	74.78	15.94	134.32	134.16	230.37	21.64
Zn	311.17	79.80	1196.27	349.11	350.25	371.46
Ga	3.85	2.07	2.15	15.03	4.30	2.63
As	65.31	22.76	244.20	150.65	108.42	33.90
Rb	2.84	2.16	3.13	5.49	3.26	1.48
Sr	3.27	2.31	5.38	4.55	2.96	1.98
Mo	50.30	21.60	20.49	132.47	37.04	18.25
Cd	1675.09	375.38	1771.07	2461.97	1547.08	811.07
Sn	156.85	63.76	579.07	321.42	262.46	117.89
Sb	101.49	44.37	166.95	306.27	224.18	103.82
Cs	3.56	2.18	3.67	8.74	6.69	2.84
Ba	1.74	1.44	2.08	4.34	1.65	1.07
Ce	0.94	1.17	0.76	1.23	0.98	0.55
Tl	58.81	35.62	66.10	184.74	140.11	47.10
Pb	124.24	52.35	139.30	331.93	189.92	106.51
Bi	101.95	57.92	81.67	427.54	220.70	85.05
Ti	0.67	0.83	0.74	0.76	0.69	0.40
Mn	3.90	2.86	6.53	4.38	3.98	1.70

河南省煤矿区城市冬季 PM_{10} 中主要元素的富集因子如表 6.4 和图 6.3 所示。冬季元素的富集情况与夏季相似,Ni、Cu、Zn、As、Mo、Cd、Sn、Sb、Tl、Pb、Bi 等元

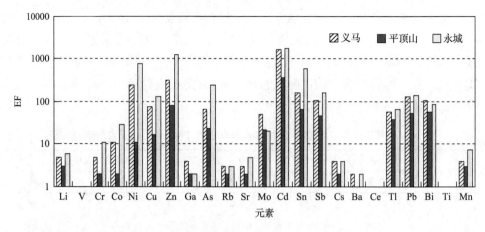

图 6.2　煤矿区城市夏季 PM_{10} 中主要化学元素的 EF 值

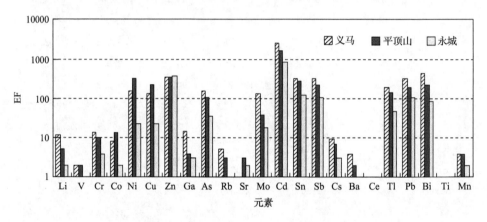

图 6.3　煤矿区城市冬季 PM_{10} 中主要化学元素的 EF 值

素在三个煤矿区城市的富集因子值均大于 10。与夏季不同的是,多种元素富集程度是义马最高,平顶山次之,永城最低。与夏季相比,代表燃煤源的 As、Sb 在平顶山和义马地区增高,分别由夏季的 65.31、101.49 增加到 150.65、306.27,是冬季燃煤增多所致;平顶山和义马地区 Tl、Pb、Bi 三种元素的富集因子也明显增高,表明冬季平顶山的人为污染明显大于夏季。

6.5　三个煤矿区大气颗粒物中微量元素的因子分析及来源探讨

在各个领域的科学研究中,往往需要对反映事物的多个变量进行大量的观测,收集大量数据以便进行分析寻找规律。多变量可以为科学研究提供丰富的信息,但也在一定程度上增加了数据采集的工作量。而且许多变量之间可能存在相关性,从而增加了问题分析的复杂性。因子分析是从一组具有复杂关系的变量出发,把原始变量分成两部分,一部分是所有变量共有的公共因素(公因子),另一部分是各变量独自具有的特殊因素。公因子较原始变量的个数少,对原始变量起着重要的支撑作用,它们之间互不相关,用这些因子来描述原始变量,能够尽量保持和合理解释原始变量之间的复杂关系。观察与该因子相关系数大的有哪几个变量,然后从这一组变量的每一个含义中归纳出一个总的含义,这个含义就代表该因子的实质。变量与某一个因子的联系系数绝对值越大,则该因子与该变量关系越近[249]。

通常认为,同一来源的物质在大气传输中元素保持着化学定量关系,大气颗粒物中某一元素的总量是由不同来源的元素的线性相加而得到的,这就为因子分析方法定性分析各种物质来源奠定了基础。本次研究应用 SPSS 12.0 统计软件,从菜单"Analyze"→"data"→"Reduction"→"Factor"进行最大方差旋转的因子分析。河南省煤矿区 PM_{10} 的分析结果列于表 6.5,表中的系数表示元素与其对应因子的相关系数。

义马地区 PM_{10} 中金属元素的主要影响因子为 4 个(表 6.5),因子 1、因子 2、因子 3 和因子 4 的方差贡献率分别为 35.89%、25.02%、16.19%和 12.01%。因子 1 与元素 Co、Ni、Cu、Zn、Cd 和 Mn 有很高的相关度,相关系数分别为 0.970、0.966、0.870、0.951、0.878 和 0.863。根据富集因子分析的结果,除了 Co 和 Mn,这些元素的富集因子值均大于 10,主要来自人为污染。已有研究表明(表 6.6),Zn、Cd、Ni、Cu 可能来自焚烧活动,Zn 和 Pb 等元素同样大量存在于燃煤产物中[250],所以因子 1 可以认为是燃煤排放源;因子 2 与 V、Ce、Ti 和 Al 有很高的相关性,这些元素的富集因子值均小于 10,Al 为地壳来源元素的标志,所以因子 2 可以认为是地面扬尘排放源;因子 3 与 Cr 和 As 的相关系数分别为 0.859 和 0.825,As、Se 和 Sb 3 种元素主要是燃煤排放的产物[251],同时煤炭燃烧中也存在 Cr,所以因子 3 认为是其他煤炭相关工业排放源;因子 4 与 Rb 和 Mo 有很高的相关性,其中 Rb 富集因子小于 10,来源于地壳,Mo 存在于燃煤工业锅炉排放的 $PM_{2.5}$ 中,结合义马夏季当地有焚烧秸秆的现象,因子 4 认为是垃圾、生物质(如秸秆等)焚烧排放源。因此,从因子分析的结果来看,义马 PM_{10} 中的一些微量元素主要来自燃煤、地面扬尘、其他煤炭相关工业活动以及生物质和垃圾焚烧。

平顶山 PM_{10} 中金属元素的主要影响因子为 3 个。因子 1、因子 2 和因子 3 的方差贡献率分别为 49.98%、36.97%和 4.94%。因子 1 与 Cr、Co、Ni、Cu、Zn、As、Cd、Sn、Sb、Tl、Pb、Bi 等元素有很高的相关度。根据表 6.5 可知,这些元素几乎都是平顶山地区 PM_{10} 高富集的元素,且与 As 的相关系数达到 0.935,结合采样点周围的污染状况,可以认为是燃煤排放源;因子 2 与 Li、V、Ga、Rb、Sr、Ba、Ce、Ti、Al 的相关度很高,这些元素在平顶山 PM_{10} 中富集因子均小于 10,可以认为是土壤和地面扬尘排放。因子 3 只与 Mo 有较高的相关度,可以认为是与煤炭工业相关的金属冶炼排放源。从因子分析的结果来看,平顶山地区的来源较为简单,主要来源为燃煤及相关煤炭工业,其次为地面扬尘。

表 6.5　河南省煤矿区城市 PM$_{10}$ 元素浓度最大方差旋转因子分析

元素	义马				平顶山			永城			
	因子 1	因子 2	因子 3	因子 4	因子 1	因子 2	因子 3	因子 1	因子 2	因子 3	因子 4
Li	−0.724				0.959			0.616			0.676
V		0.938			0.990			0.606		0.603	
Cr			0.859		0.966					0.684	0.522
Co	0.970				0.962					−0.786	
Ni	0.966				0.890					−0.818	
Cu	0.870				0.957						0.943
Zn	0.951				0.890			0.578			0.755
Ga	−0.0576		0.773			0.917				0.960	
As		0.825			0.935						0.958
Rb				0.911		0.84		0.931			
Sr		0.843				0.945		0.697			
Mo				−0.902			0.786	0.821			
Cd	0.878				0.895			0.938			
Sn		0.542			0.946						0.995
Sb			0.532		0.734			0.939			
Cs				0.730	0.804	0.501		0.663	0.748		
Ba	−0.0512		0.710		0.995			0.505	0.600	0.583	
Ce		0.946			0.991			0.747		0.530	
Tl		−0.698		0.634	0.837			0.959			
Pb		−0.698	0.595		0.865			0.814	0.512		
Bi	−0.0732				0.892			0.767			
Ti		0.986			0.991			0.690			
Mn	0.863				0.943					−0.653	
Al		0.996			0.996			0.939			
贡献率/%	35.89	28.02	16.19	12.01	49.98	36.97	4.94	59.04	21.08	13.56	6.32
累计贡献率/%	35.89	63.91	80.1	92.1	49.98	86.94	91.89	59.04	80.12	93.68	100

永城 PM_{10} 中金属元素的主要影响因子为 4 个(表 6.5)。因子 1、因子 2、因子 3 和因子 4 的方差贡献率分别为 59.04%,21.08%、13.56% 和 6.32%。因子 1 与地壳代表性元素 Al 和 Ti 具有较高的相关性,Mo、Cd、Pb 的富集因子大于 10,表明三者来源于人为活动,综合分析,因子 1 代表地面扬尘以及矸石山风化扬尘排放源。因子 2 与 Rb、Sb、Tl 有较高的相关性,认为因子 2 可能代表垃圾焚烧、生物质 (如秸秆等)燃烧排放源。因子 3 与 Co、Ni 和 Ga 有较高的相关性,可以认为煤炭相关工业排放源。因子 4 与 Cu、Zn、As 和 Sn 相关性较高,代表燃煤排放源。永城采样时天气较为特殊,所以分析金属元素的来源较为困难,总体上可以认为来源于燃煤、煤炭相关工业、地面扬尘、生物质和垃圾焚烧等。

表 6.6　各类污染源排放的主要元素[252]

来源	主要元素
土壤	Si、Al、Fe、Ti、K、Ca、Na、Mg、Mn、Eu、Yb、Ba、Rb、La、Ce、Lu、Sm、Th、Cr、Sc、Co、Cl
燃煤	I、As、S、Se、Si、Al、Fe、Ti、Ca、Mn、Cr、Co、Cu、Pb、Zn、Hg、Br、V、Ni、Sc、La、Ce、Th
燃油	V(石油)、Ni、Co、Cu
垃圾焚烧	Zn、Cd、Sb、Cu
汽车尾气	Pb(汽油)、Br、Ba、Cl
海盐	Na、Cl
金属冶炼	Cr、Cu、Zn、Fe
建材	Ca

6.6　与非煤矿区城市的比较

为了进一步研究河南省煤矿区城市 PM_{10} 中微量元素的组成特征,了解与非煤矿区城市的差别,将 ICP-MS 分析的三个煤矿区冬季微量元素的结果与郑州、兰州、北京、上海、香港、米兰等城市进行对比研究。其中郑州代表中原的省会城市,北京作为北方城市的代表,上海作为南方城市的代表,兰州作为西北城市的代表,米兰代表元素污染水平相对较低的城市。为使数据具有可比性,表中城市所列的数据均为其冬季市区 PM_{10} 中微量元素的浓度。

从表 6.7 可以看出,不同城市的颗粒物中微量金属元素的含量有明显差异,煤矿区 PM_{10} 中 Ni、Cu、As 的浓度高于郑州,其中煤矿区的 Ni 为 182.25ng/m³,而郑州市的 Ni 为 21.50ng/m³,差别很大,其来源可能为燃煤。因为煤矿区城市周围烟囱林立,推测为燃煤导致 Ni 大量富集。As 为大气颗粒物中燃煤产生微量元素的主要标志,煤矿区城市的 As 浓度略大于郑州市。Pb 浓度只有郑州市的 1/2,可能是由于郑州市交通车辆较多,部分车辆使用含 Pb 汽油,使得郑州市 Pb 浓度大于煤矿区城市。煤矿区 PM_{10} 中 V、Cr、Cd 的浓度没有郑州市高,可能与郑州市颗粒物中重金属来源比较复杂有关。煤矿区 PM_{10} 中其余微量元素与郑州市相比差别不大。煤矿区 PM_{10} 中 Ni、Cr、Cu、Sn 的浓度大于兰州,其余元素浓度均小于兰州,说明煤矿区城市和兰州有某种程度的相似,都属于污染比较严重的城市。北京作为北方城市的代表,政府加大了治理力度,空气质量有了一定的好转,煤矿区城市颗粒物中的 Ni、Cu 和 Zn 等的浓度明显高于北京,其余元素浓度低于北京。煤矿区 PM_{10} 中 Ni 的浓度是上海的 15 倍,Pb 的浓度是上海的 1/2,其余元素差别不大。这可能与空气中重金属来源不同有关。煤矿区城市以燃煤、地表烟尘和空气中二次生成的颗粒物为主,而上海市以工业、燃煤和汽车尾气等污染为主。香港、米兰在所有的城市中污染最轻,各微量金属元素的浓度均较低。煤矿区城市一些人为排放的污染元素,如 Pb、Zn、Cu 和 Cr 等,要高于香港和米兰数十倍。

表 6.7　河南省煤矿区 PM_{10} 中主要微量元素与其他城市的比较

（单位：ng/m^3）

元素	河南省煤矿区	郑州[92]	兰州[91]	北京[253]	上海[254]	香港[255]	米兰[233]
Ti	121.98	—	498.37	313.33	221.00	17.49	85.00
V	5.63	37.30	26.29	18.19	—	4.77	9.50
Cr	24.92	56.60	18.64	26.00	32.30	5.86	14.50
Mn	89.57	—	293.52	170.00	186.00	—	50.50
Co	4.25	4.40	7.00	5.03	2.80		
Ni	182.25	21.50	25.26	110.00	13.90	—	9.50
Cu	122.62	83.60	116.31	106.67	171.00	38.08	80.50
Zn	1406.45	1468.10	1048.41	896.67	1409.00	313.64	213.50
As	47.38	38.10	64.57	76.67	42.10	5.78	—
Cd	7.06	16.10	10.44	17.37	10.90		
Sn	27.75		23.27				
Sb	11.59	11.30	24.77	—	22.70		
Se	—	—	36.46		19.50		
Pb	246.35	526.20	788.27	440.00	515.00		82.00

与国内外城市相比,河南省煤矿区城市 PM_{10} 污染较严重,有待于进一步加强污染源的控制,如提高电厂除尘设施的效率,减少瓦斯抽放排出的煤尘、控制煤矸石、粉煤灰堆放场大风时的灰尘等,以此来提高煤矿区城市的空气质量。

6.7 小 结

(1) 采样期间,义马和永城夏季 PM_{10} 样品全样和水溶部分的微量元素总浓度相差不大,平顶山最小。冬季 PM_{10} 全样和水溶部分的微量元素总浓度则为永城＞平顶山＞义马。

(2) 河南省煤矿区 PM_{10} 全样微量元素中 Zn、Ni、Cu、Pb、Mn、Ti 的浓度相对较高;PM_{10} 中水溶性微量元素的浓度存在较大差异,水溶性 Zn 的浓度最高,其次是 Ni、Pb、Mn 等;PM_{10} 中各元素的水溶部分占全样的比例有较大差异,水溶性 Ni、Zn、Rb、Sr、Mo、Cd、Sb、Cs、Tl、和 Mn 占全样的比例最高,而 Ga、Sn、Ce 和 Ti 占全样的比例最低。

(3) 富集因子分析结果表明,Ni、Cu、Zn、As、Mo、Cd、Sn、Sb、Tl、Pb、Bi 等元素的富集因子大于 10,主要来源于人为污染。Li、V、Cr、Co、Ga、Rb、Sr、Cs、Ba、Ce、Ti、Mn 等元素富集因子小于 10,这些元素主要来源于地壳。平顶山和义马的冬季与夏季相比,代表燃煤污染来源的 As、Ni、Cd、Sb、Tl、Pb 等微量元素的富集因子明显升高。

(4) 因子分析结果表明,义马 PM_{10} 主要来自燃煤污染、垃圾焚烧和生物质燃烧,其次是地面扬尘排放,所占的比例分别为 64.08% 和 28.02%。平顶山 PM_{10} 来源较为简单,燃煤占 54.92%,地面扬尘占 36.97%。永城 PM_{10} 中来源较为复杂,可能与夏季采样时天气条件较为特殊有关,总体上 PM_{10} 污染可以看做是燃煤、地面扬尘、生物质燃烧和汽车尾气造成的。

7 不同煤矿区城市大气颗粒物的生物活性

可吸入颗粒物是一种重要的空气污染物,颗粒大小、形态及化学组成与人体健康密切相关。目前已有大量流行病学调查研究证实了可吸入颗粒物的浓度与发病率、住院率和死亡率之间存在着正相关关系[256,257],PM_{10}浓度的增加可以引起人群患病率和死亡率的增加,尤其是对易感人群。但由于流行病学只能提供暴露量和致病结果之间的关系,且多具时间序列性,对个体的反应也不一样,因而不能得出颗粒物对人体健康影响的真正原因,因此对其进行生物活性研究非常必要。当前用于大气颗粒物生物活性研究的方法较多,如灌洗法、Ames 试验法、微核实验法、染色体畸变实验、单细胞凝胶电泳法(SCGE,彗星实验)等[258,259],但它们大多为定性评价,不能得出具体的损伤量。质粒 DNA 评价法是一种操作简便、快速、敏感性高的 DNA 损伤检测技术[18]。DNA 实验需要的样品质量较少($500\sim1000\mu g$),因此通过较少的样品就可定量评价颗粒物对 DNA 的损伤作用,从而获得大气颗粒物的生物活性。

目前用质粒 DNA 对 PM_{10} 生物活性方面的研究主要集中在北京[18,282]、兰州[91]、郑州[92]等城市,而对煤矿区 PM_{10} 研究较少。煤炭资源在生产、加工、燃用的过程中,产生大量的烟尘、煤尘等颗粒污染物,同时释放大量碳氧化合物和含 S 化合物等污染物,这些由于煤炭开采导致的污染严重影响矿区城市空气质量,同时影响人类健康。平顶山是我国主要煤矿城市,年生产原煤 3000 多万 t,城市特征是矿区和城市混为一体,市区空气质量严重受矿区的影响。义马和永城也是河南省重要的产煤基地。目前对煤矿区城市大气污染的报道还仅限于对 PM_{10} 质量浓度和微量元素的分析,PM_{10} 对人体健康影响主要集中在流行病学调查方面。本次研究分析了河南省不同煤矿区城市义马、平顶山和永城不同季节大气颗粒物的生物活性,并探讨矿区城市的 PM_{10} 生物活性来源。

7.1 质粒 DNA 评价法简介

7.1.1 质粒 DNA 评价法的原理

质粒(plasmid)广泛存在于多种细菌的细胞中,是一种寓于宿主细胞中染色体外裸露的一双链 DNA 分子,一个质粒就是一个 DNA 分子。在宿主细胞内,质粒一般以超螺旋共价闭环 DNA 分子(ccc-DNA)的形式存在。在体外的理化因子等多种因素的作用下,质粒可以成为开环 DNA 分子(oc-DNA)和线形 DNA 分子(l-DNA)。而在变性条件下,质粒可以成为单链 DNA 分子(ss-DNA)。

质粒 DNA 评价法(plassmid scission assay)是一种测量活性氧对质粒 DNA 的氧化性损伤能力的体外方法,它可用于评价大气颗粒物的生物活性(bioreactivity)。生物活性是指颗粒物对于生物遗传物质(DNA)产生的效应。质粒 DNA 评价颗粒物生物活性的基本原理是颗粒物表面携带的自由基会对超螺旋 DNA(supercoiled DNA)产生氧化性损伤[260],最初的损伤是引起超螺旋 DNA 松弛(relaxed);进一步的损伤表现为使 DNA 线化(linearized)。这种损伤变化可以引起 DNA 的电泳淌度(Electrophoretic mobility)的变化。三种状态的质粒运动速度从快到慢依次为:超螺旋 DNA>线化 DNA>松弛 DNA。根据这一原理可以将这三种不同形态的 DNA 从琼脂糖凝胶中分离开,然后使用灵敏的显像测密术(densitometry)测量不同形态的 DNA 所占的比例(图 7.1)。松弛和线化条带的亮度占三种状态 DNA 总亮度的百分比,即为生物活性大小。同时实验中以超纯 H_2O(电阻率 18.2MΩ·cm,Millipore)为对照组样品,并在统计分析时扣除对照组超纯 H_2O 对 DNA 的影响,从而评价颗粒物对 DNA 的损伤。一般用 TD_{20} 或 TD_{50} 表征颗粒物生物活性的大小,它表示造成 20%或 50%的 DNA 损伤所需要的样品的剂量,不同剂量的颗粒物会对质粒 DNA 产生不同的生物活性,利用线性回归法,便可确定 TD_{20} 或 TD_{50} 值,从而定量评价 PM_{10} 对 DNA 的氧化性损伤能力。

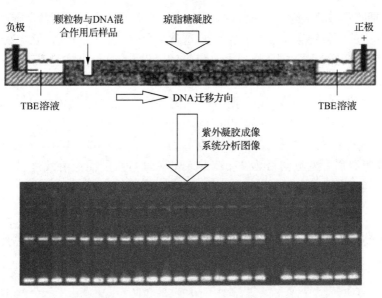

图 7.1　质粒 DNA 实验评价大气颗粒物生物活性实验原理

7.1.2　质粒 DNA 评价实验设备

质粒 DNA 评价实验设备包括：①微量天平和镊子；②高压灭菌锅；③微量移液枪（不同量程）；④离心管（不同容量）和 eppendorf 管（1.5mL 和 0.2mL）；⑤超声震荡仪；⑥涡旋震荡仪和高速离心机；⑦超低温冰箱（−28℃）和普通冰箱（−4℃）；⑧锥形瓶、量筒、微波炉；⑨电泳仪，包括电泳槽、凝胶槽、梳子、电源系统等；⑩紫外凝胶成像系统。

7.1.3　实验试剂

实验试剂包括：①HPLC 级水，必须经过高压灭菌 3～5 次；②X174-RF DNA（Promega，London，UK），−28℃超低温冰箱中储存；③TBE（Tris-Borate-EDTA）缓冲液（Sigma，USA）；④琼脂糖（agarose）；⑤溴酚蓝/丙三醇染色剂；⑥溴化乙锭（EB），有剧毒。

7.1.4　实验步骤

实验步骤大致分为样品制备、凝胶制备、将样品与 DNA 的混合物注入凝胶和 DNA 损伤量的定量分析四部分。

1）样品制备

（1）把整张样品剪碎，加入计算得到的最大浓度所需的无菌水量。震荡 20h 左右，使样品上的颗粒物从滤膜上脱落下来，这就是全样的最大的浓度（原溶液）；

（2）震荡后，将每个样品分为大致相等的两份，一份为全样样品，一份处理成水溶样品；

（3）把一份（全样）放入冰箱待用，另一份离心后的溶液的上清液取出作为水溶样；

（4）每个浓度等级总体积为 50μL，其中有 1.8μL 的 DNA（按 2μL 算），7μL 的染色剂和 41μL 的溶液体积。例如，浓度分为 1000、800、600、400、200 五个等级，1000 浓度等级需要的原溶液为 41μL，剩余的浓度等级所需原溶液体积 X 的计算公式为：$1000 \times X = $ 等级浓度 $\times 41$（表 7.1）；

表 7.1　大气颗粒物溶液准备的示例

颗粒物的浓度等级/(μg/mL)	原溶液的体积/μL	无菌 HPLC H_2O 的体积/μL
1000	41	0
800	$800 \times 41/1000 = 32.8$	$41 - X = 8.2$
600	$600 \times 41/1000 = 24.6$	$41 - X = 16.4$
400	$400 \times 41/1000 = 16.4$	$41 - X = 24.6$
200	$200 \times 41/1000 = 8.2$	$41 - X = 32.8$
H_2O	0	41

（5）取 6 个微量离心管编好顺序,首先依次向每个微量离心管加入 1.8μL 的 10μg • mL^{-1} Xl74-RF DNA(Promega,London,UK),再用移液枪取经过计算得到的原始溶液量移到微量离心管中,再加入计算得到的无菌水。一次准备 5 个等级,按浓度从小到大排列。封口后在涡旋震荡器上轻轻振荡 6h。

2）凝胶制备

实验之前要把用到的梳子、凝胶槽、锥形瓶等用无菌 HPLC 级水清洗干净。

（1）称 2.6g 的琼脂糖放入 500ml 的锥形瓶中;

（2）用 50mL 的量筒量 42mL 的 TBE(Tris-Borate-EDTA)缓冲液,然后倒入 500mL 的量筒中,加水至 420mL,将 10 x 稀释成 1x;

（3）把稀释后的 TBE 缓冲液倒入加有琼脂糖的锥形瓶中并摇匀混合,稍等片刻使琼脂糖溶散;

（4）将锥形瓶放入微波炉中,将微波炉设置为“高档”,定时 3min。3min 后取出锥形瓶(戴上隔热手套),轻轻摇晃,然后再放入微波炉中,定时 1.5min。1.5min 后取出锥形瓶,轻轻摇晃,直到溶液澄清;

（5）等待溶液冷却到 60℃左右时,向锥形瓶中加入 10μL 的溴乙锭(浓度为 10mg/mL)(溴乙锭有剧毒,此时需戴手套);

（6）用高压灭菌胶带(autoclave tape)封住凝胶浅槽的两侧,将两个梳子放入槽中有刻度的位置,将锥形瓶中的溶液缓慢倒入凝胶浅槽,将溶液中的气泡赶走,让其自然冷却;

（7）向电泳槽中注入 TBE 缓冲液约 1500mL(1x),使液面离电泳槽的顶部约 5cm(槽中缓冲液必须用超纯灭菌水配制,此缓冲液可以多次跑胶,无须每次都换,可用大概 3～5 次);

（8）约 30min 待凝胶完全凝固后,放入冰箱(4℃)中保存。用时撕掉胶带,轻轻将梳子从凝胶中拔出,将凝胶浅槽放入电泳槽,再加入 TBE 缓冲液 500mL(1x)直到缓冲液能够超过凝胶面 5～10mm。

3）将样品与 DNA 的混合物注入凝胶

（1）样品与 DNA 的混合物在涡旋震荡器上振荡 6h 以后,将样品从涡旋震荡器取下来,在离心机中离心 40s,然后在每一个离心管中加入 7μL 溴酚蓝/丙三醇染色剂,这时每个管中溶液的总体积为 50μL;

（2）用移液枪向每个孔中注入 20μL 样品、φX174-RF DNA 和染色剂混合物,每个样品有 2 个平行样。每加完不同剂量的溶液要更换 tip 头;

（3）样品加完后,在电泳槽两端的溶液中各加入 20μL 的溴乙锭,连接两个电极到电源上;

（4）将工作电压调至 100V,检查电源组是否工作,如果正常,则调至电压 40V、电流 30mA,通电 16h。

4）凝胶成像和 DNA 损伤量的定量分析

（1）16h 后，将凝胶从电泳槽中取出，倒掉凝胶表面多余的 TBE 缓冲液，放入紫外凝胶成像系统中，确认紫外光（UV）工作正常；

（2）使用紫外凝胶成像系统（Synoptics Ltd.，Cambridge，UK）对凝胶成像，调整成像的清晰度，保存图片；

（3）使用 SyngeneGenetools 程序（SynoptiesLtd）对凝胶中不同形态 DNA 的光密度进行定量分析，线性的和松弛状 DNA 条带光密度之和占总 DNA 光密度（线性 DNA＋松弛状 DNA＋超螺旋 DNA）的百分比即为 DNA 的损伤率，也就是生物活性。从而对不同剂量下颗粒物对超螺旋 DNA 的损伤情况进行定量分析（不同颗粒物剂量对 DNA 的损伤要减去 H_2O 对质粒 DNA 的损伤）；

（4）计算每一个浓度等级造成的 DNA 损伤量的平均值；

（5）根据不同浓度等级造成的 DNA 损伤量使用线性回归法计算样品的 TD_{20} 或 TD_{50}。

7.2　煤矿区城市夏季大气颗粒物的生物活性

分别选取河南省煤矿区城市夏季和冬季大气 PM_{10} 样品进行质粒 DNA 实验，分析比较不同煤矿区不同季节颗粒物的生物活性大小及规律。将同一地区相似天气条件下的大气颗粒物样品生物活性结果取平均值，作为该地区大气颗粒物的生物活性。样品信息与 ICP-MS 分析所用样品相同，见表 6.1。

7.2.1　义马夏季大气颗粒物的生物活性

图 7.2 为义马夏季 PM_{10} 样品的全样和水溶部分在不同剂量下对质粒 DNA 氧化性损伤的代表性凝胶图（No. 1 和 No. 3）。No. 1～No. 3 为义马夏季 PM_{10} 的质粒 DNA 实验样品。实验结果如表 7.2 所示。No. 1 和 No. 3 号样品随着颗粒物浓度的增加，DNA 损伤率增加缓慢。根据回归计算得出两个样品全样和水溶样的 TD_{50} 值（造成 50％ DNA 损伤所需的剂量）分别为 $1000\mu g/mL$、$1002\mu g/mL$ 和 $340\mu g/mL$、$750\mu g/mL$，从图 7.2 中 No. 1 的凝胶图可以看出随着颗粒物浓度的增加，第二列的亮度几乎没有变化。No. 2 样品随着颗粒物浓度的增加，DNA 的损伤率增加很快，在浓度为 $200\mu g/mL$ 时，全样和水溶样对 DNA 的损伤率达到 74％ 和 54％（No. 4），其代表性凝胶图如图 7.2 中 No. 3 所示。义马夏季 PM_{10} 样品全样的 TD_{50} 值在 $67\sim1000\mu g/mL$，水溶样在 $130\sim1002\mu g/mL$。义马夏季 PM_{10} 全样和水溶样对 DNA 的损伤率差别不大，说明其生物活性主要来源于水溶组分。由于在不同天气条件下采集的颗粒物生物活性差别较大，所以把能代表矿区正常天气条件采集的 PM_{10} 样品 TD_{50} 取平均值，作为义马夏季颗粒物的生物活性，其全样和水

溶的 TD_{50} 值分别为 $469\mu g/mL$、$627\mu g/mL$。

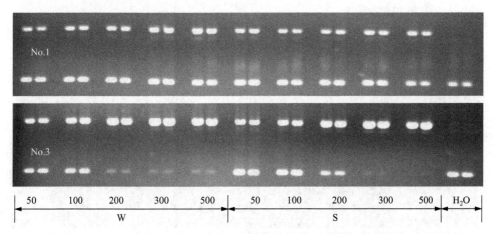

图 7.2 义马夏季 PM_{10} 全样和水溶部分对超螺旋 DNA 的损伤凝胶图

W 代表全样，S 代表水溶样，以下所有样品代表含义相同

表 7.2 义马夏季 PM_{10} 样品的全样和水溶部分的 TD_{50} 值

浓度/(μg/mL)	损伤率/%		
	No. 1	No. 2	No. 3
50	32/33	48/38	41/41
100	33/31	52/42	45/45
200	34/33	74/54	46/46
300	38/36	75/84	49/48
500	40/41	67/98	54/49
TD_{50}/(μg/mL)	1000/1002	67/130	340/750
R^2	0.9431/0.9658	0.9375/0.9562	0.9532/0.9675
TD_{50}平均值/(μg/mL)		469/627	

注："/"前后数据分别代表全样和水溶部分(下同)

7.2.2 平顶山夏季大气颗粒物的生物活性

平顶山市区采样点代表着矿区和居民混合区的 PM_{10} 污染状况，空气质量浓度超过国家二级标准。夏季大气化学反应较为活跃，有新物相生成。图 7.3 为平顶山夏季 PM_{10} 样品的全样和水溶部分在不同剂量下对质粒 DNA 氧化性损伤的代表性凝胶图(No. 4 和 No. 10)。No. 4~No. 10 为平顶山夏季 PM_{10} 的质粒 DNA 实验样品，实验结果如表 7.3 所示。No. 4~No. 7 代表市区夏季样品。No. 4、No. 5、No. 7 样品颗粒物浓度从 $50\mu g/mL$ 增加到 $500\mu g/mL$，PM_{10} 对 DNA 的损伤率缓慢增加，只有 No. 6 号样品当颗粒物浓度从 $300\mu g/mL$ 增加到 $500\mu g/mL$ 时，全样

损伤率从 43% 陡增到 81%，市区夏季样品全样和水溶样 TD_{50} 的平均值分别为 413μg/mL 和 710μg/mL。

No.8 和 No.9 为平顶山郊区夏季样品。No.8 在浓度为 50μg/mL 时全样和水溶样品对质粒 DNA 的损伤率分别为 33% 和 41%。样品浓度增加到 500μg/mL 时，损伤率增加到 58% 和 46%。样品的浓度与质粒 DNA 损伤率之间有较强的相关性，线性回归系数 (R^2) 分别为 0.980 和 0.946。No.9 和 No.8 样品变化一致。郊区夏季全样和水溶样品 TD_{50} 的平均值分别为 190μg/mL 和 595μg/mL。

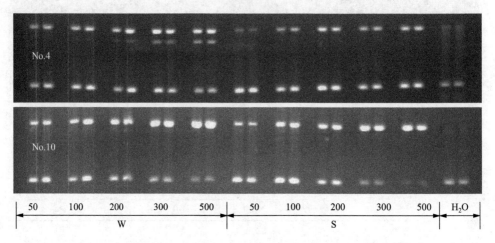

图 7.3 平顶山夏季 PM_{10} 全样和水溶部分对超螺旋 DNA 的损伤凝胶图

表 7.3 平顶山夏季市区和郊区 PM_{10} 样品的全样和水溶部分的 TD_{50} 值

浓度/(μg/mL)	损伤率/%						
	市区				郊区		背景点
	No. 4	No. 5	No. 6	No. 7	No. 8	No. 9	No. 10
50	31/6	20/17	41/20	38/32	33/41	49/24	43/34
100	33/25	47/31	43/41	45/30	43/41	49/39	49/42
200	39/31	49/31	42/42	47/38	48/43	51/41	52/48
300	46/31	50/31	43/45	46/43	52/43	53/47	61/67
500	52/42	54/33	81/48	43/41	58/46	56/54	73/82
TD_{50}/(μg/mL)	430/570	290/1000	330/470	600/800	240/825	140/365	150/180
R^2	0.909 /0.971	0.731 /0.640	0.805 /0.977	0.772 /0.874	0.988 /0.952	0.980 /0.946	0.983 /0.978
TD_{50}平均值/(μg/mL)	413/710				190/595		150/180

此外,对背景点夏季 No.10 大气颗粒物样品进行了分析。PM_{10} 样品 TD_{50} 全样和水溶值分别为 $150\mu g/mL$ 和 $180\mu g/mL$。No.10 在浓度为 $500\mu g/mL$ 下,对 DNA 造成的损伤率分别为 73% 和 82%。说明清洁点空气质量浓度小,但单位质量的颗粒物对 DNA 的损伤率却较大。

由于平顶山市区和郊区周围都有煤矿包围,所以可以把市区和郊区的 TD_{50} 值综合考虑作为平顶山的大气 PM_{10} 生物活性。去掉在背景点鲁山县尧山镇的 No.10,平顶山煤矿区夏季 PM_{10} 全样的 TD_{50} 值在 $140\mu g/mL\sim600\mu g/mL$,水溶样的 TD_{50} 值在 $365\mu g/mL\sim1000\mu g/mL$ 之间。平顶山夏季全样和水溶样的 TD_{50} 平均值分别为 $302\mu g/mL$、$653\mu g/mL$,颗粒物的生物活性来源于其中的水溶和不溶组分。

7.2.3 永城夏季大气颗粒物的生物活性

图 7.4 为永城夏季 PM_{10} 样品的全样和水溶部分在不同剂量下对质粒 DNA 氧化性损伤的代表性凝胶图。No.11 和 No.12 为永城夏季样品,从凝胶图(No.11)可以看出随着颗粒物浓度的增加,损伤的 DNA 并无多大变化(条带亮度无变化),而 No.12 的 DNA 损伤凝胶图变化明显(条带亮度从亮变暗)。其 TD_{50} 值的损伤结果如表 7.4 所示,No.11 样品较为特殊,随着颗粒物浓度的增加,DNA 的损伤率增加极其缓慢,几乎没有变化,说明 DNA 损伤和颗粒物浓度增加没有太大关系,采样当天焚烧秸秆,天气在下午 3 点如同黑夜,其具体原因有待进一步研

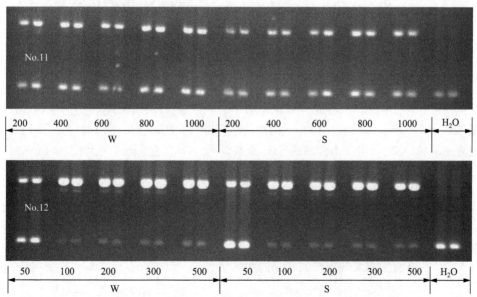

图 7.4 永城夏季 PM_{10} 全样和水溶部分对超螺旋 DNA 的损伤凝胶图

究。No. 12 号样品在颗粒物浓度为 $100\mu g/mL$ 时,其全样和水溶样已对 DNA 造成 82% 和 81% 的损伤,随颗粒物浓度增加 DNA 损伤无多大变化,其样品全样和水溶样的 TD_{50} 值分别为 $55\mu g/mL$ 和 $60\mu g/mL$。永城夏季 2 个样品的共同特点是随颗粒物浓度增加,对应浓度梯度的全样和水溶样对 DNA 损伤率差别不大,说明颗粒物的生物活性主要来源于其中的水溶组分。永城夏季 TD_{50} 的平均值分别为 $403\mu g/mL(W)$、$675\mu g/mL(S)$。

表 7.4 永城夏季 PM_{10} 样品的全样和水溶部分的 TD_{50} 值

浓度/$(\mu g/mL)$	损伤率/%	浓度/$(\mu g/mL)$	损伤率/%
	No. 11		No. 12
200	40/38	50	45/40
400	42/43	100	82/81
600	44/43	200	83/81
800	48/45	300	84/82
1000	51/47	500	86/84
$TD_{50}/(\mu g/mL)$	750/1290	$TD_{50}/(\mu g/mL)$	55/60
R^2	0.99/0.953		0.590/0.632
TD_{50}平均值/$(\mu g/mL)$		403/675	

7.3 煤矿区城市冬季大气颗粒物样品的生物活性

7.3.1 义马冬季大气颗粒物样品的生物活性

2008 年 12 月 15 日到 12 月 20 日在义马采集 5 天大气 PM_{10} 样品。图 7.5 为义马冬季 PM_{10} 全样和水溶部分对超螺旋 DNA 的损伤凝胶图,颗粒物的生物活性结果如表 7.5 所示,颗粒物对 DNA 的损伤率随着颗粒物浓度的增加而增加,无出现突变的现象,可以看出 4 个样品的 TD_{50} 值差别不大,样品在颗粒物浓度为 $100\mu g/mL$ 左右对 DNA 产生 50% 的损伤,且 R^2 均在 0.85 以上,实验结果较好,说明这几个样品完全可以代表义马冬季煤矿区 PM_{10} 的生物活性。同一颗粒物浓度下,水溶和全样对 DNA 的损伤差别不大,说明颗粒物的生物活性主要来源于其中的水溶组分。义马冬季 PM_{10} 全样和水溶样 TD_{50} 平均值为 $87\mu g/mL$、$159\mu g/mL$。

7.3.2 平顶山冬季大气颗粒物样品的生物活性

No. 18～No. 20 为平顶山市区冬季普通天气条件的 PM_{10} 样品,平顶山冬季大气颗粒物样品的生物活性结果如表 7.6 所示。No. 19 在颗粒物浓度为 $50\mu g/mL$

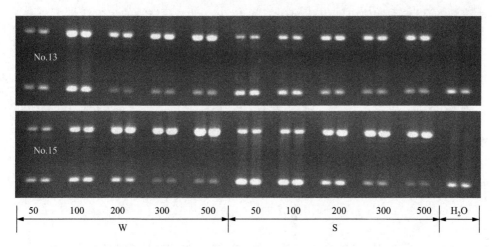

图 7.5　义马冬季 PM_{10} 全样和水溶部分对超螺旋 DNA 的损伤凝胶图

表 7.5　义马冬季 PM_{10} 样品的全样和水溶部分的 TD_{50} 值

浓度/(μg/mL)	损伤率/%			
	No. 13	No. 14	No. 15	No. 16
50	42/31	49/44	40/37	46/33
100	50/40	69/43	50/38	54/37
200	68/52	81/68	60/55	63/46
300	66/56	79/69	76/70	61/62
500	63/59	80/70	77/79	58/51
TD_{50}/(μg/mL)	90/190	52/105	108/150	96/190
R^2	0.9419/0.9889	0.8526/0.8961	0.9775/0.97	0.9233/0.8919
TD_{50}平均值/(μg/mL)	87/159			

时,全样和水溶的损伤率分别为 35% 和 18%,颗粒物浓度为 200μg/mL 时,损伤率突然增加到 74% 和 72%,而颗粒物浓度在 200μg/mL 之后对 DNA 的损伤率增加缓慢。No. 18 和 No. 20 样品颗粒物对质粒 DNA 的损伤率变化相似,都是颗粒物浓度在 100μg/mL 到 200μg/mL 时对质粒 DNA 的损伤率陡然增加,随后增加缓慢。市区冬季全样和水溶样品 TD_{50} 的平均值分别为 75μg/mL 和 126μg/mL。No. 21 和 No. 22(图 7.6 为其氧化性损伤凝胶图)为郊区冬季 PM_{10} 对质粒 DNA 的氧化性损伤情况。No. 22 在浓度为 500μg/mL 时全样和水溶样对质粒 DNA 的损伤率分别为 93% 和 82%,说明颗粒物对 DNA 损伤严重,郊区 TD_{50} 平均值分别为 95μg/mL 和 139μg/mL,可以看出市区和郊区损伤率差别不大。整体上平顶山 PM_{10} 全样的 TD_{50} 值在 43~110μg/mL,水溶的 TD_{50} 值在 120~158μg/mL,全样和

水溶样的 TD_{50} 平均值分别为 $85\mu g/mL$ 和 $133\mu g/mL$，颗粒物的生物活性主要来源于其中的水溶组分。

表 7.6　平顶山市区和郊区冬季 PM_{10} 样品的全样和水溶部分的 TD_{50} 值

浓度/(μg/mL)	损伤率/%					
	市区冬季			郊区冬季		
	No. 17	No. 18	No. 19	No. 20	No. 21	No. 22
50	38/32	51/30	35/18	40/34	38/24	48/31
100	34/32	62/49	51/42	56/43	49/44	68/49
200	43/36	78/67	74/72	75/63	64/60	94/68
300	48/42	77/74	71/77	74/66	67/62	93/78
500	55/49	78/74	72/78	71/69	67/69	93/82
TD_{50}/(μg/mL)	360/510（风速大）	43/120	98/132	84/127	110/158	80/120
R^2	0.924/0.983	0.942/0.978	0.923/0.975	0.942/0.979	0.975/0.948	0.945/0.979
TD_{50}平均值/(μg/mL)	85/133（去掉 No. 17）					

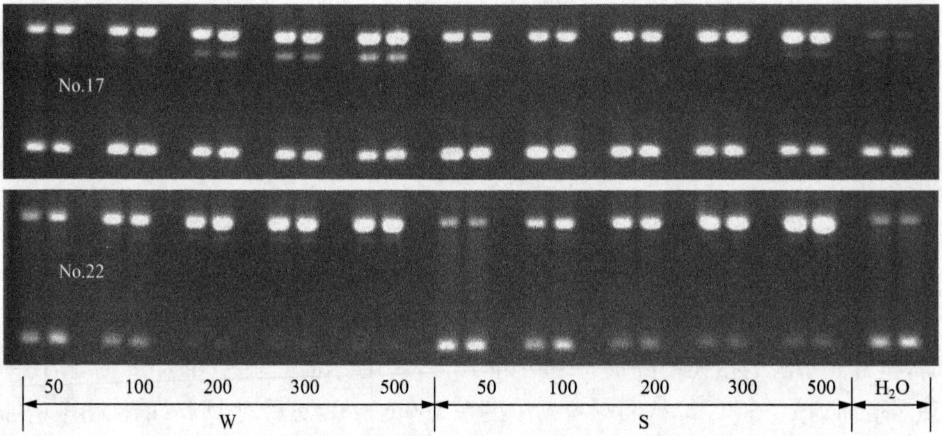

图 7.6　平顶山冬季 PM_{10} 全样和水溶部分对超螺旋 DNA 的损伤凝胶图

平顶山秋、冬两季盛行偏北风，冬季大风频繁。2008 年 12 月 8 日为采样风速较大天气（No. 17），最大风速为 $6m/s$，颗粒物质量浓度为 $134.0\mu g/m^3$。PM_{10} 全样和水溶样的 TD_{50} 值分别为 $360\mu g/mL$ 和 $510\mu g/mL$，远高于冬季 TD_{50} 的平均值 $85\mu g/mL$ 和 $133\mu g/mL$。说明平顶山大风天气条件下单位质量颗粒物生物活性较弱。

7.3.3 永城冬季大气颗粒物样品的生物活性

2008 年 12 月 21 日到 26 日在永城城郊矿采样,图 7.7 为永城冬季 PM_{10} 全样和水溶部分对超螺旋 DNA 的损伤凝胶图。No. 24~No. 26 为普通天气条件下的 PM_{10} 样品,表 7.7 为各浓度水平下 PM_{10} 的 DNA 实验损伤结果。随着颗粒物浓度的增加,PM_{10} 对 DNA 损伤率随之增加。颗粒物全样的 TD_{50} 值在 30~95μg/mL,水溶样的 TD_{50} 值在 51~250μg/mL。同一颗粒物浓度下,全样和水溶样对 DNA 的损伤率差别不大,说明其生物活性可能主要来源于水溶组分。永城冬季全样和水溶样的 TD_{50} 平均值分别为 73μg/mL 和 133μg/mL。No. 23 为风速较大天气下采集的颗粒物样品,最大风速达 6.5m/s,全样和水溶的 TD_{50} 值分别为 385μg/mL 和 430μg/mL。与冬季平顶山风速较大天气 PM_{10} 的生物活性结果相似,永城大风天气条件下 PM_{10} 的生物活性小于正常天气。

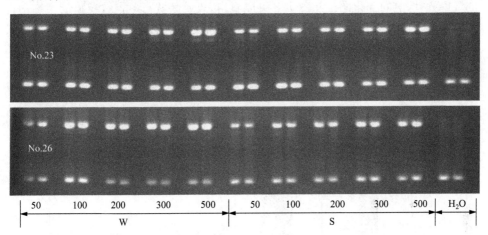

图 7.7　永城冬季 PM_{10} 全样和水溶部分对超螺旋 DNA 的损伤凝胶图

表 7.7　永城冬季 PM_{10} 样品的全样和水溶部分的 TD_{50} 值

浓度/(μg·mL^{-1})	损伤率/%			
	No. 23	No. 24	No. 25	No. 26
50	41/37	27/29	34/19	59/49
100	42/41	57/43	57/56	57/52
200	44/41	56/47	63/55	67/55
300	48/46	56/49	63/52	70/54
500	53/52	56/52	67/57	66/57
TD_{50}/(μg·mL^{-1})	385/430	95/250	95/98	30/51
R^2	0.978/0.943	0.610/0.866	0.813/0.583	0.835/0.896
TD_{50}平均值/(μg·mL^{-1})	(73/133)去掉 No. 25			

7.4　不同煤矿区大气颗粒物生物活性的比较

7.4.1　不同煤矿区城市大气颗粒物的生物活性比较

从以上对河南省煤矿区城市夏季和冬季 PM_{10} 样品进行质粒 DNA 评价的结果来看,不同季节的样品对 DNA 的损伤能力之间存在明显的差异,即使同一季节不同气象条件下采集的颗粒物样品对 DNA 的损伤也有差别,这主要是由大气颗粒物的复杂成分决定的。河南省煤矿区夏季全样和水溶样的 TD_{50} 值可低至 $55\mu g/mL$、$60\mu g/mL$,也可高至 $1000\mu g/mL$、$1002\mu g/mL$,冬季全样和水溶样的 TD_{50} 值可低至 $30\mu g/mL$、$51\mu g/mL$,也可高至 $95\mu g/mL$、$250\mu g/mL$,本书取平均值来代表此地区的颗粒物生物活性,图 7.8 是河南省三个煤矿区 PM_{10} 全样和水溶样的 TD_{50} 平均值的变化图。从图 7.8 可以看出,煤矿区城市冬季颗粒物的生物活性整体上大于夏季。夏季三个矿区平顶山大气颗粒物全溶部分的生物活性最强,义马大气颗粒物水溶部分的生物活性最强。冬季三个矿区颗粒物的生物活性差别不大,颗粒物全溶部分的生物活性大于水溶部分的生物活性。平顶山夏季颗粒物的生物活性来源于其中的可溶和不溶组分,其余季节样品颗粒物的生物活性均主要来源于水溶组分。

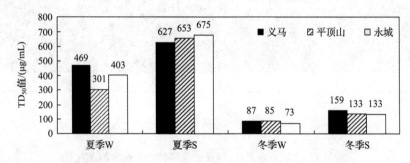

图 7.8　河南省不同煤矿区城市大气 PM_{10} 的 TD_{50} 平均值

课题组的其他成员曾使用质粒 DNA 评价法对大气颗粒物进行了较多的生物活性研究。李凤菊得出郑州冬季市区和郊区 PM_{10} 全样和水溶的 TD_{20} 值分别为 $120\mu g/mL$、$185\mu g/mL$ 和 $190\mu g/mL$、$255\mu g/mL$[92];肖正辉研究得出 2005 年兰州冬季 PM_{10} 全样和水溶部分的 TD_{20} 值分别为 $115\mu g/mL$、$320\mu g/mL$[91];Shao 等[261]研究表明,北京市区 2000 年 4 月～2001 年 9 月大气 PM_{10}(全样)样品的 TD_{20} 最小值为 $28\mu g/mL$,最大值大于 $1000\mu g/mL$,其中夏季和冬季 PM_{10} 的 TD_{20} 平均值分别为 $677\mu g/mL$ 和 $426\mu g/mL$。从河南省煤矿区的 PM_{10} 生物活性评价结果来看,单位质量颗粒物的生物活性大于北京、兰州等城市。

7.4.2　不同煤矿区城市大气颗粒物的生物活性的综合表征

前面已经提到,造成 DNA50％损伤的某种颗粒物的剂量浓度 TD_{50} 值越低,说明需要较少的颗粒物剂量就可以造成 50％DNA 的损伤,颗粒物的生物活性较强;反之,TD_{50} 值较高,说明需要较高剂量浓度才可以造成 50％DNA 的氧化性损伤。生物活性与 TD_{50} 值是负相关的关系。

颗粒物对人体健康的影响,除了与颗粒物的组成有关系外,还与人体接触颗粒物的量有关,即颗粒的浓度有关,一定时间内呼吸的空气中的颗粒物浓度越高,对人体健康的影响越大。因此,要判断某一时间某地大气颗粒物对人体健康的影响,除了用颗粒物的 TD_{50} 来判断颗粒物本身的生物活性外,还要考虑当时颗粒物的浓度。假设某地一段时间内的颗粒物浓度为 $a(\mu g/m^3)$,实验出的 TD_{50} 值为 $b(\mu g/mL)$,就可以定义一个新的量 a/b(单位为 mL/m^3)表示颗粒物对人体潜在的健康影响,其直接的物理意义是大气颗粒物浓度为 $a(\mu g/m^3)$ 的 $1m^3$ 空气中含有的颗粒物配成能致 DNA 损伤 50％的浓度为 $TD_{50}(\mu g/mL)$ 的水溶液体积 (mL),这个量越大,其对人体的潜在影响越大,这个量可以称为颗粒物的相对暴露量。这是一个综合指标,根据这个指标可以评价某地某时大气颗粒物对人体的潜在健康影响,它既考虑到了大气颗粒物浓度的影响,也考虑了颗粒物组成的影响。

对河南几个煤矿城市大气颗粒物的质粒 DNA 评价结果用相对暴露量评价 (表 7.8),可以明显看出,冬季 PM_{10} 对人体的影响一般情况下较夏季高;不同季节只要有霾污染天气出现时,PM_{10} 对人体的影响一般情况下较大。

7.5　煤矿区城市大气颗粒物的生物活性的相关性分析

7.5.1　煤矿区城市大气颗粒物的生物活性与其质量浓度的相关性分析

国内外大量的流行病学研究表明,可吸入颗粒物质量浓度的上升与疾病的发病率、住院率、死亡率有密切关系,尤其是呼吸系统疾病及心肺疾病。问卷抽查的结果表明,长时间暴露于 PM_{10} 中,其质量浓度每增加 $1\mu g/m^3$,所引起成人和儿童患慢性呼吸系统疾病的几率分别增加 0.31％和 0.44％。可吸入颗粒物的质量浓度目前是国内外环境保护部门制定空气质量标准的重要依据之一,是衡量空气质量的主要指标之一。但颗粒物的质量浓度与样品的生物活性是否有直接关系还未知,本节主要分析样品的质量浓度与其生物活性的关系。

图 7.9 显示了全样和水溶部分的 TD_{50} 值与质量浓度的关系。从图中可以看出,No.1 样品当水溶样的 TD_{50} 值为 $1000\mu g/mL$ 时,颗粒物的质量浓度达到 $400\mu g/m^3$,

表 7.8　河南煤矿区城市大气颗粒物质粒 DNA 评价结果的相对暴露量评价

样品序号	样品编号	采样时间	气温/℃	相对湿度/%	风向/风速/(m·s⁻¹)	天气	质量浓度/(μg·m⁻³)	样品种类	TD₅₀	相对暴露量	备注
No. 1	义夏1	2008.6.9~10	28.5	37	静风	多云	400.1	全样	1000	0.400	
								水溶样	1002	0.399	
No. 2	义夏4	2008.6.12	30.6	46.8	东南/1.7	多云转阴	245.6	全样	67	3.666	义马夏季
								水溶样	130	1.889	
No. 3	义夏5	2008.6.13	28.5	58.5	东北/1.3	多云	312.3	全样	340	0.919	
								水溶样	750	0.416	
No. 4	平夏1	2008.5.29~30	26.6	26	北/3.4	多云,扬尘	393	全样	430	0.914	
								水溶样	570	0.689	
No. 5	平夏2	2008.5.30~31	28.5	26.4	西北/1.1	晴	326.3	全样	290	1.125	平顶山夏市区
								水溶样	1000	0.326	
No. 6	平夏3	2008.5.31~6.1	30.1	32.1	西南/0.7	多云	320.1	全样	330	0.970	
								水溶样	470	0.681	
No. 7	平夏4	2008.6.1~2	29.2	26.4	东北/1.4	多云,雨	300	全样	600	0.500	
								水溶样	800	0.375	
No. 8	平新区夏6	2008.6.4~5	23.6	47.6	西北/2.2	晴	218.6	全样	240	0.911	平顶山夏郊区
								水溶样	825	0.265	
No. 9	平新区夏7	2008.6.5~6	28	35.5	东北/0.5	晴	206.4	全样	140	1.474	
								水溶样	365	0.565	
No. 10	夏季备用6	2008.6.8~9	28.9	49.1	静风	晴	86.1	全样	150	0.574	
								水溶样	180	0.478	

续表

样品序号	样品编号	采样时间	气温/℃	相对湿度/%	风向/风速/(m·s⁻¹)	天气	质量浓度/(μg·m⁻³)	样品种类	TD_{50}	相对暴露量	备注
No.11	永夏1	2008.6.19~20	27.3	79	南/1.7	多云·雨	133.6	全样	750	0.178	永城夏季
								水溶样	1290	0.104	
No.12	永夏2	2008.6.21~22	28.9	76	静风	晴	191.1	全样	55	3.475	
								水溶样	60	3.185	
No.13	义冬1	2008.12.15~16	11.4	35.3	西北/0.2	晴	185.6	全样	90	2.062	义马冬季
								水溶样	190	0.977	
No.14	义冬3	2008.12.17~18	4.5	47.4	冬/1.8	晴	244.6	全样	52	4.704	
								水溶样	105	2.330	
No.15	义冬4	2008.12.18~19	3.1	54.1	东南/0.9	晴	247.5	全样	108	2.292	
								水溶样	150	1.650	
No.16	义冬5	2008.12.19~20	4.4	44.9	西北/2.8	晴	244.6	全样	96	2.548	
								水溶样	190	1.287	
No.17	平冬1	2008.12.8~9	13	54.4	西南/2.2	晴	134	全样	360	0.372	平顶山冬市区
								水溶样	510	0.263	
No.18	平冬3	2008.12.10~11	6.8	58.1	东北/1.9	阴·轻霾	217.4	全样	43	5.056	
								水溶样	120	1.812	
No.19	平冬4	2008.12.11~12	7.9	60.5	西南/0.7	晴·轻霾	239.5	全样	98	2.444	
								水溶样	132	1.814	
No.20	平冬5	2008.12.12~13	6.3	61.8	西南/0.2	晴·霾	282.8	全样	84	3.367	
								水溶样	127	2.227	

续表

样品序号	样品编号	采样时间	气温/℃	相对湿度/%	风向/风速/(m·s⁻¹)	天气	质量浓度/(μg·m⁻³)	样品种类	TD_{50}	相对暴露量	备注
No.21	平新区冬6	2008.12.13~14	4	51.3	东北/1.1	晴	115.9	全样	110	1.054	平顶山冬郊区
								水溶样	158	0.734	
No.22	平新区冬7	2008.12.14~15	5.5	58.4	西北/0.2	晴·霾	136.5	全样	80	1.706	
								水溶样	120	1.138	
No.23	永冬1	2008.12.21~22	−3.5	23.5	北/3.2	多云	165.8	全样	385	0.431	永城冬季
								水溶样	430	0.386	
No.24	永冬2	2008.12.22~23	−3.3	35.9	东南/1.0	晴	132.8	全样	95	1.398	
								水溶样	250	0.531	
No.25	永冬4	2008.12.24~25	1.9	40.5	西北/0.4	多云	221.2	全样	95	2.328	
								水溶样	98	2.257	
No.26	永冬5	2008.12.25~26	1.2	36.3	西北/1.3	多云	165.8	全样	30	5.527	
								水溶样	51	3.251	

No. 11 样品当水溶样的 TD_{50} 为 1290μg/mL 时,颗粒物的质量浓度只有 134μg/m³。利用相关性分析可得,颗粒物的质量浓度和生物活性几乎没有相关性,这与李金娟研究北京地区颗粒物的生物活性特征相似,说明质量浓度并非评价颗粒物健康效应的唯一指标[283]。

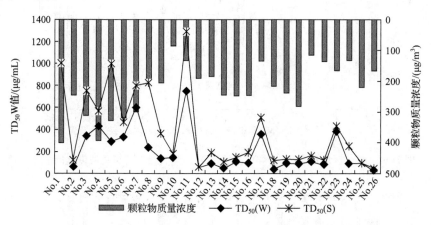

图 7.9　煤矿区城市 PM_{10} 全样的 TD_{50}(W)和水溶样 TD_{50}(S)值与其质量浓度之间的关系

7.5.2　煤矿区城市大气颗粒物的生物活性与微量元素总浓度的相关性分析

大气颗粒物的致毒效应越来越受到人们的重视,ATSDR 等研究表明,颗粒物中的金属离子可能在颗粒物毒效应中具有重要的作用,其中的一些微量元素,如 As、Be、Cd、Co、Cr、Hg、Ni、Pb、Rn 和 Se 被认为是致癌物质[262]。大多数研究结果认为颗粒物对肺生物活性的主要作用来源于可溶性部分[263],但是不可溶性部分作为异物往往引起免疫细胞反应,可以导致一些炎性介质如肿瘤坏死因子(TNF-α)的增加和大量炎性细胞的增加[264]。为查明煤矿区城市 PM_{10} 生物活性的来源,本项目利用 ICP-MS 法测定了 PM_{10} 全样和水溶部分中 Li、V、Cr、Co、Ni、Cu、Zn、Ga、As、Rb、Sr、Mo、Cd、Sn、Sb、Cs、Ce、Ba、Tl、Pb、Bi、Ti、Mn 等 23 种微量金属元素的浓度。并将这 23 种元素的浓度总和与相应的 TD_{50} 值进行了相关性分析,如图 7.10 和图 7.11 所示。

从图 7.10 可以看出 PM_{10} 的 TD_{50} 值与其相应的金属元素的浓度总和有弱相关关系,随着颗粒物浓度的增加,样品的 TD_{50} 值减小。其中 No. 11(永城夏季)微量元素的总浓度达到 16088.11μg/g,颗粒物全样的 TD_{50} 值为 1290μg/mL,与其他样品颗粒物的生物活性与微量金属元素总浓度的变化趋势相差很大,在做相关性分析时可以将特殊的点去掉,此次分析去掉 No. 11 样品。根据相关系数检验临界值表,当样品数量大于 20 时,在 0.05 的置信度水平下,它们之间的相关系数应大于 0.38,利用回归分析得出的煤矿区城市颗粒物全样的 TD_{50} 值与其相应的微量元

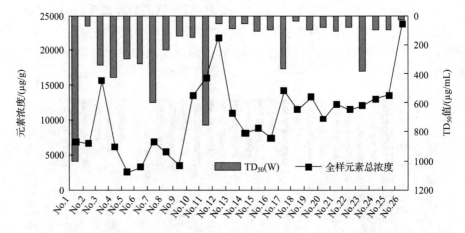

图 7.10 煤矿区城市 PM_{10} 全样样品的 TD_{50} 值与其微量元素总浓度之间的相关性

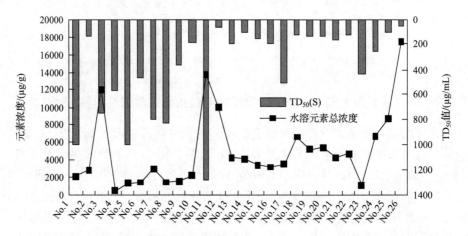

图 7.11 煤矿区城市 PM_{10} 水溶性样品的 TD_{50} 值与其微量元素总浓度之间的相关性

素总浓度之间的相关系数 $R=-0.33$，具有弱的负相关性。

图 7.11 显示了 PM_{10} 水溶部分的 TD_{50} 值与相应的 23 种微量元素水溶组分的浓度总和之间的相关关系。可以看出，它们基本上呈现出负相关关系，即 TD_{50} 值较小，23 种水溶性元素的浓度之和却较大。同样根据相关系数检验临界值表，它们之间的相关系数应大于 0.38，利用回归分析得出的煤矿区城市颗粒物水溶样的 TD_{50} 值与其相应的微量元素总浓度之间的相关系数 $R=-0.38$，具有负相关性。

通过上述分析可知，PM_{10} 全样部分的生物活性与全样元素浓度总和呈弱的负相关，而 PM_{10} 水溶部分的生物活性与水溶性元素浓度总和正好满足负相关。说明煤矿区城市全样和水溶部分 PM_{10} 的生物活性与对应的全样和水溶样微量元素的总浓度都具有相关性，且生物活性主要来源于水溶组分。

7.5.3 煤矿区城市大气颗粒物的生物活性与单个微量元素浓度的相关性分析

本节主要讨论 PM_{10} 样品中 Li、V、Cr、Co、Ni、Cu、Zn、Ga、As、Rb、Sr、Mo、Cd、Sn、Sb、Cs、Ce、Ba、Tl、Pb、Bi、Ti、Mn 等 23 种微量金属元素浓度与其相应的 TD_{50} 值之间的关系。

图 7.12～图 7.17 为全样 TD_{50} 值与相应的微量元素浓度的关系（去掉 No.11）。当样品数量大于 20 时，在 0.05 的置信度水平下，它们之间的相关系数应大于 0.38，利用相关性分析得出，与 TD_{50} 值具有关系的元素分别为 Pb（$R=$

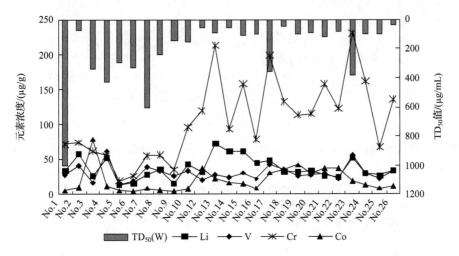

图 7.12 煤矿区城市 PM_{10} 的 TD_{50} 值与相应 Li、V、Cr、Co 微量元素浓度之间的关系

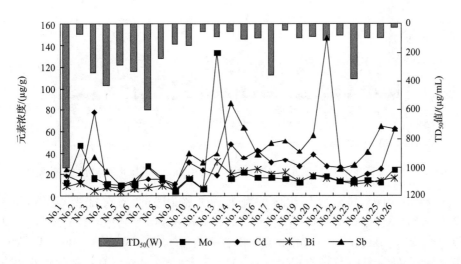

图 7.13 煤矿区城市 PM_{10} 的 TD_{50} 值与相应 Mo、Cd、Bi、Sb 微量元素浓度之间的关系

-0.46)、$Bi(R=-0.43)$、$Cs(R=-0.39)$、$Tl(R=-0.35)$、$Cu(R=-0.34)$、Sb
($R=-0.33$)、$Zn(R=-0.31)$,具有较强负相关性的元素为 Pb、Bi、Cs,而 Tl、Cu、
Sb、Zn 等元素具有弱的负相关性。

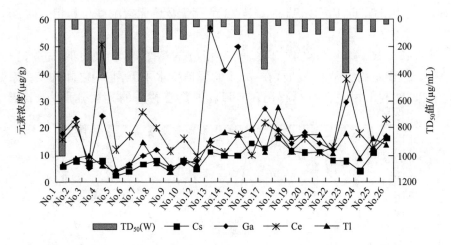

图 7.14　煤矿区城市 PM_{10} 的 TD_{50} 值与相应 Cs、Ga、Ce、Tl 微量元素浓度之间的关系

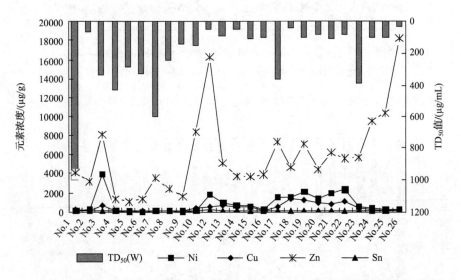

图 7.15　煤矿区城市 PM_{10} 的 TD_{50} 值与相应 Ni、Cu、Zn、Sn 微量元素浓度之间的关系

　　同样,水溶样 TD_{50} 值与相应的微量元素的相关性依次排序为 $As(R=$
$-0.61)$、$Cs(R=-0.61)$、$Bi(R=-0.58)$、$Tl(R=-0.53)$、$Pb(R=-0.49)$、Sb
($R=-0.49$)、$Sn(R=-0.48)$、$Cr(R=-0.49)$、$Ga(R=-0.39)$、$V(R=$
$-0.38)$、$Cu(R=-0.37)$、$Zn(R=-0.34)$、$Ti(R=-0.34)$。具有较强负相关性
的元素依次为 As、Cs、Bi、Tl、Pb、Sb、Sn、Cr、Ga、V 等。而通常被认为与颗粒物生

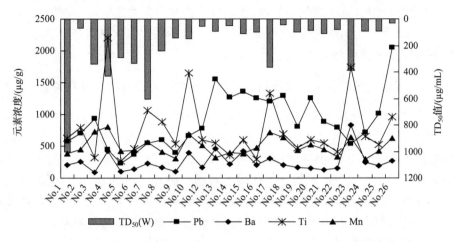

图 7.16 煤矿区城市 PM_{10} 的 TD_{50} 值与相应 Pb、Ba、Ti、Mn 微量元素浓度之间的关系

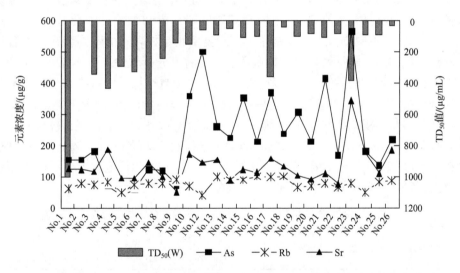

图 7.17 煤矿区城市 PM_{10} 的 TD_{50} 值与相应 As、Rb 、Sr 微量元素浓度之间的关系

物活性具有很大关系的 Zn,此次分析则只具有弱的负相关性。

As 常常被当作燃煤来源颗粒物的标识元素,它是一种典型的污染元素,具有潜在的生物活性。对煤矿区城市而言,As 的排放量大于其他城市。分析结果表明 PM_{10} 水溶部分的 TD_{50} 值与水溶性 As 具有强的相关性,而与全样 As 几乎不具有相关性,说明煤矿区城市 As 的生物活性主要来源于其中的水溶组分。Pb、Tl、Sb 等元素也来源于燃煤,Pb 在颗粒物中无论以哪种形式存在都具有生物活性,Tl 和 Sb 则以水溶状态存在时生物活性更强。除此之外,也发现全样和水溶样中的 Bi、Cs 也与颗粒物的生物活性具有相关性。通常认为对人体健康损伤最大的 Zn 和

Cu 在此次分析中只具有弱的相关性,说明煤矿区城市主要致生物活性物质不是通常认为的 Zn 和 Cu,可能与煤矿区城市的主要污染源是电厂、与煤有关的堆放场等这些特定的矿区城市污染源有关。

7.5.4　煤矿区大气颗粒物的生物活性与其颗粒物类型及其粒度分布关系

以物理特征为基础的假说,认为颗粒物的物理性质,比如个数、粒径大小和表面积,对人体的健康效应产生很大影响。颗粒物的个数决定了其进入人体的机会,而粒径的大小又决定了进入人体部位的程度,表面积的大小则决定了其表面吸附的有害物质的多少及其与机体相互作用的机会。因此,分析颗粒物的生物活性与颗粒物类型及粒度分布具有重要意义。本节分析颗粒物的生物活性与颗粒物类型的关系,不考虑颗粒物中金属元素含量等因素,仅考虑生物活性与颗粒物与颗粒物形貌类型和粒度分布的关系。

由第 3 章的研究结果可知,河南省义马、平顶山、永城各季节 PM_{10} 中主要有球形颗粒、烟尘集合体、规则矿物、不规则矿物和超细未知颗粒五种类型,在这一点上,不同矿区的不同季节无明显差异。不同类型颗粒物含量的不同会在某种程度上影响颗粒物的生物活性。通过显微数字图像粒度分析软件统计分析出每个样品的不同类型颗粒物的数量百分含量(表 7.9)。其中夏季煤矿区城市球形颗粒的数量百分比在 21.5%～28.9%,烟尘集合体在 30.5%～49.9%,规则矿物在 3.9%～7.3%范围内,不规则矿物在 17.3%～33.1%范围内;冬季煤矿区城市球形颗粒的数量百分比在 22.8%～32.0%之间,烟尘集合体在 16.7%～39.5%之间,规则矿物在 4.6%～10.3%范围内,不规则矿物在 31.0%～46.9%范围内。不同类型颗粒物的粒径均主要分布在 0.1～0.7μm 范围内,以细粒子为主。

表 7.9　煤矿区城市 PM_{10} 的微观形貌类型和数量百分比与其对应的 TD_{50} 值

采样地区	总个数/个	球形/%	烟尘/%	规则矿物/%	不规则矿物/%	$TD_{50}(W)$/(μg/mL)	$TD_{50}(S)$/(μg/mL)
义马夏季	977	21.5	44.8	6.9	26.8	469	627
平顶山夏季	4757	29.1	30.5	7.3	33.1	301	653
永城夏季	1594	28.9	49.9	3.9	17.3	403	675
义马冬季	2080	26.1	16.7	10.3	46.9	87	159
平顶山冬季	1959	22.8	39.5	6.6	31.0	85	133
永城冬季	1478	32.0	24.8	4.6	38.7	73	133

表 7.10 则显示了煤矿区城市 PM_{10} 中不同类型颗粒物的数量百分含量以及对应的全样和水溶部分的 TD_{50} 值之间的关系。根据相关系数检验临界值表,当样品数量 $n=6$ 时,在 0.1 的置信度水平下,线性回归系数 $R>0.62$ 时才具有相关性。

从表 7.10 可以看出,不规则矿物的数量百分比与颗粒物全溶和水溶部分的 TD_{50} 值成负相关关系,即不规则矿物颗粒数量越多,则颗粒物 TD_{50} 值越低,氧化性损伤能力越强。烟尘的数量百分比与全样 TD_{50} 值、水溶部分 TD_{50} 值都呈正相关关系,球形颗粒和规则矿物的数量百分比与 TD_{50} 值的关系不明显。Shao 等研究表明,烟尘的数量百分含量与颗粒物的氧化性损伤能力呈负相关关系,由于烟尘集合体的分形维数大,具有较大的比表面积,可以吸附更多的重金属而具有更大的生物活性[261]。而本次研究结果则表明,不规则矿物的数量百分比与颗粒物的生物活性呈正相关,烟尘集合体的数量百分比则与颗粒物的生物活性呈负相关,其中原因还有待进一步研究。

表 7.10 煤矿区城市 PM_{10} 各组分数量百分含量分别与全溶和水溶组分 TD_{50} 值的相关系数

$N=6$	球形颗粒	烟尘集合体	规则矿物	不规则矿物
$TD_{50}(W)$	-0.11	0.73	-0.34	-0.79
$TD_{50}(S)$	0.09	0.59	-0.3	-0.7

7.6 小 结

(1) 不同时间和地点采集的单位质量 PM_{10} 对 DNA 的氧化性损伤能力差别较大,河南省煤矿区夏季 PM_{10} 全样和水溶样的 TD_{50} 值可低至 $55\mu g/mL$、$60\mu g/mL$,也可高至 $1000\mu g/mL$、$1002\mu g/mL$,冬季 PM_{10} 全样和水溶样的 TD_{50} 值可低至 $30\mu g/mL$、$51\mu g/mL$,也可高至 $95\mu g/mL$、$250\mu g/mL$。

(2) 河南省煤矿区城市义马、平顶山、永城夏季 PM_{10} 全样和水溶样颗粒物生物活性的 TD_{50} 平均值分别为 $469\mu g/mL$、$627\mu g/mL$,$301\mu g/mL$ 和 $653\mu g/mL$,$403\mu g/mL$、$675\mu g/mL$;冬季全样和水溶样颗粒物生物活性的 TD_{50} 平均值分别为 $87\mu g/mL$、$159\mu g/mL$,$85\mu g/mL$ 和 $133\mu g/mL$,$73\mu g/mL$、$133\mu g/mL$。冬季单位质量颗粒物的生物活性明显大于夏季,且颗粒物的生物活性主要来源于其中的水溶组分。与国内其他城市相比,单位质量的颗粒物生物活性大于北京、兰州等城市。

(3) 河南省煤矿区城市 PM_{10} 全样的生物活性与分析的全样微量元素浓度的总和呈弱的负相关,水溶性颗粒物的生物活性与水溶性微量元素浓度的总和正好满足负相关。PM_{10} 全样的 TD_{50} 值与其相应的 Pb、Bi、Cs 等元素之间依次具有较明显的负相关性,与 Tl、Cu、Sb、Zn 等元素具有弱的负相关性;PM_{10} 水溶样的 TD_{50} 值与其相应的 As、Cs、Bi、Tl、Pb、Sb、Sn、Cr、Ga、V 等元素之间依次具有较明显的负相关性,与 Zn 具有弱的负相关性。

下篇　煤炭固体废物矿物学、地球化学及生物活性

　　煤炭固体废物包括煤矸石、粉煤灰、沸腾炉渣等煤炭生产、使用过程中产生的固体废物。煤炭固体废物是我国目前排放量最大的工业固体废物,大多露天堆放。煤炭固体废物在排放、堆积过程中,大量有害物质进入周围空气、水和土壤,污染周围大气、水和土壤环境,影响居民的身心健康,其危害程度与污染物的理化性质、有害重金属形态及含量等密切相关。

　　研究表明,矸石山的自燃会产生有毒有害气体和有害的烟雾,严重污染环境,影响附近居民健康,危害周围生态环境和农业生产。露天堆放的煤矸石,经日晒、雨淋、风化、分解,产生大量的酸性水或携带重金属离子的水,下渗损害地下水质,外流导致地表水污染。

　　燃煤飞灰或粉煤灰不加妥善处理,就会产生扬尘,污染大气;若排入河道会造成河流淤塞,而其中的有毒化学物质还会对人体和动物造成危害。

　　本篇主要研究煤矿城市煤炭固体废物的理化特征,研究其污染组分在不同环境介质(水、土壤和大气)、不同运移条件下的理化特征、重金属元素组成,利用质粒DNA方法对煤炭固体废物在整个环境系统中的生物活性进行了研究,评价了其生物活性强弱及产生原因。

8 煤炭固体废物矿物与化学组成特征

自然界中的矿物绝大多数都具有固定的化学组成和特定的晶体结构,X 射线进入矿物晶体后可以产生衍射,衍射的方向和衍射的强度与矿物中原子的分布有关,这是矿物晶体结构分析和矿物鉴定的必要依据[265]。X 射线衍射(XRD)技术是矿物学研究中的最基本的方法之一,它具有不破坏样品的结构、不改变矿物种属,对同质多象、类质同象可以作出比较准确的判断等特点,同时具有制样方法简单、谱图解释较快等优点,但也存在对于低含量($<1\%$)的矿物难以作出准确鉴定的缺点[266,267],尽管如此,XRD 技术仍然是鉴定矿物种类的首选方法。

8.1 煤炭固体废物样品采集

8.1.1 煤炭固体废物来源

本次研究所用的煤炭固体废物,主要采集于平顶山矿区(图 1.1)。

平顶山矿区位于河南省中部,是我国重要的煤炭工业基地,是典型的煤炭城市。平顶山煤业集团有限公司(以下简称“平煤集团”)是新中国诞生后我国自行勘探设计、开发建设的第一个特大型煤炭基地,现有 21 对生产矿井(重点矿井 17对),年生产原煤 3000 多万 t,地方小煤矿 72 对,年生产原煤 1000 多万 t。建矿以来,到 2006 年仅国有矿井就已累计生产原煤 6 亿多 t,为国家经济建设发挥了重要作用。

平顶山矿区是我国建矿比较早的老矿山,1955 年建矿以来,经过 50 多年的开发建设,随着煤炭资源的开发利用深度的加大,煤炭固体废物的排放、堆存及其对环境的影响也越来越大。矿区环境日益恶化,严重损害了生产、生活环境。为了保证经济与社会的可持续发展,加强平顶山矿区环境保护工作迫在眉睫。因而,研究平顶山矿区的煤炭环境问题,对矿区的持续稳定发展和改善平顶山地区的环境具有重要意义,而且对其他地区的煤炭环境问题也具有借鉴作用。

矸石山是煤炭城市的特殊“标志”。平顶山市在煤炭资源的开发过程中,先后形成了几十座矸石山,大风一吹,尘土飞扬,是本区环境污染的重要污染源之一。同时,地形地貌上,平顶山为三面环山的槽谷盆地,烟尘、煤尘不容易扩散,导致环境容量相当饱和。加上城市建设之初本着方便煤矿生产的原则,城区位于矿区包围中,给现在的市民生活和城市环境也带来了一系列问题。所以,尽管平顶山采取多种措施应对矸石山污染,市区空气质量也有了一定程度改善,但仍未彻底解决。2003 年,在全省矿业城市中空气质量倒数第一。目前,该市是国务院确定的 163 个重点监测城市之一。

平顶山市工业固体废弃物排放量呈上升趋势,排放情况如表 8.1 所示。

表 8.1 市区工业固体废物产生量及利用率

年份	产生量/万 t	粉煤灰/万 t	炉渣/万 t	煤矸石/万 t	综合利用率/%
2000	394.1	140.5	44.4	206.4	73.26
2001	457.6	135.7	48.1	260.3	66.90
2002	480.8	148.6	54.4	265.2	62.50
2003	466	150	52.6	255.2	65.30
2004	478.2	161.5	50.4	257.4	69.80

平顶山市每年煤炭开采量 4000 多万 t,是我国大型煤炭生产基地之一。该市以煤矿为依托,先后建设了姚孟电厂、鸿翔热电厂、平煤坑口电厂、蓝光电厂等 15 家燃煤电厂,总装机容量 185.4 万 kW,每年排放粉煤灰 210 多万 t,造成了巨大的环境污染。

平煤集团电厂粉煤灰排放概况如下。

目前,平顶山矿区共有六家火力发电厂,其中两家大型电厂采用大型循环流化床煤燃烧技术,各电厂均采用电除尘。

平煤集团现有自备电厂三座,均为低热值燃料电厂,分别为坑口电厂、矸石电厂和热电厂,总装机容量 85MW。每年燃用低热值燃料约 50 万 t,发电量 4.9 亿 kW·h,排放粉煤灰 17 万 t。其中坑口电厂粉煤灰贮存量已达 40 多万 t,灰场容积 45 万 t,几乎没有贮存空间;矸石电厂无固定排灰场,所排粉煤灰全部由农民承包拉走,随处堆放,严重污染环境;热电厂粉煤灰堆存量约 10 万 t,现有简易排灰场已基本排满。本次试验的研究课题是对矸石电厂粉煤灰堆积对周围环境的影响的研究。

平煤集团矸石电厂是一座以利用洗煤矸石、洗中煤为主要燃料的小型火力发电厂,现在双机双炉正常运行,年燃用低热值燃料 14 万～15 万 t,年发电 8000 万 kW·h,产生 2.8 万～3.0 万 t 沸腾炉渣,7.5 万～7.8 万 t 粉煤灰。将来按 3 台机组正常发电,年燃用低热值燃料 21 万～22.5 万 t,产生 4.2 万～4.5 万 t 沸腾炉渣,11.0 万～11.7 万 t 粉煤灰。该电厂先天设计上的一个缺陷是无固定永久排灰场,一直威胁着电厂的安全与稳定生产。

粉煤灰堆场位于矸石电厂西侧,仅隔一条公路,采用湿法排灰,经沉淀后冲灰水循环使用。湿灰每天定时捞出堆放在沉淀池周围临时灰场中,由周围农民承包拉走。目前,整个粉煤灰堆占地 100～150m^2,总体积有 200～300m^3。

煤矸石排放情况如下。

平顶山煤业集团现有生产矿井 21 对,洗煤厂 5 家,在生产过程中排放的采煤矸石和洗选煤产生的煤矸石直接堆放地表,先后形成 73 座矸石山及 3 个排灰场。现有矸石山 29 座,累计堆存矸石 570 多万 t,占地近 700hm²。近年来,随着庚组煤的开采,矸石中 FeS_2 含量增加,部分矸石山开始自燃。现有的矸石山中,有 17 座发生过不同程度的自燃,自燃矸石山占矸石山总数的 23% 左右。目前一矿、三环公司、四矿、六矿、十矿主矸石山和铁运处西斜排矸场煤矸石山正在自燃。煤矸石在自燃过程中排放 SO_2 等有害气体,引起大气环境污染。

同时,矸石山还占压土地,使区内耕地不断减少。矸石山除了占压土地,还严重污染土壤,露天堆放的煤矸石由原来的还原环境转变为氧化环境,加之长期风化、降雨淋溶等作用,使矸石中大量可溶性无机盐随淋溶水移至地表,在土壤的吸附作用下,相应元素在土壤表层富集造成土壤污染。与河南省土壤元素平均值对比,平顶山矿区土壤中除铬外,其他元素都有不同程度的超标,其中汞污染较为严重,如表 8.2 所示。

表 8.2　矿区土壤中金属元素含量

项目	Cu/(mg/kg)	Pb/(mg/kg)	As/(mg/kg)	Hg/(mg/kg)	总 Cr/(mg/kg)
＊河南省平均	19.7	19.6	11.4	0.034	63.8
一矿	31.5	26.5	10.7	0.09	53.4
六矿	27.6	21.8	11.1	0.06	56.6
八矿	20.4	18.5	14.4	0.07	46.0
十一矿	28.1	25.3	13.2	0.04	55.0
十二矿	21.9	18.5	11.6	0.06	41.9
高庄矿	29.9	26.3	10.4	0.08	57.8

＊引自中国环境监测总站主编"中国土壤元素背景值"(中国环境科学出版社,1990),矿区为实测。

8.1.2　煤矸石和粉煤灰样品采集

平顶山新鲜煤矸石从排矸口采集;风化矸石采自十二矿东矸石山。义马新鲜煤矸石采自义马市跃进矿矸石山。

平顶山粉煤灰和底灰均采自矸石电厂 2 号炉。该炉为湿法排灰,烟囱距离灰场约 50 米。

1) 矸石样品采集方法

按照煤层顶、底板、夹矸采集新鲜矸石,在矸石山采集风化矸石。采样量各约 5kg。

对于新鲜矸石,直接在出矸口采集。为保证所采样品具有代表性,随机选取 5

次排矸车上的样品,每次 2kg 左右,混合均匀放于保鲜袋中保存。对于风化矸石,在矸石山风化程度严重的坡面上选取 8 个采样点,均匀分布在整个坡面上,采样时,在每个采样点剥去表层 10cm 的矸石,然后采样。每个样品一般 2kg 左右,混合均匀放于保鲜袋中保存。

2) 粉煤灰样品采集方法

按照新排灰(当日排放的湿灰)和堆存灰(堆存时间在 1 年以内)分别采集,各约 5kg。

粉煤灰样品的采样点选在平顶山市十二矿矸石电厂煤灰堆放场,在煤灰堆选择 5 个采样点,每个点上采集 2kg 左右样品均匀混合。采样过程参照了国家相关标准并根据具体情况进行操作,尽量做到样品具有代表性和均匀性。采集的样品在室温下自然风干,剔除其中的杂质成分,然后用粉碎机逐级破碎过筛分为大于 120 目、120~200 目、200~300 目及小于 300 目四个粒径等级,分别装入不同的保鲜袋中以备后续实验使用。

8.2　煤炭固体废物的矿物和主要氧化物组成特征

8.2.1　煤矸石和粉煤灰的矿物组成

煤矸石的矿物组成借助 XRD 分析,在中国石油勘探开发研究院进行。将煤炭固体废物样品充分研磨,过 300 目筛后,用无水酒精将粉末颗粒均匀涂粘在载玻片上,再置于 XRD 样品台上分析,本次实验所用仪器为日本理学 D/MAX-2500X 衍射仪,实验条件:扫描速度∽3°(2θ)/min;采样步宽:0.01°(2θ),管压/管流:40kV/125mA;靶材为铜靶(Cu-Ka)。扫描范围一般为 5°∽45°,根据 X 衍射谱图峰顶标值 d 和 I/I0,使用计算机自动识别物相类型,对有疑虑的物相查询 JPDS 卡进行确定。实验结果如表 8.3 所示。

表 8.3　平顶山煤炭固体废物矿物组成 XRD 结果

编号	矿物种类和含量/%							黏土矿物总量/%
	石英	钾长石	斜长石	方解石	赤铁矿	莫莱石	非晶质	
G-06	14.0	0.5	1.0	1.9			48.3	32.6
GA-05	18.4						34.3	47.3
GC-05	16.3			0.6			40.0	43.1
GS-06	20.5	0.5					40.7	38.0
H-05	5.4	0.4	0.6	5.3	1.4	5.5	77.9	3.5
H-06	6.7	0.2	0.1	2.9	1.0	4.1	79.7	5.3

注:G 为矸石(G-06 为风化矸石,其余为新鲜矸石),H 为粉煤灰。

由表8.3可见,矸石的矿物组成以非晶质、黏土矿物和石英为主,粉煤灰的矿物组成以非晶质为主。其中矸石样品中石英含量站14.0%～20.5%,约为粉煤灰的3～4倍;黏土矿物总量在矸石样品中为32.6%～47.3%,而在粉煤灰样品中仅3.5%～5.3%;非晶质在粉煤灰样品中占77.9%～79.7%,在矸石样品中约占34.3%～48.3%。另外,粉煤灰样品的特征矿物组成中有莫莱石。风化矸石样品中鉴别出石膏矿物。这种不同的矿物组成可能是导致矸石、粉煤灰对质粒DNA的生物活性产生差异的重要原因之一。

表8.3还显示,风化矸石(G-06)和新鲜矸石的矿物组成也存在差异。风化矸石样品中鉴别出的矿物种类多,非晶质含量高,但其黏土矿物总量少于新鲜矸石,石英含量大致相同。风化矸石和新鲜矸石的XRD结果如图8.1和图8.2所示。

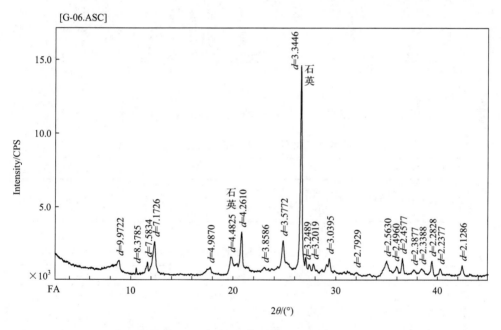

图8.1 平顶山风化矸石的XRD结果

8.2.2 煤矸石和粉煤灰的化学组成

1) 煤矸石化学组成

煤炭固体废弃物(煤矸石和粉煤灰)的化学组成在河南省分析测试中心完成,实验分析方法如表8.4所示。煤矸石化学组成测试结果如表8.5所示。

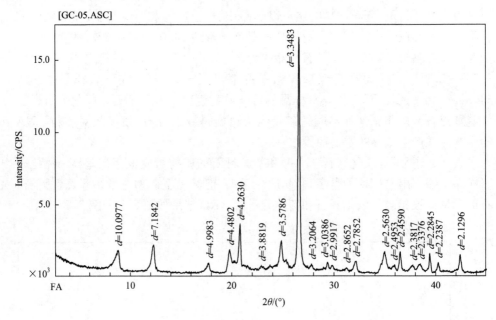

图 8.2　平顶山新鲜矸石的 XRD 结果

表 8.4　煤炭固体废弃物样品化学组成的分析测试方法

项目	SiO_2	Al_2O_3	TiO_2	Fe_2O_3	CaO	MgO	SO_3	Na_2O	K_2O	P_2O_5	烧失量
测试方法	重量法	容量法	比色法	重铬酸钾滴定法	EDTA滴定法	EDTA滴定法	重量法	原子吸收法	原子吸收法	比色法	重量法

表 8.5　煤矸石主要氧化物组成　　　　　　　（单位：%）

项目	风化矸石	新鲜矸石 1	新鲜矸石 2	新鲜矸石 3	YM 新鲜矸石
SiO_2	56.79	58.89	59.68	57.11	56.98
Al_2O_3	17.13	23.40	22.57	25.12	18.77
Fe_2O_3	5.09	1.86	1.52	2.44	5.64
TiO_2	0.89	1.44	1.38	1.72	1.54
CaO	2.12	0.74	0.28	0.30	0.18
MgO	0.92	0.48	0.61	0.49	0.25
SO_3	0.48	0.74	0.57	0.48	0.51
P_2O_5	0.050	0.073	0.032	0.023	0.055
K_2O	2.85	2.78	2.00	1.71	1.82
Na_2O	0.89	0.28	0.28	0.24	0.20
烧失量	12.12	9.44	9.54	9.36	12.62

注：YM 为义马,其余为平顶山样品。

可以看出,矸石样品成分以 SiO_2、Al_2O_3 为主,两者之和占总成分的 $73.9\%\sim$ 82.3%,其他成分含量不高。平顶山新鲜矸石中 SiO_2、Al_2O_3 含量略高于风化矸石和义马新鲜矸石,平顶山风化矸石与义马新鲜矸石在 SiO_2、Al_2O_3 含量上相差不大。义马新鲜矸石中 Fe_2O_3 含量较高,达 5.64%,而平顶山新鲜矸石中 Fe_2O_3 仅有 $1.52\%\sim2.44\%$,平顶山风化矸石中也达 5.09%,可见 Fe 在风化矸石中有所富集。

2) 煤矸石及粉煤灰微量元素组成

固体废弃物(煤矸石和粉煤灰)样品中微量元素的分析测试,在核工业部北京地质实验中心完成,应用 ICP-MS 法进行测定。ICP-MS 主要工作条件如下。

仪器型号:德国 Finnigan-MAT 公司生产 ELEMENT I (离子体质谱仪)。

ICP 条件:载气流量 0.99L/min;冷却气流量 13.00L/min;射频功率 1350W;辅助气流量 0.85L/min;玻璃同心雾化器;带水冷的玻璃雾室;带膜去溶进样装置。

MS 条件:镍锥,孔径 0.8mm;双聚焦磁质谱系统;分辨率 300~10000。

试样消解条件:称取 m＝(0.1000 ±0.0001)g 试样于聚四氟乙烯密闭溶样罐中,加 1mL 硝酸(1:1),3mL 氢氟酸混合均匀后加盖密闭,于微波炉上 1000W 预热 1.0min,冷却后转移到自动控温电热板上 160℃消解48h。

待消解完全后,冷却至室温,开启密闭盖,蒸至近干。加 1mL 高氯酸,蒸至白烟冒尽。冷却后,加 2mL 硝酸,于自动控温电热板上加热使盐类溶解,蒸至近干。加 1.5mL 硝酸,加盖旋紧密闭,于自动控温电热板上 160℃加热溶解 12h 后,冷却至室温,开启密闭盖,加盖摇匀,于自动控温电热板上 80℃保温 10h。

冷却后,开启封闭盖,将溶液转移至 50mL 容量瓶,用硝酸溶液清洗溶样罐,清洗液合并到该容量瓶中,再用硝酸溶液稀释至刻度,摇匀得到试样溶液 Ai。

必要时,可分取一定体积试样溶液 Ai 进行稀释。稀释倍数(x)视样品中被测元素的含量而定。稀释后,被测试样溶液 A_x 中的被测元素含量应落在工作曲线内。

ICP-MS 实验测试结果如表 8.6 所示。

由表 8.6 可见,微量元素中,矸石样品中 Cr、Cu、Ni、Co 等低于甚至远远低于中国大陆岩石圈中的含量,矸石样品中 Mo、Sn 含量与岩石圈中的含量基本一致。矸石中含量比较高的元素有 Zn、Pb、As、Se、Cd 等,但参照 GB15618-1995《土壤环境质量标准》,Cd、As、Pb、Cr、Zn、Ni 等重金属元素含量远远低于二级标准值,且参照对平顶山矿区煤矸石淋溶试验结果[268],以上元素都难以溶出,对环境无明显影响。

表 8.6　矸石和粉煤灰中微量元素含量　　　　（单位：μg/g）

项目	G-06	GA-05	GC-05	YM新	H-05	H-06	在中国大陆岩石圈中的含量
Li	98.0	101	98.6	76.8	260	266	17.6
Be	3.03	3.98	3.49	1.23	5.80	5.50	1.96
V	106	119	110	127	115	130	59.3
Cr	73.2	69.7	67.8	94.1	75.3	89.4	$1.72×10^3$
Co	20.0	22.2	15.6	14.9	19.6	20.9	51.3
Ni	32.3	30.0	26.9	34.4	42.8	50.6	$1.24×10^3$
Cu	36.3	32.3	33.2	44.9	88.1	72.2	38.8
Zn	124	96.2	125	108	76.9	75.2	72.4
As	7.99	3.06	3.09	40.4	9.37	6.43	1.20
Se	0.719	1.13	0.711	0.403	2.94	2.98	$8.00×10^{-2}$
Mo	1.08	0.820	0.658	0.812	2.49	1.89	0.87
Cd	0.235	0.130	0.187	0.335	0.616	0.393	$6.13×10^{-2}$
Sn	3.83	1.04	1.10	5.88	5.11	5.18	2.77
Sb	1.35	0.450	0.313	0.728	1.97	1.67	0.11
Cs	10.5	9.15	9.10	12.2	5.50	5.56	4.31
Tl	1.46	0.995	0.930	0.803	1.39	0.982	0.29
Pb	40.6	41.2	30.5	26.2	62.5	60.8	6.15
Bi	0.548	0.614	0.528	0.473	1.76	1.49	$8.15×10^{-2}$
Th	18.9	20.8	20.2	16.2	33.0	35.5	7.15
U	4.44	5.14	4.92	4.72	7.44	7.77	2.43

注：G-06 为平顶山风化矸石，GA、GC 为平顶山新鲜矸石，YM 新为义马新鲜矸石，H 为平顶山粉煤灰；表中"在中国大陆岩石圈中的含量"据文献[269]。

8.2.3　平顶山矸石电厂粉煤灰的物理、化学性能

1. 平煤集团矸石电厂粉煤灰样的化学分析

平煤集团矸石电厂为平煤集团自备电厂，以低热值的洗煤矸石、洗中煤为主要燃料。该电厂目前规模为 4 台 35t/h 沸腾炉，配套 3 台 6MW 汽轮发电机组，采用水膜除尘湿法排灰系统收集、排放粉煤灰。正常运行双机双炉，年燃用低热值燃料 14 万～15 万 t，年发电 8000 万 kW·h，产生 2.8 万～3.0 万 t 沸腾炉渣，7.5 万～7.8 万 t 粉煤灰。若运行 3 台机组，年燃用低热值燃料 21 万～22.5 万 t，产生 4.2 万～4.5 万 t 沸腾炉渣，11.0 万～11.7 万 t 粉煤灰。该电厂粉煤灰为灰黑色，颗粒较粗。由于矸石电厂无固定排灰场，所排粉煤灰全部由农村承包拉走，随处堆放，

严重污染环境。

在本次研究中对粉煤灰样进行主要氧化物分析,其分析结果如表 8.7 所示。由表 8.7 可见,该电厂粉煤灰主要由硅、铝和不定量的碳、铁、钙、镁、钾、钠、硫等组成。粉煤灰中的 $SiO_2 + Al_2O_3$ 含量为 65.66%~83.13%;Fe_2O_3 的变化范围为 4.32%~5.05%;CaO 的变化范围为 4.92%~7.33%;烧失量的变化范围较大,约为 2.47%~18.69%。研究发现,粉煤灰中硅和铝的氧化物含量相对较高,SiO_2 变化范围是 40.26%~54.19%,平均为 45.43%;Al_2O_3 变化范围是 25.41%~28.94%,平均为 26.95%;钙、镁的氧化物含量较低,铁含量一般,而硫的含量没有超过国家规定的各种标准。

表 8.7　平煤集团矸石电厂粉煤灰样的主要氧化物分析　　（单位：%）

项目	SiO_2	Al_2O_3	TiO_2	Fe_2O_3	CaO	MgO	SO_3	Na_2O	K_2O	P_2O_5	烧失量
H1	41.85	26.50	0.76	5.05	7.33	0.73	1.22	0.28	0.79	0.26	13.80
H2	40.26	25.41	0.63	4.32	5.90	0.67	1.98	0.38	0.83	0.28	18.69
H3	54.19	28.94	0.52	4.88	4.92	0.69	0.73	0.42	1.11	0.18	2.47

粉煤灰的细度测试,准确称取 50g 放于密封完好的 45μm 方孔振荡筛中,振荡 15min,取下振荡筛,经检查不再有细小颗粒从筛缝漏下为止,称取筛上物。采取平行双样的方法检查结果的准确性,结果以筛余物占取分析样品的百分数表示。经测定,平煤集团矸石电厂粉煤灰颗粒较细,细度为 55.9%。

2. 平煤集团矸石电厂粉煤灰样 X 射线衍射分析

平煤集团矸石电厂粉煤灰样品的 X 射线衍射分析结果如图 8.3 和表 8.8 所示。其固相组可分为无定形相和矿物相两大类。

1）无定形相

无定形相是由硅铝质等组成的玻璃相及少量无定形炭,是粉煤灰中的主要物相,占粉煤灰总量的 50%~80%。玻璃相的鉴定比较容易,在正交偏光下全消光;XRD 鉴定时,玻璃相短程有序而长程无序,可发现部分衍射峰的背景提高了。玻璃相的含量可根据总量减去炭分和结晶相求得。

2）矿物相

分析测试结果表明,粉煤灰中的矿物相比较简单,以玻璃相占绝对优势,结晶相含量不高,一般不大于 20%。较常见的矿物种类有石英、莫来石、方解石、磁铁矿、长石等。按矿物的来源和形成方式并参照火山岩研究的理论,可将上述矿物分为两大类:一类是继承性矿物,主要为石英等;另一类为后生矿物,有莫来石、方解石,还有少量的水滑石、水钙沸石、辉沸石、杆沸石、白钨镁沸石、氟镁钠闪石、针磷铁矿等、波缕石等。

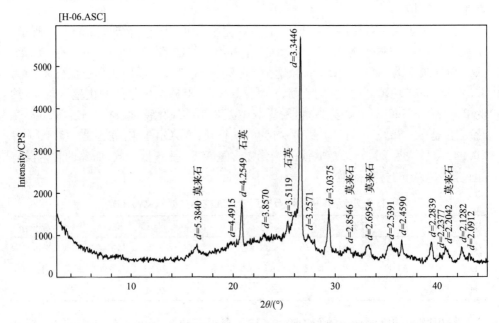

图 8.3　煤集团矸石电厂粉煤灰的 X 衍射曲线

表 8.8　煤集团矸石电厂粉煤灰矿物组成的 XRD 结果　　（单位：%）

编号	石英	钾长石	斜长石	方解石	赤铁矿	莫来石	非晶质	黏土矿物总量
H-05	5.4	0.4	0.6	5.3	1.4	5.5	77.9	3.5
H-06	6.7	0.2	0.1	2.9	1.0	4.1	79.7	5.3

1）继承性矿物

继承性矿物也称为残留矿物或原生矿物，是原煤中已经有的、在高温过程中未被熔融而得以保留下来的矿物。这类矿物在目前的实验条件下能够检出的只有石英。

石英（SiO_2）是组成地壳的最主要的矿物之一，在大多数沉积岩中占有绝对优势。测试表明，除个别例外它也是在煤或煤矸石中占第一位的矿物种类。石英是一种非常稳定的矿物，在很高的温度下也难以熔融，当温度升高时仅仅表现为结构的转变，所以粉煤灰中的石英大部分是继承性矿物。从所做的 XRD 分析可以看出，样品中石英是占第一位的矿物种类。粉煤灰中的石英主要来源于煤燃烧过程中未来得及与其他无机物化合的石英颗粒，不同种类燃料的煤灰中石英含量没有很大差异。

2）后生矿物

后生矿物是指原煤或矸石中没有的、在经过燃烧硅酸盐熔融后形成的矿物，包括熔体冷却过程中和形成粉煤灰后产生的矿物。这类矿物主要有莫来石和碳酸盐等。

（1）莫来石（$3Al_2O_3 \cdot 2SiO_2$ 或 $2Al_2O_3 \cdot SiO_2$）。通常粉煤灰中的玻璃体是主要的，但晶体物质的含量也较高，范围在 $11\%\sim48\%$，在所有晶体相物质中莫来石占最大比例，可达到总量的 $6\%\sim15\%$，是煤粉或煤矸石等燃料在电厂锅炉短促燃烧过程中形成的，是 Al 过饱和的 Si-Al 酸盐在极高的温度下形成的产物，一般见于耐火材料或陶瓷产品中。莫来石主要来自煤中的高岭土、伊利石以及其他黏土矿物的分解，莫来石含有较高比例的 Al_2O_3。因为该类矿物在自然界条件下不稳定，容易分解成黏土类矿物，所以在自然界很少见。在燃煤电厂中的粉煤灰，绝大多数都含有莫来石，这说明我国火电厂所产粉煤灰一般都是 Al 过饱和的 Si-Al 酸盐，但对于矸石电厂却不然，其含量较低。这与矸石电厂采用沸腾炉，燃烧温度低有关，沸腾炉的温度大多在 $800\sim900℃$，而莫来石的形成温度超过 $1000℃$[100,270]。

（2）碳酸盐。由 CO_2 与金属阳离子结合形成的一类常见矿物种类（族），大部分主要金属元素和微量金属元素均可形成碳酸盐矿物。其中方解石（$CaCO_3$）是自然界中分布较广的矿物之一。这在 XRD 分析中可以明显看出方解石的衍射峰。这类碳酸盐矿物一般都较稳定，仅方解石在溶液的 pH 改变时会缓慢分解。

（3）沸石。粉煤灰中沸石出现的情况较少，但在本次实验 X 射线衍射的结果中平煤集团矸石电厂粉煤灰出现了杆沸石和辉沸石。沸石的衍射峰与石英的衍射峰相重叠，不易区分，且峰值较低。沸石是含水的架状铝硅酸盐矿物，由 SiO_2 和 AlO_4 四面体的共同构成了格架，为开放结构，而且还有被水分子充填的大孔穴，这些孔穴可能在一、二或三个方向相互连通，因此，在脱水后，沸石晶体便具有一、二或三个方向的通道系统。电荷补偿所需的金属离子占据着通道或毗连孔穴的位置，这些位置通常有利于被其他阳离子交换。因而，沸石具有离子交换性和吸附分离性等。绝大多数天然沸石由火山玻璃灰和岩层中含有的碱性溶液反应形成。在自然条件下，由于温度、压力较低，且土壤溶液略带碱性，沸石的自然生成速度缓慢。

（4）针铁矿物。粉煤灰中的含 Fe 矿物可能来自于煤中的黄铁矿，黄铁矿通常以各种尺寸分布于煤中，在煤燃烧过程中，黄铁矿的行为将在很大程度上影响晶体颗粒的形成。本次检测，平煤集团矸石电厂粉煤灰中发现了磷铁矿，同时电镜照片显示出大量的玻璃微珠，其玻璃微珠很可能带有磁性。

（5）黏土矿物。高岭石是煤中主要的黏土矿物。煤在燃烧过程中，加热速度非常快，当石英温度超过 $1000℃$ 时，若没有与黏土矿物结合，将溶解于熔融的铝硅酸盐中，再随温度的升高，大约达到 $1650℃$ 将开始挥发；高岭土在 $400℃$ 时开始失水形成偏高岭土，当温度超过 $900℃$，偏高岭土将形成莫来石和其他无定形石英；伊利石是典型的富铁、镁、钾、钠的黏土矿物，当温度超过 $400℃$ 时开始分解形成铝硅酸盐;少量波缕石、绿泥石、水滑石属黏土矿物,它们是煤中的常见矿物,在粉煤灰中的出现疑为煤中的残留物。

(6) 无机组分。无机组分主要包括以下各种微珠和石英。其中空心微珠为圆形,粒度分布范围广,为 $5\sim200\mu m$,以 $60\sim100\mu m$ 粗微珠为主,透射光下为无色透明或呈乳白色,反射光下多呈乳白色。实心微珠呈圆形或浑圆形,粒度一般较小,为 $20\sim80\mu m$,单偏光下呈乳白色。正交光下全消光或偶见莫来石析晶。复合微珠呈不规则圆形,两球合一珠或一珠包容数球,粒度较大,以 $50\sim150\mu m$ 粗微珠为主。隐晶微珠呈不规则圆粒状,粒度较小,以 $20\sim30um$ 中微珠为主,个别玻璃微珠横切面上可见莫来石微晶,多呈放射状或沿切向分布,正交光下有光性,一级灰干涉色。磁铁微珠呈圆珠状,粒径不等,一般为 $20\sim50\mu m$,具有磁性,主要成分为磁铁矿。飞灰和底灰中均含碎屑石英,呈棱角状,粒度较小,但较均匀,在本次电镜实验中就有晶形较好的石英。本次所进行实验中的石英均为 α 石英,此石英是在低温环境中产生的,这与矸石电厂多使用沸腾炉致使燃烧温度过低有关。莫来石在天然矿物中很少见,它主要由高岭石或高铝钒土及高铝矿物烧结而成。莫来石晶体常见于底灰,单体多呈针状,少量呈短柱状,集合体呈现各种各样的显微构造,它具有良好的力学,化学和高温性能;玻璃质主要指底灰中的玻璃基质,无一定形态,呈基质状产出。粉灰中有机组分主要包括末燃尽的残炭、末变化和变化不明显的煤粒两大类:①残炭,据显微结构特征可识别出空气炭、网状炭、结构炭和末溶炭等几种类型,残炭的类型及丰度主要与岩石组成,变质程度和燃烧方式有关。空心炭和网状炭源自镜质组,结构炭和末熔炭主要源自惰质组。②煤粒,这类煤粒的光性特征基本与原煤颗粒类似同样发生变化。

由此可知,从粉煤灰中可分选出各种玻璃微珠、莫来石、残炭等。玻璃微珠大部分为外表光滑的球形颗粒,其主要晶体矿物组成与一般粉煤灰有本质的区别,它主要由硅线石和莫来石组成。

粉煤灰特别是烟煤的粉煤灰中,含有二价铁和三价铁,很多铁是以分散的氧化铁颗粒存在,形成与磁铁矿(Fe_3O_4)、磁赤铁矿(YFe_3O_4)和赤铁矿(Fe_2O_3)有关的尖晶石形态,分布于一些矿物中。其余的铁既可能存在于玻璃相中,也可能存在于莫来石或其他晶相中以转换离子形式出现。由于粉煤灰中铁的存在,对于 DNA 有损伤,应注意含 Fe 矿物的存在。

实验表明,矸石电厂化学组成主要为 SiO_2 和 Al_2O_3,矿物相中含少量莫来石(相对于普通的燃煤电厂,矸石电厂粉煤灰中含莫来石的量较小,这与矸石电厂的燃烧方式有关)。平煤集团矸石电厂粉煤灰的 X 射线衍射中出现莫来石的衍射峰(对应化学成分中的 Al_2O_3 含量均超过 25%)。莫来石是在 Al_2O_3-SiO_2 二元相图系统中唯一稳定的结晶硅酸铝,具有良好的化学稳定性;莫来石的典型化学成分为 $3Al_2O_3 \cdot 2SiO_2$。实际出现的矿相,其硅铝比有一定的范围,即 $Al_n[Al_{2+2x},$

$Si_{2-2x}]_nO_{10-x}$当 $x=0.4\sim0.6$ 时,就是莫来石固体。粉煤灰中非晶质和 SiO_2 对 DNA 的损伤,尚未有明确的结论,因此应加强对其机械损伤的研究,本研究试图从这一方面加以阐述,具有重要的探索意义。

8.2.4　平煤集团矸石电厂粉煤灰有害元素、微量元素分析

粉煤灰中除了含硅、铝、钙等常量元素外还有多种微量元素。各种微量元素在粉煤灰中的富集程度不同,这与微量元素本身的一些地球化学性质有关,元素的地球化学性质不同将会影响其在燃烧过程中的行为,如 As、Se、Pb、Zn 等挥发性元素在燃煤过程中易于气化挥发,在冷却过程中则易被细粒径灰吸附,因此,这些元素在细粒径灰中的富集程度就要比其他非挥发性元素的大;Be、W、Zr 等亲氧元素与 Zn、Mo、Pb、Ni 等典型的亲硫元素相比,由于氧化物相对于硫化物较难气化,因而前者在细粒径灰中的富集程度要比后者的小;同样,与有机质亲和能力较强的元素(如锗等)较其他元素气化挥发难,因而前者在细粒径灰中的富集程度要低一些[96,103]。

一般来说,绝大多数微量元素趋向于在细粒灰中富集,各种微量元素包括一些有毒、有害和放射性元素的富集程度很高,这些颗粒能长期滞留在大气中,一方面极易被人类或动物吸入体内影响健康,另一方面细粒径灰粒所携带的微量元素可对大气中某些有害的化学反应起着催化作用,影响大气质量,细粒径灰也最难于从烟道气或其他来源中去除。国外相当重视电厂细粒径灰的收捕,尽一切可能减少或不让其逸入大气,在采用多种除尘装置的基础上又发展了袋式除尘器,其除尘效率可达到 99.9% 以上。国内一些老式电厂的除尘效率较低,即使一些建厂年限不长,设备较先进和管理较好的电厂,其除尘效率也只有 98.5% 左右。漏尘通常都是细粒径灰,所占比例虽然不是太高,但其绝对值却非常惊人。以目前我国年排放粉煤灰 2×10^8t 估计,每年进入到大气中的细粒径粉煤灰至少将达到 3×10^6t,这些细粒径灰在大气中可能产生的各种危害尚无法估量。因此,亟待优化我国电厂的除尘装置,尽快提高除尘率。未能被除尘器捕获的超细飞灰是大气气溶胶的组成部分,因其表面往往富集有害元素,吸附到肺部后不易驱除,可能是诱发癌症的主要原因,此外,这部分飞灰在电厂附近沉降到地表后,会污染地表水体及植被。若采用湿法排灰,飞灰中有害元素会溶于冲灰水中,造成污染,堆放在储灰池中的粉煤灰因雨水淋溶,会污染地表及地下水。粉煤灰浸出液 pH 在 3~12 之间,高低不同,这可能与粉煤灰中 CaO 含量有关。平煤集团矸石电厂粉煤灰为碱性灰(pH 在 12 左右),浸出液的 pH 随着浸溶过程中溶解的 Ca^{2+} 和 SO_4^{2-} 浓度变化而变化,实验证明,浸出液 pH 与 Ca^{2+}/SO_4^{2-} 浓度比成正比关系。粉煤灰本身的酸碱性影响到浸出液的最终 pH,而浸出液 pH 的高低对微量元素的浸出速度和浸出浓度均有较大的影响,诸多淋溶试验结果认为,一般来说,在高 pH 的浸出液中,各微量元

素的浸出值均较低,细灰越多,富存的有害、微量元素越多[271-273]。

除了主要元素外,粉煤灰中尚含有一定量的镉、砷、铬、铅、汞、铜、锌、镍等对人体健康可能不利的微量有害元素,这些微量元素对环境的影响主要是通过浸出作用实现。但郑继东等[268]、余运波等[155]、王新伟等[274]的研究结果表明,粉煤灰中有害元素在水体中的浸出极微,基本不会影响环境水质,淋溶水质符合国家地表水水质Ⅱ级标准。

平顶山矿区固体样品(粉煤灰样品)有害元素、微量元素分析结果如表 8.6 所示。

表 8.6 显示,和在中国大陆岩石圈中的含量相比,粉煤灰中 Cr、Co、Ni 等的含量低;Zn 含量相差不大;其他元素在粉煤灰中含量较高,又以 Se、Pb、Tl、Cd 等高得比较多。

我国目前尚未颁布粉煤灰中有害物质的控制标准,仅提出了对农用粉煤灰中有害物质的控制标准(GB8173-87),参照该标准,所分析样品的有害元素的浓度远低于农用粉煤灰污染控制标准。参照对矸石电厂粉煤灰淋溶实验结果[268],从总体上看,虽然粉煤灰中所含的一些有毒有害元素不足以对农业环境产生明显的危害,使用是安全的,但是在长期淋溶过程中,从粉煤灰中淋溶出的有毒和有害元素的生物效应还不清楚,需要进一步研究。

8.3　煤矸石中有害微量元素的赋存状态

微量元素赋存状态主要是指微量元素的结合状态,也称为微量元素的存在形式。以前人们非常重视煤中微量元素的浓度,随着对微量元素研究的深入,人们逐渐认识到元素的赋存状态对环境的影响有时比浓度更为重要[275,276]。微量元素的赋存状态决定了其在加工和利用过程中释放的难易程度和生物活性,弄清元素在煤和矸石中的赋存状态,对准确评价元素的工艺性能、环境影响、作为副产品的可能性及其地质意义都是十分重要的。煤矸石中微量元素都有无机和有机态结合的可能性,只是结合的程度不同。有害微量元素若以有机态为主时,即微量元素参与到大分子结构中去,以碳氢键结合时,一般不容易淋溶出来;若以无机态或吸附态存在形式为主,以硫化物、硫酸盐、碳酸盐或其他化合物结合时,则在淋溶作用下,有害微量元素易分解出来,并进入淋溶液。因而有害元素在煤矸石中的赋存状态就成为了解有害元素化学活性大小的关键所在[277]。煤矸石中有害微量元素的状态受多种因素的影响,不同的状态适当的环境条件下是可以互相转化的。目前人们普遍认为可交换态包括水溶态活性大,比较容易被植物吸收。

对煤矸石中有害元素赋存状态可以用间接和直接方法来研究,间接方法包括浮沉实验、单组分分析、逐级化学提取、低温灰化+X 射线衍射与数理统计分析等。

直接方法包括电子探针显微分析、扫描电镜＋能谱或波谱分析、离子探针质谱分析和二次离子质谱、激光诱导探针质谱分析、同步辐射 X 射线荧光探针、能谱探针多元分析仪、共振管普法、电子光谱法与 X 射线吸收精细结构谱等。

本项目通过逐级提取分析方法分析有害元素的赋存状态,用一种或多种化学试剂萃取样品中的有害元素,根据有害元素萃取程度的难易,将样品的有害元素分成不同的状态。状态不同的有害元素其化学活性或生物可利用性也相应不同。国内外一些学者曾用此方法研究煤和煤灰,但步骤不尽相同[278,279]。一般应用的较多的是 Tessler 在 1979 年提出的序列提取法[280],它将元素分为五种状态:可交换态、碳酸盐结晶态、铁锰氧化物态、有机结合态和残渣态。欧共体在 1993 年提出了 BCR 法,将赋存状态分为水溶态、可交换态与碳酸盐态;铁锰氧化态;有机物与硫化物态三类,本次采用改进的 Tessler 五步逐级提取法。

8.3.1 矸石中各元素的赋存状态

有害元素的赋存状态不同,其释放至环境中的能力就大有区别。在煤矸石风化过程中,当其他组分如黏土矿物、碳酸盐矿物中有害元素释放出来后,赋存有害元素的稳定矿物则逐渐在残余体中富集。若大部分的微量有害元素没能从煤矸石中释放出来,煤矸石对生态环境的影响范围也就可能仅仅局限在煤矸石堆附近。所有有害元素在煤矸石中的赋存状态就成为了解有害元素化学活性大小的关键所在。本研究将煤矸石中有害元素分成以下几种赋存状态:

1) 离子可交换态

水溶态有害元素的含量一般较低,又不易与可交换态区分,因此常将水溶态合并到交换态中。离子可交换态是指有机质、黏土矿物及其他颗粒呈吸附状态结合的元素。可交换态有害元素一般是指可以被中性盐类提取剂提取的那部分有害元素,提取剂主要是以阳离子的性质来评价提取剂的性能,一般对阴离子作用考虑的不多。

可交换态一般认为是由于吸附—解吸作用的颗粒物表面的离子状态,用离子交换的方法即可将它们从样品上交换下来。该相是活性最强的部分,对环境条件的变化非常敏感,也是作物最容易吸收的部分,容易向水相转移。在环境中具有较高迁移性,进而污染水体及水中生物。

2) 弱酸提取态(碳酸盐态)

弱酸提取态是指那些沉淀或共沉淀的金属,进入弱酸盐晶格(以碳酸盐为主)并与之结合的元素,用温和的酸可以将之释放。弱酸提取态有害元素的迁移能力受 pH 的影响很大,其移动性和生物活性随着 pH 的降低而增加,对 pH 变化特别敏感,易被酸性水淋溶。这种有害元素仍然有可能为作物吸收,这与植物根系向土壤中分泌大量有机质有关。弱酸提取态有害元素含量取决于所产煤矸石的位置,在自然条件下受矸石堆外形,颗粒大小,降雨量及其强度、含水率等影响。

3) 可氧化态(硫化物及有机结合态)

这种形态的重金属元素或与沉积物中的有机质如烷烃、脂肪酸、腐殖酸等络合、螯合,或与硫化矿物结合共沉淀于沉积物中,只有较强的氧化剂才能将这部分重金属元素释放出来。通常用 H_2O_2、$NaOCl$、$Na_4P_2O_7$ 等提取剂提取。目前应用最广泛的方法是在酸性条件下用 30% 的 H_2O_2 氧化,再用醋酸氨提取。这种方法可以防止重金属离子的再吸附或再沉淀。

氧化物有很强的吸附富集作用,可与有害元素离子生成结核,也可作为颗粒包膜或颗粒间胶结物,在碱性氧化条件下稳定,而在酸性和还原条件下可淋溶,在用氧化剂(如 H_2O_2、$NaClO_4$)萃取还原煤矸石中的有机物时,这些氧化剂不仅可以氧化样品中的有机物,而且还可以氧化其中的硫化物。有害元素在有机相中是以络合和吸附的方式存在的。有机质结合态通过络合或螯合作用于煤矸石中不溶性有害元素。一般认为可氧化态具有海绵状结构,在碱性条件下可形成巨大的内、外"表面积",从而对有害元素离子有很强的吸附作用,这部分有害元素的环境影响与有机质的形成和降解密切相关。

4) 可还原态(铁-锰氧化物结合态)

在沉积物中,此形态的重金属元素一般被铁锰氧化物吸附或被铁锰胶膜包裹。虽然铁锰氧化物对重金属元素的结合能力很强,但在还原条件下不稳定,易释放出重金属元素,因此提取这部分重金属元素通常所用的提取剂是 $NH_2OH \cdot HCl$(盐酸羟胺)。

在可还原态中的易还原态有害元素是指以专性吸附或共沉淀的溶解铁、锰氧化物,在还原条件下可以将之释放。易还原态的有害元素被束缚的较紧,只有在氧化还原电位降低时,有害元素才有可能释放,因而对作物有潜在的危害,氧化和还原条件对其行为影响很大。

5) 残渣态

黏土矿物是煤矸石主要矿物成分,其化学成分为硅铝酸盐。经过上述多次提取后残存在煤矸石中的有害元素,主要以内质同象置换(同晶置换)进入矿物晶格的离子,故也可称为残渣态(或称为硅铝酸盐结合态)。这部分有害元素在矸石中很稳定,主要来源于天然矿物,如长石、石英、重砂矿物和黏土矿物等。

残渣态元素是与沉积物中原生矿物或次生矿物紧密结合的重金属形态,不能被以上提取剂所提取。通常采用碱融法或者 HF 与其他强酸(比如硝酸、高氯酸)的混合酸作为提取剂进行提取。由于碱融法存在一些问题,如易引入过量的盐分,给随后的分析测试带来困难,故现在一般采用混合酸作为残渣态重金属元素的消解液。

8.3.2　逐级提取实验所需器材和仪器

1）实验器具

50mL 及 100mL 容量瓶；滴管（玻璃和乙烯）；离心管（50mL 和 20mL）；50mL 小烧杯；搅拌棒（乙烯制品）；移液管称量瓶；聚四氟乙烯烧杯。

2）实验耗材

去离子水；定性滤纸；标签纸；氢氟酸；醋酸铵；醋酸钠；氯化羟铵；草酸铵；不少于 30.0% 过氧化氢；分析纯硝酸。

3）实验仪器

电动搅拌器；低速离心机（5000rmp）；TG328B 型分析天平；78-1A 磁力加热搅拌器；GZX-DH-30×35-BS 电热恒温干燥箱；PHS-3C 精密 pH 计；JY4001 电子天平；恒温水浴箱；电感耦合等离子质谱（ICP-MS）。

8.3.3　逐级提取实验具体步骤

1）总量的测定

在四个聚四氟乙烯烧杯中分别称取样品 50mg，另取一烧杯作空白，分别加入 3mL HF，1mL HNO_3，加盖盖紧，放到低温加热箱中 1800℃加热消解 48h，待溶液澄清之后补加 3 滴 $HClO_4$。加热至冒白烟，蒸发至近干，然后用提取 1∶1 硝酸水溶液，转移至 50mL 容量瓶中，用水稀释至刻度。

2）各种形态的提取步骤

准确称取 1g 样品于 50mL 离心管中，进行连续提取。

（1）可交换离子态。于离心管中加入 25mL 去离子水（pH＝7.0），在室温下搅拌 3h。然后置于离心机中以 3500r/min 的速度离心分离 30min，移出上部清液，再用 8mL 去离子水分两次洗涤并离心分离，将上清液及洗涤液均过滤收集于 50mL 容量瓶中，加入 1mL 浓 HCl，用水稀释至刻度，摇匀待测。

（2）弱酸提取态（碳酸盐结合态）。在上述经提取后的离心管中加入 1mol/L NaAc/HAc（pH＝5.0）8mL，在室温下提取 5h，其余步骤同（1），将上清液过滤后收集于 50mL 容量瓶中。

（3）可氧化态（硫化物及有机结合态）。在经提取碳酸盐结合态后的离心管中，加入 20mL 0.04mol/L $NH_2OH \cdot HCl$ 溶液，置于水浴中加热，间歇搅拌，在 95±1℃下恒温提取 3h，其余步骤同（2）。

（4）可还原态（铁锰氧化物结合态）。在经步骤（3）提取后的离心管中，加入 5mL 30% H_2O_2 和 3mL 0.02mol/L HNO_3，慢慢搅拌待反应平缓后，将离心管置于恒温水浴中，间歇搅拌，在 86±1℃下提取 1h。

(5) 残渣态。将提取后的离心管中的残余物,移入聚四氟乙烯烧杯中,加入 3mL 浓 HCl,1mL 浓 HNO₃,微热消解。如消解不完全,可继续补加少量 HCl 和 HNO₃,至消解完全。加入 0.5mL HClO₄,加热至冒白烟,蒸发至近干,然后用 5mL 1∶1 HCl 溶液提取,转移至 50mL 容量瓶中,用水稀释至刻度。

将以上各步所得溶液在 ICP-MS 上进行测试,由工作曲线法测得各个元素含量。

8.3.4 实验结果和分析

1. 所选微量元素含量

美国科学院在 1980 年列出一些与环境和人体健康有关的元素[281],将煤中的元素分为 6 类,如表 8.9 所示。

表 8.9 煤中微量元素的分类

类别	元素	危害状况
I	As、B、Cd、Hg、Mo、Pb、Se	需要特别关注
II	Cr、Cu、F、Ni、V、Zn	需要关注
III	Ba、Br、Cl、Co、Ge、Li、Mn、Sr	需加以关注
IV	Po、Ra、Rn、Th、U	放射性元素
V	Ag、Be、Sn、Tl	在煤和残余物中很少富集
VI	除上述元素以外的元素	对环境基本上无危害

时宗波等[282]研究大气颗粒物污染与元素关系时选取 V、Mn、Fe、Cu、Zn、As 和 Pb 元素;李金娟[283]选取了 Ti、V、Cr、Mn、Fe、Ni、Cu、Zn、Sn 和 Pb 等元素。综合以上研究结果,并结合本次实验条件,本实验选取了 Cr、Cu、Ni、Zn、As、Sn、Pb 和 Cd 8 种元素进行形态分析。ICP-MS 实验结果如表 8.10 所示。

表 8.10 煤矸石微量元素含量 （单位：μg/g）

样品	Cr	Cu	Ni	Zn	As	Sn	Pb	Cd
PDS 新鲜	97.5	36.5	34	70.7	19.5	5.81	24.6	0.223
PDS 风化	86.6	39.8	26.5	92.6	30.2	2.32	32.2	0.239
YM 新鲜	94.1	44.9	34.4	108	40.4	5.88	26.2	0.335

注：PDS 代表平顶山,YM 代表义马。

从表 8.10 中可以看出,义马新鲜矸石在微量元素含量上都要高于平顶山矸石。而对于平顶山矸石而言,风化矸石中 Cu、Zn、As、Pb 和 Cd 元素含量略高于新鲜矸石。

2. 不同矸石中各赋存状态下元素含量及百分比

各种矸石实验结果如表 8.11~表 8.13 所示。

表 8.11 平顶山新鲜矸石元素赋存状态

赋存状态		测定平均结果/(μg/g)							
	元素	Cr	Cu	Ni	Zn	As	Sn	Pb	Cd
离子交换态	浓度	0.514	0.083	—	0.868	0.045	—	0.003	—
	/%	0.53	0.23	—	1.23	0.23	—	0.01	—
弱酸提取态	浓度	8.2	13.2	4.48	10.7	0.066	0.006	2.69	0.024
	/%	8.41	36.16	13.18	15.13	0.34	0.1	10.94	10.76
可氧化态	浓度	4.15	2.69	3.76	8.94	0.846	—	3.04	0.012
	/%	4.26	7.37	11.06	12.65	4.34	—	12.36	5.38
可还原态	浓度	9.81	7.39	5.9	13.7	0.506	0.053	5.74	0.03
	/%	10.06	20.25	17.35	19.38	2.59	0.91	23.33	13.45
残渣态	浓度	76.3	12.8	20.3	37.2	18.4	5.75	13.3	0.16
	/%	78.26	35.07	59.7	52.62	94.36	98.97	54.07	71.75

注：—表示未检出。

表 8.12 平顶山风化矸石元素赋存状态

赋存状态		测定平均结果/(μg/g)							
	元素	Cr	Cu	Ni	Zn	As	Sn	Pb	Cd
离子交换态	浓度	0.3	0.07	—	0.27	0.03	—	0.012	—
	/%	0.35	0.17	—	0.29	0.09	—	0.04	—
弱酸提取态	浓度	8.37	11.7	5.32	13	0.199	0.002	2.4	0.048
	/%	9.67	29.39	20.08	14.04	0.66	0.09	7.45	20.08
可氧化态	浓度	3.1	4.04	2.02	11.4	0.85	—	6.05	0.017
	/%	3.58	10.15	7.62	12.31	2.8	—	18.79	7.11
可还原态	浓度	6.99	9.53	3.92	17.5	0.46	0.028	6.26	0.036
	/%	8.07	23.95	14.79	18.89	1.53	1.207	19.44	15.06
残渣态	浓度	67.2	13.9	15.1	49.9	28.4	2.27	17	0.137
	/%	77.6	34.93	56.98	53.89	94.1	97.85	52.8	57.32

注：—表示未检出。

从各矸石样品元素含量中可以看出，各元素在离子交换态含量都很低，可见大部分元素都以较稳定的形式存在。As 和 Sn 元素主要以残渣态存在，与硅铝酸盐结合形成较稳定的化合物,在各样品中所占比率都达到 95％以上,最高甚至到 99.15％。Pb 在平顶山矸石样品中约 50％以非残渣态存在,而在义马样品中非残渣态的仅占 20％。Cr 元素也大量以硅铝酸盐态存在,各样品中所占比率都达 75％以上。其余元素则相对活跃,在除离子交换态的各种形态下都有一定含量。

表 8.13　义马新鲜矸石元素赋存状态

赋存状态		测定平均结果/(μg/g)							
	元素	Cr	Cu	Ni	Zn	As	Sn	Pb	Cd
离子交换态	浓度	0.88	0.033	—	0.06	0.08	—	0.01	—
	/％	0.94	0.07	—	0.06	0.19	—	0.04	—
弱酸提取态	浓度	8.54	10.1	6.15	15.3	0.33	—	2.1	0.07
	/％	9.08	22.49	17.88	14.17	0.84	—	8.02	21.49
可氧化态	浓度	3.54	0.93	3.53	11.4	1	—	1.18	0.04
	/％	3.76	2.07	10.26	10.56	2.48	—	4.5	10.75
可还原态	浓度	11	12.2	5.21	19.9	1.2	0.05	2.58	0.06
	/％	11.69	27.17	15.15	18.43	2.97	0.87	9.85	18.51
残渣态	浓度	70.8	21	19.7	62	38.2	5.83	20.9	0.17
	/％	75.24	46.77	57.27	57.41	94.56	99.15	79.77	49.85

注:—表示未检出。

3. 测定元素赋存状态分析

各元素在不同样品中的赋存状态如图 8.4～图 8.11 所示。

铬(Cr)主要有金属铬、三价铬和六价铬三种存在形式,其中铬金属在自然状态下不存在。研究表明,六价铬化合物在人体内具有致癌作用,并且主要通过呼吸作用引发鼻腔和肺部的癌变。六价铬化合物已被国际癌症研究中心(IARC)明确为人类致癌物[284]。

铬的赋存状态分布如图 8.4 所示,以残渣态为主,平均分布比率占 77％,其次是在弱酸提取态和可还原态中有所存在,分别占平均分布比率的 9.05％和 9.94％,可氧化态仅少量存在。从不同矸石样品分析,铬在新鲜矸石与风化矸石中所占的比率相差不大,风化矸石中的铬仅在可氧化态和可还原态略低于新鲜矸石。铬可吸附在有机质中,也可结合到不可溶的成灰组分中,暂时无法解释此现象。其他观点认为煤中存在两种铬的主要形态:一种是较少的存在方式(总铬量的10％～50％)和黏土矿物相关联;另一种是主要的存在形式(总铬量的 50％～90％)与煤中的有机组分相关联。总体而言,铬在矸石中的赋存状态不利于其溶出,在酸雨淋溶等条件下会有少量溶出。

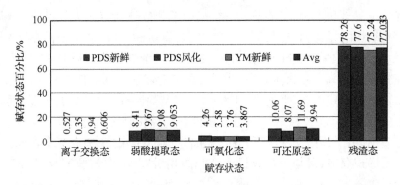

图 8.4　Cr 赋存状态分布

铜(Cu)对于人体的健康至关重要,但若暴露水平过高或摄取量过多可能会引发皮肤炎症及喉痛、咳嗽等症状。相关研究也表明,Cu^{2+} 具有较强生物活性,可以引起老鼠体内炎症和细胞生物活性[283]。铜的赋存状态分布如图 8.5 所示,弱酸提取态平均 29.3%,可氧化态平均 6.53%,可还原态平均 23.8%,残渣态平均 38.9%,可氧化态所占比率较少,平均仅 6.5%。铜较其他元素而言,具有较强的形成络合物的倾向,而且形成的螯合物具有较强的稳定性。义马新鲜矸石中的铜主要以残渣态和可还原态存在,弱酸提取态和可氧化态含量较少,可见义马矸石中铜大多以稳定形式存在,并且比平顶山矸石在可还原态和残渣态的百分比要高,义马矸石中的铜更不易析出。而对于平顶山矸石,风化矸石中铜在可氧化态及可还原态中的比率都高于新鲜矸石,铜在风化过程中与有机物及 Fe-Mn 氧化物不断融合,形成更稳定的物质而不易溶出。但由于在弱酸提取态中铜所占比率也很高,若受酸雨影响,弱酸提取态中的铜则很容易析出,而且已有实验证明,煤矸石中铜元素随着溶液 pH 的降低时析出量增加。而且以可还原态形式存在的铜,当处于还原环境(如浸泡)时,也容易使铜析出。总体看来,铜元素的赋存状态比较多样,残渣态仅占了不足 40%,可见在自然环境中铜还是比较活跃的。

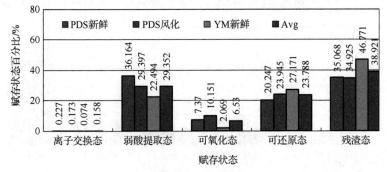

图 8.5　Cu 赋存状态分布

锌(Zn)是人体必需的微量元素之一,目前研究认为锌是大气可吸入颗粒物中生物活性最强的元素,并且与 Fe^{3+} 和 Cu^{2+} 具有协同作用,单一 Zn^{2+} 的生物活性明显小于水溶性的 Fe、Cu 和 Ni,而将 Zn^{2+} 与 Cu^{2+} 混合进行质粒 DNA 实验时,所产生的细胞损伤比单一元素时要高[285]。锌的赋存状态分布如图 8.6 所示,主要与硅酸盐结合赋存于残渣态,平均占 54.6%,并且其弱酸提取态、可氧化态和可还原态分别占 14.4%,11.8% 和 18.9%。新鲜矸石与风化矸石中的锌在各个形态下所占比率相差不大,平顶山与义马矸石中锌在各赋存状态的含量也基本相同。锌部分以有机质形式存在,但与硫及有机质结合的相对较少,而与弱酸及 Fe-Mn 氧化物结合相对较强,这与赵峰华研究煤中锌的赋存状态结果相同[131]。弱酸提取态在酸性环境中容易析出锌,但浸泡实验溶液则是弱碱性的,反而抑制了锌的析出。总体来看,不同地点,不同风化程度的矸石中锌的赋存状态反而相差不大,酸雨会影响锌的析出。

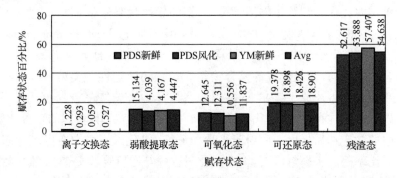

图 8.6　Zn 赋存状态分布

镍(Ni)在自然界中分布很广,但在人体中含量极微。研究表明镍对肺和呼吸道有刺激和损伤作用,导致吸烟者更易患肺癌,并且水不溶性镍盐的致癌作用更高[286]。矸石中镍赋存状态分布如图 8.7 所示,主要赋存于残渣态(57.9%),其次是弱酸提取态及可还原态,在可氧化态也有少量分布。新鲜矸石中镍与硫化物、有

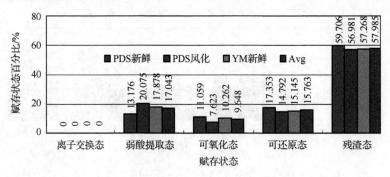

图 8.7　Ni 赋存状态分布

机质的结合量要大于风化矸石,而风化矸石中的镍在弱酸提取态所占比率明显上升,可能是矸石在堆放、风化过程中,镍由不易释放的组分向容易释放的组分迁移。许多学者对煤中镍的赋存状态进行研究[276],发现不同地点的煤中镍的赋存状态不同,有的存在于硫化物中,有的部分还与有机质结合,大部分存在于尖晶石,还有的认为与黏土矿物及大分子结构有关。因而,可以看出,镍在矸石中赋存状态受煤的影响也是十分复杂的。

　　砷(As)作为环境敏感元素,对生态环境及人体健康危害极大,而其生物活性的强弱与其赋存状态及溶解性有很大关系,一般认为煤中的砷主要以无机态和有机态形式存在。矸石中砷的赋存状态分布如图 8.8 所示,可见砷主要赋存于残渣态,平均占 94.3%,在可氧化态及可还原态中少量存在。并且在各个形态下,新鲜矸石中砷所占百分比要高于风化矸石,一般认为,矿物质中的砷主要赋存于黏土矿物、方解石及硫铁矿中,以类质同象置换或吸附于铁锰氧化物中或吸附于煤的有机显微组分或存在于煤大分子中,经过风化后矸石中的砷容易与 Fe 发生置换,导致其易于风化分解,迁移性增强,使其含量百分比下降。

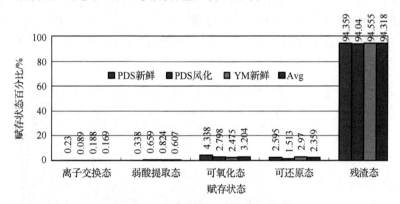

图 8.8　As 赋存状态分布

　　锡(Sn)具有亲氧、亲铁、亲硫的三重性,研究认为煤中锡主要以氧化物和硫化物形式存在,部分与硅铝酸盐有亲和性[276]。矸石中锡的赋存状态分布如图 8.9 所示,不同的矸石中锡主要赋存于残渣态,平均占 98.6%,在其他各态含量可忽略不计。可见锡在矸石中以较稳定的状态存在,不易受到环境因素的影响。

　　铅(Pb)是一种对全身组织有广泛亲和力的元素,大量研究表明,铅会使细胞的氧化还原状态发生变化,促进组织和细胞产生自由基。近年来随着研究工作的不断深入,对铅的遗传生物活性及致癌性危害有了更多新的认识。在美国卫生与人类健康部(HHS)颁布的最新的第 11 版"2004～2006 年致癌物报告"中,铅及铅化合物已被列入新的致癌物质名单[287],而 DNA 氧化损伤被认为是铅诱导癌症发生的重要机制之一[288]。矸石中铅的赋存状态分布如图 8.10 所示,主要以残渣态

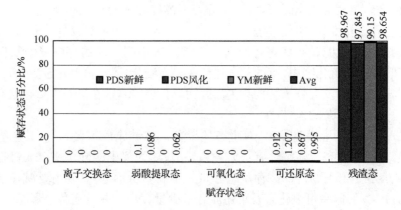

图 8.9　Sn 赋存状态分布

形式存在。义马新鲜矸石中残渣态的铅占 79.7%，其他态所占比率很低，不足 10%。平顶山风化矸石中的铅在可氧化态百分比高于新鲜矸石，可能原因是在风化过程中，铅与硫化物及有机物逐渐结合，形成稳定的物质，这与大多数学者认为的煤中铅主要以方铅矿(PbS)形式存在结果类似[276]，而且若与有机质结合其吸附性会更强。在弱酸提取态及可还原态平顶山新鲜矸石中铅的百分比要高于风化矸石。

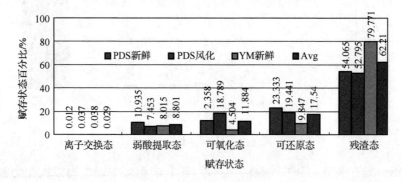

图 8.10　Pb 赋存状态分布

镉(Cd)不是人体必需微量元素，新生体内不含镉，镉主要通过呼吸道和消化道侵入人体。研究表明，镉与肺癌的发生有密切关系，镉能影响细胞凋亡和增生的有关基因和蛋白质的表达，还能影响细胞内的调控系统，引起 DNA 单链断裂，并损害 DNA 修复系统，导致细胞凋亡[289]。镉在矸石中的赋存状态分布如图 8.11 所示，主要赋存于残渣态及弱酸提取态，其次是可还原态及可氧化态。平顶山风化矸石中的镉在弱酸提取态、可氧化态和可还原态中所占比率都高于新鲜矸石，可能原因是矸石在堆积风化过程中矸石中的镉不断从难溶稳定的残渣态向相对易溶不稳定的其他赋存状态转换。而义马新鲜矸石中的镉在弱酸提取态、可氧化态和可还原态中所占比率均高于平顶山矸石。

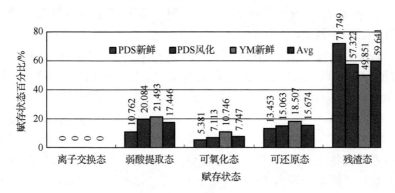

图 8.11 Cd 赋存状态分布

上述实验每一提取步骤提取出元素的赋存状态,在表生条件下也是容易被风化而带出煤矸石中的状态,而在残留物质中的那部分元素主要是赋存于硅铝酸盐矿物晶格中,它们在自然条件下是稳定的,因此,上述五步浸取出的元素含量之和代表了每一元素在自然条件下可能被带入表生环境中的总量,该总量占煤矸石中各元素含量的百分比的大小反映了煤矸石中这一元素在表生环境下的化学活动性。

综合以上数据可以看出,除去 Sn、As 和 Cr 主要以残渣态存在外,其他元素在弱酸提取态、可氧化态和可还原态均有一定比率分布。虽然在一般情况下其不易发生迁移,但如 Zn、Pb、Cu 等由于大量赋存在还原环境中形成的硫化物(如黄铁矿)中,在遇到地表水或暴露于空气中后开始发生分解,同时产生大量酸性废水(AMD)。这种酸性水具有很强的浸取能力,可以将煤矸石中相当部分的微量元素,特别是潜在有害微量元素带入表生生态环境中,造成严重的环境污染,尤其是酸雨严重的地区。此外,许多矸石山发生自燃,其内部温度可达 1000℃,高温条件下也会导致各种化合物的分解与重组,使微量元素发生迁移。

8.4 小   结

(1) XRD 实验结果显示,平顶山矸石矿物种类较少,非晶质含量低,风化矸石石英含量 31.8% 左右,黏土矿物含量 53.4%,新鲜矸石中石英含量在 42.1% 左右,黏土矿物 45.5% 左右;义马新鲜矸石在石英与黏土矿物成分方面与平顶山矸石相差不大,仅矿物种类略多。粉煤灰中非晶质含量高,将近 80%,几乎为矸石的 5 倍,而石英和黏土矿物少,均只有其 10% 左右,其他矿物种类较矸石要多。

(2) 化学全分析结果显示,矸石中 $SiO_2 + Al_2O_3$ 含量高,占 80% 左右,又以

SiO_2 为主；粉煤灰中，$SiO_2+Al_2O_3$ 含量与矸石中比较接近，但 SiO_2 和 Fe_2O_3 含量减少，Al_2O_3 含量增加，粉煤灰粒度较细。可能因残炭、有机质含量较高，矸石和粉煤灰中烧失量都比较大。

（3）微量元素测试结果显示，矸石中 Zn、Pb、As、Se 等含量高，而粉煤灰中 Se、Pb、Tl、Cd 等含量高。义马新鲜矸石在微量元素含量上都要高于平顶山矸石。平顶山风化矸石中 Cu、Zn、As、Pb 和 Cd 元素含量略高于新鲜矸石。

（4）Sn、As 和 Cr 主要以残渣态形式存在，较为稳定。Cu 的赋存状态主要是残渣态、弱酸提取态和可还原态，分布比率分别占 38.9%、29.3% 和 23.8%，具有较强溶解性及生物活性。Zn 赋存状态主要为残渣态，平均分布比率为 54.6%，弱酸提取态和可还原态分别占 14.4%、18.9%，可氧化态占 11.8%，也有一定的溶解性及生物活性。Ni 的赋存状态与 Zn 类似，残渣态占大多数，占 57.98%，弱酸提取态和可还原态相差不大，可氧化态占 9.3%。Pb 主要以残渣态和可还原态为主，两者之和占 79.7%，其次为可氧化态、弱酸提取态。Cd 的赋存状态以残渣态、弱酸提取态和可还原态为主，三者平均占 92.3%，少量存在于可氧化态。

（5）煤矸石中潜在有毒微量元素的化学活性取决于其在煤矸石中的赋存状态。存在于可交换态、碳酸盐态、硫化物和部分有机相中的元素在风化过程中很容易被带出，而存在于硅酸盐矿物相中的元素在表生条件下是非常稳定的。结果表明，Cu、Zn、Ni 和 Cd 等元素具有很强的化学活性，Pb 和 Cr 的活性次之，Sn 和 As 活性最弱，在多种形态中均未检出。

（6）结合对煤矿区城市大气颗粒物中微量元素的分析可以看出，煤矸石中含量较高的微量元素（如 Zn、Pb 等）在煤矿区城市大气颗粒物中含量也较高，煤矸石中含量较高的微量元素（如 Zn、Pb 等）与煤矿区城市大气颗粒物的一致性较粉煤灰更强，说明煤矸石对煤矿区城市大气颗粒物影响更大。

（7）由于存在于煤矸石中的 Cu、Zn、Ni、Cd、Pb 和 Cr 等元素的化学活性较强，在煤矸石风化过程中容易被带出，这和煤矿区城市 PM_{10} 中微量元素分析结果 Cu、Zn、Ni、Pb 等的浓度较高是一致的，反映出煤矸石及风化对煤矿区城市大气颗粒物污染的较大影响，煤矸石及风化是煤矿区城市 PM_{10} 的重要来源，在煤矿区城市大气颗粒物污染治理过程中需要加以重视。

9 基于 DNA 损伤的煤炭固废生物活性研究

煤炭固废对矿区城市的环境及人体健康都会造成较大影响,对其进行生物活性研究非常必要,而质粒 DNA 评价法是一种操作简便、快速、敏感性高的 DNA 损伤检测技术[18],DNA 实验需要的样品质量较少,因此可以通过较少的样品就可定量评价可吸入颗粒物对 DNA 的损伤作用,从而获得大气可吸入颗粒物的生物活性。本研究借鉴质粒 DNA 对 PM_{10} 生物活性方面的研究方法对煤炭固废的生物活性进行研究,以了解煤炭固废对人体健康的潜在影响。

9.1 煤炭固体废物 DNA 损伤评价试验处理条件确定

9.1.1 煤炭固体废弃物颗粒直径确定

对于大气颗粒物的健康效应的研究,一般直接采用滤膜采集大气颗粒物样品进行实验分析,但是对于煤炭固体废弃物,情况有所不同,即使颗粒较小,在淋溶实验时仍然会有污染组分的溶出。因而,本项目综合考虑,并根据实验室条件,将废物筛分,分成如下几组:小于 18 目;18~60 目;60~80 目;80~120 目;120~200目;200~300 目;大于 300 目。

9.1.2 煤炭固体废弃物浓度确定

鉴于质粒 DNA 评价法首次应用于煤炭固体废物健康效应的评价,实验将煤炭固体废物分别按水溶性和全样进行,参照大气颗粒物生物活性实验的质量浓度,在确定煤炭固体废弃物浓度时根据实际情况做了较大幅度调整。对于大气颗粒物而言,由于采样仪器等条件限制,所得颗粒物的量非常有限,一般在 2000μg 以下。所以,在实验中大气颗粒物质量浓度一般在 2000μg/mL 以下,大多数为 500μg/mL以下,并且各浓度级别之间差别不大。

煤炭固体废弃物的污染与城市空气污染有一定的差异,煤炭固体废物采样量大,可以配成较大质量浓度。考虑煤矿区污染实际,结合前人实验经验,进行浓度分级。按照超出国家环境空气质量标准(三级)0.25mg/m³ 的 8 倍,即 2mg/m³计,假定成人每日呼吸空气量为 12~20m³,则吸入颗粒物的量为 2mg/m³×20m³=40mg。假定在污染环境中,无防护的人体每日吸入肺泡中的颗粒物总量达40mg,为模拟极限环境,不妨取极限高值为 50mg/mL 或 50μg/μL,或者为 50000μg/mL

（这样做是为与课题组前人工作条件统一，但这显然远远高于以往实验中大气颗粒物的浓度水平）。

1）低浓度下燃煤颗粒物对质粒 DNA 的损伤

对平煤集团矸石电厂采集的燃煤飞灰颗粒物样品进行 FESEM 分析表明，它们主要是由粒度从 0.1 到 1μm 的燃煤飞灰组成。虽然一般认为燃煤颗粒物重金属元素富集，但是实验中的两个燃煤颗粒物样品在 50μg/mL 左右及以下对质粒 DNA 的损伤都较小。如图 9.1 所示，在 100μg/mL、50μg/mL、25μg/mL 和 10μg/mL 浓度水平下燃煤颗粒物对 DNA 的损伤和超纯水相比差别很小，只是当浓度水平到了 100μg/mL 以上，图中为 500μg/mL 时，才表现出与超纯水对 DNA 损伤空白的明显的差异。ICP-AES 分析表明，其中水溶性组分中除了 Mn 和 As 含量大于仪器检测限，水溶性组分中 Al、V、Fe、Co、Cu、Zn、Pb 等元素的含量都小于检测限，所有这些元素的含量都普遍低于环境大气 PM_{10} 和 $PM_{2.5}$ 中相应元素的含量。表明在较低的样品浓度水平下，煤炭固体废物对 DNA 的损伤能力较低。所以本项目研究中对煤炭固体废物浓度水平的设置均大大高于以往的大气颗粒物 DNA 实验时的浓度水平。

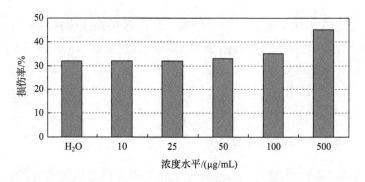

图 9.1　平煤集团矸石电厂燃煤飞灰颗粒物（＜300 目）对超螺旋 DNA 产生氧化性损伤的定量结果

2）煤炭固体废物实验浓度的确定

以细小粒径（颗粒直径 200～300 目）的新鲜矸石（即矸 C）作为实验原样，参照李金娟[283]、时宗波[203]等实验浓度，经试验探索，实验浓度水平确定如下：原样浓度为 5000μg/mL 或 5000000μg/mL，中间浓度为 500μg/mL 或 500000μg/mL。根据实际情况分别配置成 5、6、8 个浓度系列，如表 9.1 所示。

表 9.1　实验浓度水平配置方案

5 个实验浓度系列/(μg/mL)	6 个实验浓度系列/(μg/mL)	8 个实验浓度系列/(μg/mL)
10000	25000	50000
1000	10000	25000
500	5000	10000
50	500	5000
5	50	1000
—	5	500
—	—	50
—	—	5
超纯水	超纯水	超纯水

9.1.3　DNA 损伤试验分组设计

　　对于本项目试验,影响 DNA 损伤率的因素很多,比如浓度、颗粒直径、矿物组成、微量元素组成、环境介质条件等等;每种因素的水平也很多。若所有因素都做,大概一共要 900 多次试验,试验工作量将非常大,显然不可能每一个试验都做。

　　因此,必须设计合适的试验分组,以大幅度减少试验次数而且并不会降低试验可信度。综合考虑各种条件和因素,本研究试验时,选用如表 9.2 所示的浓度水平、颗粒直径和溶出时间来互相匹配进行试验,以实现通过少数的试验次数找到较好的实验条件,并获得足够的代表性数据,并能够保证在因素变化范围内均衡抽样,使每次试验都具有较强的代表性。

表 9.2　分组实验需考虑的因素

项目	浓度/(μg/mL)	颗粒直径/目	矿物和微量元素组成/%	溶出时间
1	50000	小于 18	矿物 1~5 以下,非晶质 70~80,石英 10 以下	1d
2	25000	18~60	5~10,非晶质 80 以上,石英 10 以下	2d
3	10000	60~80	10~30,非晶质少,石英 40 以上	3d
4	5000	80~120	30 以上,非晶质 40~80 以上,石英 10~20	5d
5	1000	120~200		10d
6	500	200~300		15d
7	50	大于 300		30d
8	5			35d
9	O(纯 H$_2$O)			1a

同时,还需要考虑样品是矸石(又分新鲜矸石和风化矸石)、粉煤灰、大气颗粒物或者地下水;对水样分旱(春)季、雨(冬)季,并考虑距离污染源的距离;微量组分中需要考虑含 S 化合物、微量重金属含量水平;样品是全样还是水溶性,全样离心时间长短等。

对 DNA 造成损伤的化学元素(主要考虑重金属)因素很多,如涉及元素的价态、存在形态、溶解的难易程度等,以及多元素的协同、拮抗等效应,本研究暂未考虑,仅从元素含量(浓度)的角度进行比较和分析。

根据本项目分组实验结果,可知:

(1) 样品浓度的大小对 DNA 的损伤程度有着显著影响,样品浓度越高其损伤率的数值越高。因为前述低的浓度水平不利于定量评价,且本课题旨在探讨煤炭固体废物的影响程度,所以选取较高的浓度对结果表征有利。

(2) 溶出时间的长短对化学组分(包括微量)的影响较显著,溶出时间越长,溶出液中化学组分含量越少;同时,它对粒度的影响也不可忽视,溶出时间越长,粒度越细,直至全部变成溶解态。况且,溶出时间越长其总溶解固体消耗也越大。所以,在满足实验要求的前提下,溶出时间越短越好;本实验溶出时间一般控制在30~45 天以内。

(3) 颗粒直径的大小对损伤也有影响,粒径越小,其越容易进入人体肺泡;同时,粒径越小,比表面积越大,对微量组分的吸附能力越强。而且,粒径越小其滞留于空气中的几率越高,影响范围也越大。所以,实验中,粒径越接近 120 目以下越好。

9.1.4　样品信息

煤炭固体废物健康效应的质粒 DNA 评价分析所用的样品信息见表 9.3。

表 9.3　DNA 实验的部分煤炭固体废物原样信息

淋溶开始时间和批次	序号和编号	颗粒直径/目	重量/g	浓度/(μg/μL)	说明
	H06-18	18 以上	0.2080	500	新灰,炉渣
	H06-18-60	18~60	0.2081	500	新灰
	H06-60-80	60~80	0.1889	500	新灰
2007-01-17	H06-80-120	80~120	0.1600	500	新灰
	H06-120-200	120~200	0.2173	500	新灰
	H06-200-300	200~300	0.1548	500	新灰
	H06-300	300 以下	0.1182	500	新灰

续表

淋溶开始时间和批次	序号和编号	颗粒直径/目	重量/g	浓度/(μg/μL)	说明
	G06-18	18以上	0.3339	500	风化矸石
	G06-18-60	18~60	0.3688	500	风化矸石
	G06-60-80	60~80	0.2505	500	风化矸石
2007-01-17	G06-80-120	80~120	0.2630	500	风化矸石
	G06-120-200	120~200	0.2490	500	风化矸石
	G06-200-300	200~300	0.2496	500	风化矸石
	G06-300	300以下	0.2131	500	风化矸石
	G06-200	200以下	0.23153	100	风化矸石
	G06-80-200	80~200	0.37381	100	风化矸石
	PG-06	混合	0.21348	100	风化矸石
2006-12-21	JG-05	混合	0.40278	100	新鲜矸石
	PG-05A	混合	0.46510	100	新鲜矸石
	PG-05C	混合	0.18688	100	新鲜矸石
	PH-06	混合	0.14340	100	新鲜灰
	R-1	200以下	0.0508	100	风化矸石
	R-2	200以下	0.1661	100	风化矸石
	R-3	200以下	0.1072	100	风化矸石
	R-4	200以下	0.1289	100	风化矸石
	R-5	200以下	0.0249	100	风化矸石
	R-6	80~200	0.0370	100	风化矸石
	R-7	80~200	0.0670	100	风化矸石
2006-12-21	R-8	80~200	0.1243	100	风化矸石
	R-9	80~200	0.1389	100	风化矸石
	R-10	80~200	0.2281	100	风化矸石
	H-1	混合粒径	0.0988	100	
	H-2	混合粒径	0.0669	100	
	H-3	混合粒径	0.1531	100	
	H-4	混合粒径	0.2298	100	
	H-5	混合粒径	0.2950	100	

续表

淋溶开始时间和批次	序号和编号	颗粒直径/目	重量/g	浓度/(μg/μL)	说明
	GC05-18	18 以上	0.1528	500	经研磨
2007-01-19	GC05-18-60	18~60	0.5922	500	经研磨
	GA05-300	300 以下	0.1308	500	新鲜矸石
	GC05-60-80	60~80	0.1774	500	新鲜矸石
	GC05-80-120	80~120	0.2870	500	新鲜矸石
2007-01-14	GC05-120-200	120~200	0.3757	500	新鲜矸石
	GC05-200-300	200~300	0.3070	500	新鲜矸石
	GS06-200	200 以下	0.6712	500	含 S 混合粒径风化矸石
	G06	混合粒径	0.14003	20	风化矸石
2006-04-29	H06	混合粒径	0.14765	20	新鲜灰
	H05	混合粒径	0.14286	20	风化灰

9.2　煤炭固体废物生物活性的质粒 DNA 评价

9.2.1　煤炭固体废物质粒 DNA 损伤率与样品浓度水平关系分析

在大气颗粒物生物活性评价时,常采用 TD_{20} 和 TD_{50} 表征污染物的剂量与生物活性的关[90,203,283,290,291]。在进行煤炭固体废物生物活性实验时,当实验浓度处于 $500\mu g/mL$ 以下的较低水平时,采用 TD_{20} 和 TD_{50} 表征,其误差较大,特别在图像处理过程中,误差可能很大,而当浓度水平足够大时,误差就可以接受了。但为避免误差的干扰,根据本实验的实际情况,将实验结果直接用样品浓度和 DNA 损伤率的关系图来表示。

1. 粉煤灰样品浓度与 DNA 损伤率的关系

实验表明,粉煤灰全样和水溶性组分对 DNA 的损伤,均与样品的浓度成正相关,其中全样浓度与 DNA 损伤率之间的相关性好于水溶性组分,即粉煤灰全样的浓度与 DNA 损伤率之间的相关性更好。图 9.2 为粉煤灰全样对 DNA 的损伤率与样品浓度之间的关系,其线性相关系数 $R^2 = 0.9036$。

对在淋溶试验过程中粉煤灰对 DNA 的损伤与样品浓度水平之间的关系进行统计可知,在历次粉煤灰的 DNA 损伤实验中,使全样对 DNA 的损伤率达到

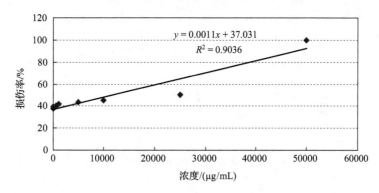

图 9.2　粉煤灰全样(300 目,溶出时间 1d)对 DNA 的损伤率与样品浓度的关系

80％～100％的浓度水平分别有 50000 μg/mL（3 次）、25000 μg/mL（3 次）、20000μg/mL（1 次）、10000μg/mL（1 次）和 5000μg/mL（1 次），而且使 DNA 全部损伤的情况都集中在淋溶试验的前 10 天,且大多在 300 目粒径(本实验的最小粒径)的颗粒直径中出现;全样对 DNA 的损伤率在 50％～80％的浓度水平分别有 50000μg/mL（3 次）、25000μg/mL（5 次）、20000μg/mL（1 次）、10000μg/mL（5 次）和 5000μg/mL（1 次）;而水溶样品对 DNA 的最大损伤多在 40％～50％之间,仅有一次实验达到 70％以上。当样品浓度降到 500μg/mL 以下时,对 DNA 的损伤趋于稳定而随浓度的变化不明显,当达到本实验的最小浓度水平 5μg/mL 时,甚至出现样品对 DNA 的损伤小于超纯水对 DNA 的空白损伤的现象。显然,样品浓度高,对 DNA 的损伤率大;样品浓度越低,越接近超纯水对 DNA 的损伤空白。

对多次实验全样、水溶样的浓度和对 DNA 的损伤率之间的关系进行统计,结果如图 9.3～图 9.6 所示。图 9.3 中,粉煤灰全样在不同浓度水平下对质粒 DNA 的损伤率,大部分集中在 30％～60％之间。DNA 损伤与全样样品浓度呈正相关,其相关系数为 $R^2 = 0.9681$;图 9.4 中,DNA 损伤率最大值的变化特征基本可按浓度水平分为 3 个阶段:10000μg/mL 以上、10000～5000μg/mL 和 5000μg/mL 以下,当浓度水平在 10000μg/mL 以上时,DNA 损伤率的最大值均为 100％,表明高浓度水平下,质粒 DNA 被完全破坏;当浓度水平在 10000～5000μg/mL 之间时,DNA 损伤率的最大值急剧降低,降低幅度大约为 40％;当浓度水平在 1000μg/mL 以下时,DNA 损伤率的最大值随样品浓度的下降而减小,但变化幅度不大。

对于最小损伤率,其变化基本可按浓度水平分为 3 个阶段:10000μg/mL 以上、10000～5000μg/mL 和 1000μg/mL 以下。当浓度水平在 10000μg/mL 以上时,DNA 最小损伤率在 43％～35％之间;当浓度水平在 10000～5000μg/mL 之间时,DNA 最小损伤率有一个明显的降低,降低幅度约为 5％左右;在 1000μg/mL 以下的浓度水平时,DNA 最小损伤率变化甚微,基本接近甚至低于超纯水对

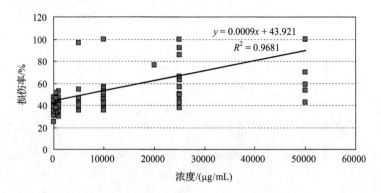

图 9.3　不同条件下粉煤灰全样的浓度与 DNA 损伤的变化情况

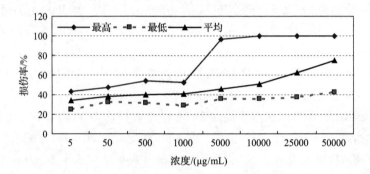

图 9.4　不同试验条件下粉煤灰全样对 DNA 的损伤率两极值及均值变化情况

DNA 的损伤空白。

对于 DNA 平均损伤率,其变化基本可按浓度水平分为 2 个阶段:5000μg/mL 以上和 5000μg/mL 以下。当浓度水平在 5000μg/mL 以上时,平均损伤率随浓度的降低从 75% 左右稳步降低到 40% 左右。当浓度水平低于 5000μg/mL 时,平均损伤率变化平缓。

图 9.5 中粉煤灰水溶样品在不同浓度水平下对质粒 DNA 的损伤,大部分集中在 30%～50% 之间。DNA 损伤与水溶样品浓度呈正相关,其相关系数为 $R^2 = 0.895$,比全样的小。

图 9.6 中,对于粉煤灰水溶样品的最大损伤率,其变化基本可按浓度水平分为 3 个阶段:20000μg/mL 以上、20000～500μg/mL 和 500μg/mL 以下。在浓度水平 20000μg/mL 以上,DNA 最大损伤率在 50%～60%,个别样品可达约 80%,显示粉煤灰的水溶组分即使在较高的浓度水平下,也仍未造成质粒 DNA 的完全破坏,在浓度水平 20000～500μg/mL 之间,DNA 最大损伤率随浓度水平下降而平稳缓慢降低,降低幅度大约为 6%,浓度水平在 500μg/mL 以下,损伤率随浓度下降而

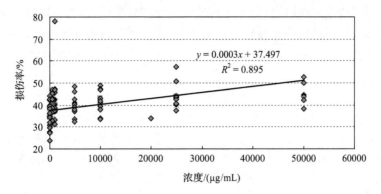

图 9.5 不同条件下粉煤灰水溶样品的浓度与 DNA 损伤变化情况

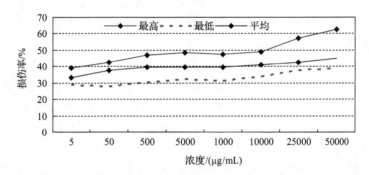

图 9.6 不同试验条件下粉煤灰水溶样品对 DNA 损伤率两极值及均值变化情况

减小,变化幅度约 6%。

对于最小损伤率,其变化基本可按浓度水平分为 2 个阶段:500μg/mL 以上和 500μg/mL 以下。浓度水平在 500μg/mL 以上时,最小损伤率在 38%~30%之间,浓度水平 500 以下,损伤率变化甚微,基本接近甚至低于超纯水的损伤空白。

对于平均损伤率,其变化基本可按浓度水平分为 3 个阶段:10000μg/mL 以上、10000~500μg/mL 和 500μg/mL 以下。浓度水平在 10000μg/mL 以上时,平均损伤率随浓度的降低从 45%左右稳步降低到 40%左右,浓度水平在 10000~500μg/mL 时,平均损伤率变化平缓,浓度水平在 500μg/mL 以下时,平均损伤率随浓度的降低从 40%左右稳步降低到 33%左右。

从试验结果看,粉煤灰所有水溶样品的 DNA 损伤其最大损伤一般均在 60% 以下。全样在高的浓度水平下,DNA 损伤率高,而在其他大部分浓度水平下,DNA 损伤率相对稳定在 40%左右。在 500μg/mL 以下的浓度水平下,全样的损伤比水溶略高,并相对接近。总体上,浓度越高,DNA 损伤越大;相同浓度水平下,全样比水溶的 DNA 损伤率大。在本实验条件下,随浓度水平变化,全样的 DNA 损伤由 100%急剧降至 50%左右,而水溶组分 DNA 损伤的变化则平缓得多且并不与全样同步变化,反映出组分在水溶液中变化相对平稳,这与粉煤灰的强的吸附能力有关,同时注意到,所采集样品为湿法排灰,已经经过组分溶出的过程。

对煤矸石样品,同样存在与粉煤灰相同的样品浓度-DNA 损伤特征。

2. 风化矸石样品浓度与损伤的关系

对于风化矸石,较高浓度水平下,全样的 DNA 损伤率远大于水溶性组分的,但当浓度水平降到 1000μg/mL 以下以后,全样与水溶的 DNA 损伤差别变得很小,当浓度水平降到 5 μg/mL 时,二者基本一样甚至全样的损伤率小于水溶性组分的(图 9.7~图 9.10)。

图 9.7 中,风化矸石全样样品在不同浓度水平下对质粒 DNA 的损伤,大部分集中在 30%~60%之间。损伤与全样样品浓度呈正的相关,其相关系数为 $R^2 = 0.9848$,相关性好;图 9.8 中,对于风化矸石全样样品的最大损伤率,其变化基本可按浓度水平分为 3 个级别:5000μg/mL 以上、5000~1000μg/mL 和 1000μg/mL 以下。在浓度水平 5000μg/mL 以上,最大损伤率均为 100%,即在浓度水平 5000μg/mL 以上,风化矸石全样样品在较高的浓度水平下,造成质粒 DNA 的完全破坏;在浓度水平 5000~1000μg/mL 之间,最大损伤率随浓度水平下降而急剧降低,降低幅度高达约 50%左右,浓度水平在 1000μg/mL 以下,最大损伤率随浓度下降而平缓减小,变化幅度约 1%~2%;对于最小损伤率,其变化基本可按浓度水平分为 3个级别:25000μg/mL 以上、25000~500μg/mL 和 500μg/mL 以下。浓度水平在25000μg/mL 以上时,最小损伤率在 65%~40%之间随浓度水平变化而有明显变化,浓度水平在 25000~500μg/mL 之间时,损伤率随浓度变化稳定降低,降低幅度约为 15%左右,浓度水平 500μg/mL 以下,损伤率变化甚微,基本接近甚至低于超纯水的损伤空白;对于平均损伤率,其变化基本可按浓度水平分为 3 个级别:10000μg/mL 以上、10000~1000μg/mL 和 1000μg/mL 以下。浓度水平在 10000μg/mL以上时,平均损伤率随浓度的降低从 85%左右降低到 50%左右,浓度水平在10000~1000μg/mL 时,平均损伤率变化变平缓,平均损伤率随浓度的降低从 50%左右稳步降低到 40%左右,浓度水平在 1000μg/mL 以下时,平均损伤率变化更小,随浓度的降低从 40%左右缓慢降低到 38%左右。

图 9.9 中,风化矸石水溶样品在不同浓度水平下对质粒 DNA 的损伤,大部分集中在 30%~50%之间。损伤与水溶样品浓度呈正的相关,其相关系数为 $R^2 = 0.7708$,比风化矸石全样的小;如图 9.10 所示,对于风化矸石水溶样品的最大损伤率,其变化基本可按浓度水平分为 3 个级别:50000μg/mL 以上、50000~10000μg/mL和 10000μg/mL 以下。在浓度水平 50000μg/mL 以上,个别样品的最大损伤率可达 100%,显示风化矸石的水溶组分在较高的浓度水平下,也同样可造成质粒DNA 的完全破坏,在浓度水平 50000~25000μg/mL 之间,最大损伤率随浓度水平

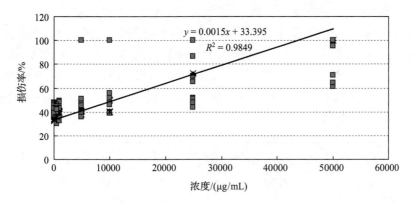

图 9.7　不同试验条件下风化矸石全样的浓度-损伤变化情况

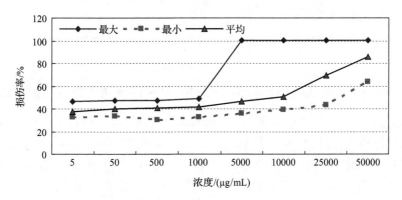

图 9.8　不同试验条件下风化矸石全样损伤率两极值及均值变化情况

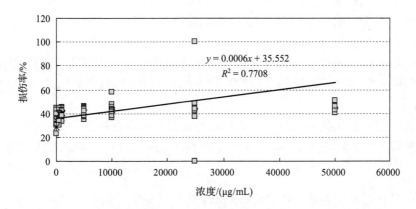

图 9.9　不同试验条件下风化矸石水溶样品的浓度-损伤变化情况

下降而急剧降低,降低幅度大约为 40% 左右,在浓度水平 25000～10000μg/mL 之间,最大损伤率随浓度水平下降而由 57.7% 降低到 45.8%,降低幅度大约为 12%

左右,浓度水平在10000μg/mL以下,损伤率基本稳定在45%左右,损伤率随浓度下降而变化甚微,变化幅度约1%～2%;对于最小损伤率,其随浓度水平的变化相对平缓,随浓度水平由50000～500μg/mL而平稳由约40%降到约30%,浓度水平50μg/mL以下时,最小损伤率甚至低于超纯水的损伤空白;对于平均损伤率,其变化相当平稳,在最大和最小浓度水平之间,DNA损伤率的变化幅度基本上在10%以内,大约从44.9%到36.0%。

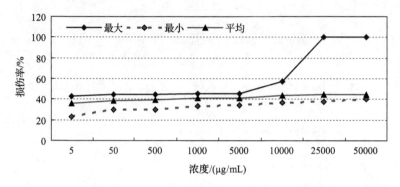

图9.10 不同试验条件下风化矸石水溶样品的损伤率两极值及均值变化情况

从试验结果看,在浓度水平25000μg/mL以上时,风化矸石水溶样品对DNA的最大损伤率较高,在浓度水平10000μg/mL以下时,其最大损伤率基本稳定在45%左右。风化矸石全样在浓度水平5000μg/mL以上时,最大损伤率均高达100%,而在1000μg/mL以下的浓度水平下,最大损伤率相对稳定在45%左右。在1000μg/mL以下的浓度水平下,全样的损伤比水溶略高,并相对接近。总体上,浓度越高,损伤越大;相同浓度水平下,全样比水溶损伤大。在本实验条件下,随浓度水平变化,全样的最大损伤由100%急剧降至50%左右,水溶组分的最大损伤变化也表现相同的特点,但风化矸石水溶组分的最小损伤与平均损伤的变化则比全样的平缓得多,反映出在水溶液中组分变化的相对平稳。这与矸石组分的溶出能力和速度有关,并且,风化矸石在堆存过程中,已经经过风化淋洗,部分组分已经溶出。

由上述推测,风化矸石由于经历长时间的降水淋洗和风化,可能使其对DNA的损伤率有所降低。为此,本实验采集新鲜矸石样品进行对照试验,实验结果如下。

3. 新鲜矸石样品浓度与DNA损伤的关系

对于新鲜矸石,高的浓度水平下,全样的DNA损伤率比水溶的大得多,随着浓度水平降低,全样与水溶性组分的DNA损伤率差别逐渐变小,当浓度水平降到5μg/mL时,全样仍比水溶组分的损伤率高约8%(图9.11～图9.14)。

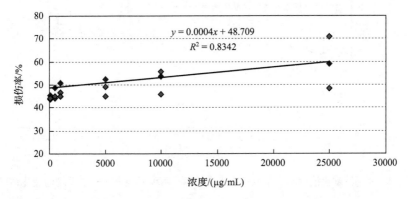

图 9.11　不同试验条件下新鲜矸石全样的浓度-损伤变化情况

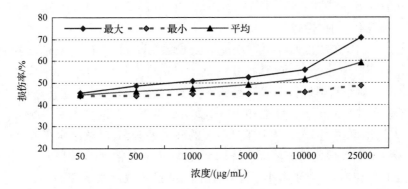

图 9.12　不同试验条件下新鲜矸石全样 DNA 损伤率两极值及均值变化情况

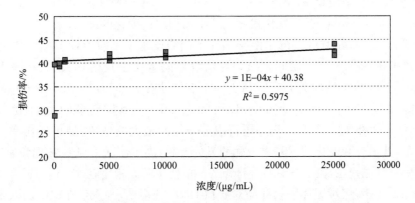

图 9.13　不同浓度水平下新鲜矸石水溶样品的浓度-损伤变化情况

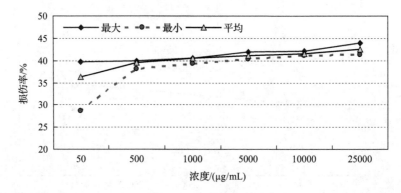

图 9.14　各试验浓度水平下新鲜矸石水溶样 DNA 损伤率两极值及均值变化情况

图 9.11 中,新鲜矸石全样样品在不同浓度水平下对质粒 DNA 的损伤,大部分集中在 40%~60%之间。DNA 损伤与全样样品浓度呈正的相关,其相关系数为 $R^2=0.8342$,相关性较好。

图 9.12 中,在浓度水平 25000μg/mL、10000μg/mL、5000μg/mL、1000μg/mL、500μg/mL 和 50μg/mL 下,其损伤率最大 70.9%,最小 44.1%,一般在 45%~60%之间。对于新鲜矸石全样样品的最大 DNA 损伤率,其变化按浓度水平可分为 2 个级别:10000μg/mL 以上和 10000μg/mL 以下。在浓度水平 10000μg/mL 以上,最大损伤率达到 70%,对质粒 DNA 的破坏率较高;在浓度水平 10000μg/mL 以下,最大 DNA 损伤率随浓度下降而平缓减小,变化幅度约 10%左右(由 55%左右降至 45%左右)。对于最小 DNA 损伤率,样品的浓度水平和 DNA 损伤率之间的关系曲线无明显的突变情况,特别当浓度水平在 10000μg/mL 以下时,最小 DNA 损伤率基本稳定在 45%左右。对于平均 DNA 损伤率,其变化情况基本与最小 DNA 损伤率相同,但其变化幅度比最小损伤率的变化幅度大。

图 9.13 中,新鲜矸石的水溶样品在不同浓度水平下对质粒 DNA 的损伤,大部分集中在 40%~45%之间。损伤与水溶样品浓度呈正的相关,其相关系数为 $R^2=0.5975$,相关性较好;图 9.14 中,在浓度水平 25000μg/mL、10000μg/mL、5000μg/mL、1000μg/mL、500μg/mL 和 50μg/mL 下,其损伤率最大 44.0%,最小 28.7%,一般在 40%左右。新鲜矸石水溶样品的最大损伤率、最小损伤率和平均损伤率,其大小和变化情况基本上无明显的差异,高浓度水平与低浓度水平对应的损伤率差异也很小,其变化幅度小于 5%。损伤率基本稳定在 40%左右。

综上所述,煤炭固体废物样品对质粒 DNA 的损伤,当发生在较高的浓度水平下,其损伤率与样品浓度之间相关很好。在本研究设置的几个高浓度水平(50000μg/mL、25000μg/mL、20000μg/mL)下,DNA 损伤率几乎均高达 100%。联系我国煤矿区生产环境的污染实际来考虑,可以认为在极端的污染环境中,无防护的人体将受到严重损害,这已经为矿区严重的尘肺现象所证实。样品浓度水平为 2000～10000 μg/mL 时,其 DNA 损伤率多在 40%～50%;浓度水平降到 500μg/mL 以下时,其 DNA 损伤多不显著甚至达到超纯水的损伤空白。

比较全样与水溶样,在相同浓度水平下,特别在高的浓度水平下,全样的 DNA 损伤率大;对于相同粒径、相同浓度的全样样品,煤矸石的 DNA 损伤高于粉煤灰的。

9.2.2　煤炭固体废物质粒 DNA 损伤率与粒径的关系分析

本实验中,将煤炭固体废物过分样筛筛分,分成如下几组粒径分级:小于 18 目;18～60 目;60～80 目;80～120 目;120～200 目;200～300 目;大于 300 目。

1. 煤矸石质粒 DNA 损伤率

对于新鲜矸石,实验结果显示,对于新鲜矸石的全样,在颗粒直径与损伤率之间,呈不严格的负相关关系,即颗粒直径增大,损伤率可能减小,但也可能有所增大,不是严格的。图 9.15 与图 9.16 为新鲜矸石全样在粒径分级为小于 18 目、18～60 目、60～80 目、80～120 目、120 目～200 目、200～300 目和大于 300 目的实验条件下,对 DNA 的损伤情况。图 9.15 中显示,粒径与损伤率呈负相关,即粒径减小,损伤率增大,相关系数 $R^2 = 0.5946$。从曲线变化情况可见,粒径对最小损伤率的影响更大一些。

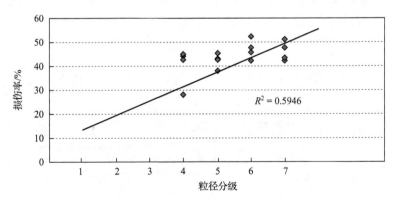

图 9.15　新鲜矸石全样在不同粒径分级下的 DNA 损伤情况

对于新鲜矸石的水溶组分,在颗粒直径与损伤率之间,呈不严格的正的相关关系,即颗粒直径增大,损伤率可能减小,但也可能有所增大,不是严格的。图 9.17 与图 9.18,为新鲜矸石水溶样品在粒径分级为 18 目以上、18～60 目、60～80 目、80～120 目、120 目～200 目、200～300 目和 300 目的实验条件下,对 DNA 的损伤情况。图 9.15 中显示,水溶样品随着粒径的减小,最大损伤率减小,平均损伤率稳

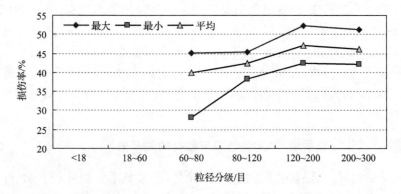

图 9.16　新鲜矸石全样在不同粒径分级下 DNA 损伤率两极值及均值

定而略有增大,最小损伤率先增大再减小,相关系数 $R^2 = 0.9197$。从曲线变化情况可见,粒径对最小 DNA 损伤率的影响更大一些。

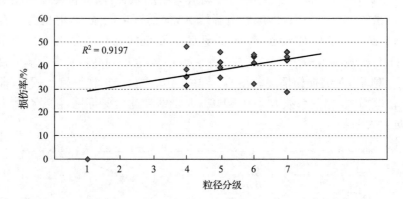

图 9.17　新鲜矸石水溶样品在不同粒径分级下的损伤情况

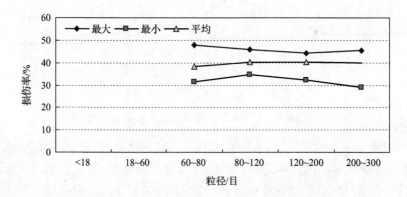

图 9.18　新鲜矸石水溶样在不同粒径分级下损伤率两极值及均值

实验结果显示,颗粒直径为 80～120 目的新鲜矸石在淋溶第 5 天,其全样对 DNA 的损伤率最大为 59.1%,最小 45.4%,平均 51.8%;水溶组分的损伤率最大 42.3%,最小 39.7%,平均 41.1%(表 9.4);全样的损伤率在不同的浓度水平下还有较大的差异,而水溶组分的损伤率在各浓度水平之间已经无显著差异。其原因可能是,此时矸石颗粒表面组分已经充分溶出,残留很少,使得进入水溶液中的水溶性组分很少。而全样由于矸石颗粒粒径较大(80～120 目),虽然颗粒表面组分溶出充分,但颗粒内部仍有未溶出的组分,经 6h 的震荡反应,颗粒内部组分逐渐溶出,使得全样的损伤大大高出水溶性的损伤。

表 9.4　粒径 80～120 目的新鲜矸石在不同浓度水平下淋溶 5 天的损伤情况

浓度水平/(μg/mL)	25000	10000	5000	1000	500	50
全样损伤率/%	59.1	53.8	52.6	50.9	48.9	45.4
水溶损伤率/%	42.3	42.2	41.9	40.4	39.8	39.7

相同实验条件下,颗粒直径为 120～200 目的新鲜矸石,其全样对 DNA 的损伤率最大为 70.9%,最小 43.8%,平均 51.8%;水溶组分的损伤率最大 44.0%,最小 28.7%,平均 39.0%(表 9.5);两个粒径的全样对 DNA 有大致相同的损伤特征,但在高浓度水平(25000μg/mL)下,120～200 目粒径的损伤明显增大(主要是机械损伤增大),浓度水平降到 10000μg/mL 时,两个粒径的损伤率非常接近;其他低于 10000μg/mL 以下的浓度水平下,80～120 目颗粒的损伤略大(原因是大的颗粒内部残余有可溶组分,在低浓度溶液中和振荡条件下,加速溶出,参与对 DNA 的损伤);120～200 目颗粒的水溶组分在浓度水平为 50μg/mL 时,损伤率为 28.7%,低于超纯水的损伤空白,其余各浓度水平下与 80～120 目颗粒的损伤特征、损伤率大致相同。这表明 120～200 目颗粒,因其粒径更小,组分溶出更充分,残留更少,化学损伤降低,但因其粒径小,机械损伤有所增大,特别在高浓度下。

表 9.5　粒径 120～200 目的新鲜矸石在不同浓度水平下淋溶 5 天的损伤情况

浓度水平/(μg/mL)	25000	10000	5000	1000	500	50
全样损伤率/%	70.9	55.8	49.2	46.8	44.1	43.8
水溶损伤率/%	44.0	41.4	40.4	40.4	39.2	28.7

实验还显示,对于新鲜矸石的全样,在颗粒直径与损伤率之间,呈不严格的负相关关系,即颗粒直径增大,损伤率可能减小,但也可能有所增大,不是严格的。

从整个淋溶过程来看,颗粒直径对损伤率的变化也有较大影响:淋溶第 10 天,当实验浓度水平为 1000μg/mL 时,全样最大 51.2%,最小 45.2%,平均 47.4%;水溶最大 45.6,最小 31.4%,平均 40.5%;全样的损伤,与颗粒直径大致成负的相关,60～80 目为 45.2%,80～120 目为 45.4%,120～200 目为 47.8%,200～300

目为 51.2%,各浓度水平之间仅存在微小差异;水溶的损伤与颗粒直径大致成负的相关,60～80 目为 31.4%,80～120 目为 41.4%,120～200 目为 43.6%,200～300 目为 45.6%。与超纯水对比,60～80 目和 80～120 目两个粒径段的损伤低于超纯水的损伤空白。各粒径水溶损伤均低于全样。但 120～200 目在浓度水平 50μg/mL 下,损伤率偏离总趋势(表 9.6)。原因是,该粒径段的矸石全样既即有化学组分溶出造成的 DNA 损伤,又有颗粒本身对 DNA 的机械损伤。除 120～200 目的水溶样品外,其余各粒径水溶样品对 DNA 的损伤率均低于全样的。

表 9.6 不同粒径分级的新鲜矸石在不同浓度水平下淋溶 10 天的损伤情况

| 浓度水平为 10000μg/mL | | | | | |
粒径/目	60～80	80～120	120～200	200～300	200	H_2O
全样损伤率/%	28.8	32.2	34.8	38.2	62.8	33.7
水溶损伤率/%	47.5	45.6	43.1	44.2	45.6	33.7
浓度水平为 1000μg/mL					
全样损伤率/%	31.4	41.4	43.6	45.6	46.8	
水溶损伤率/%	45.2	45.4	47.8	51.2	51.9	
浓度水平为 500μg/mL					
全样损伤率/%	35.1	39.1	41.0	43.1	41.1	39.1
水溶损伤率/%	42.7	42.7	42.4	42.2	41.7	39.1
浓度水平为 50μg/mL					
全样损伤率/%	28.2	38.2	52.3	43.6	45.3	
水溶损伤率/%	47.8	45.7	44.4	43.7	41.6	

当混合粒径的新鲜矸石淋溶实验进行到 35 天时,新鲜矸石对 DNA 的损伤率下降显著,其损伤率全样最大 49.3%,最小 44.1%,平均 46.2%;水溶最大 42.3%,最小 39.6%,平均 40.8%;此时水溶性组分的损伤即使在最大浓度(50000μg/mL)时,也只有 42.3%,相当接近超纯水的背景损伤值(40.5%),而 1000μg/mL 以下各浓度水平(500μg/mL 时为 39.9%,50μg/mL 时为 39.6%),损伤率甚至低于超纯水的空白损伤(表 9.7)。表明矸石组分溶出比较完全,水溶液基本不存在化学损伤。而此时,全样仍保持一定的损伤,但所有浓度水平下,全样的损伤基本稳定,特别在 10000μg/mL 以下,损伤率几乎无差别。那么,这种损伤应该由矿物组分引起,但仍可能有部分化学组分从颗粒中溶出。这说明,经长时间的淋溶后,水溶组分大量溶出,化学损伤降至最小,同时颗粒由于物理化学作用,其性能趋于均一,物理损伤也低于全样的。

显然,根据本实验条件(设定的实验条件是模拟在污染物浓度为 50000mg/mL 的情况,相当于人体曝露在超过国家环境空气质量标准 8 倍的粉尘环境中连续

24h 把所有粉尘全部吸入肺泡的情形),到 35 天以后,新鲜矸石对 DNA 的损伤已经可以认为不显著。连续淋溶 35 天,矸石中可溶解组分大部淋出,其损伤主要由残留的固体组分造成,而且主要应该由难溶的矿物岩石颗粒造成,从矸石的组成来看,该部分难溶的矿物岩石颗粒应该主要是 Al_2O_3(该矿区为 20.88%)、SiO_2(该矿区为 52.34%)等组分。

表 9.7　混合粒径的新鲜矸石在不同浓度水平下淋溶 35 天的损伤情况

浓度水平/(μg/mL)	50000	25000	10000	5000	1000	500	50	H_2O
全样损伤率/%	49.3	48.5	46.0	45.1	45.0	45.0	44.1	40.5
水溶损伤率/%	42.3	41.4	41.1	41.0	40.6	39.9	39.6	40.5

由以上实验现象分析,可以认为,在淋溶初期,颗粒直径对损伤率影响较大,随着时间推移,其影响降低。

那么,对于经历长期淋洗和风化的风化矸石,其损伤率与颗粒直径存在何种关系呢? 图 9.19 与图 9.20 所示为风化矸石全样在不同粒径分级下的损伤情况。从

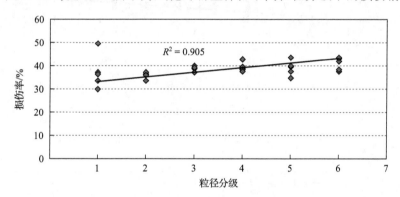

图 9.19　风化矸石全样在不同粒径分级下的损伤情况

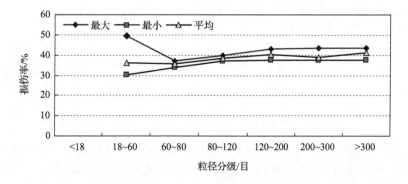

图 9.20　风化矸石全样在不同粒径分级下损伤率两极值及均值

图中可见,对风化矸石,其粒径与损伤之间呈较好的相关性,大致是粒径减小,损伤率增大。相关系数 R^2＝0.905。其损伤率的变化,在颗粒直径小于 60～80 目时,最大、最小和平均损伤率大体表现相同的变化趋势,颗粒直径大于 60～80 目时,最大损伤率产生偏离而偏大。

图 9.21 和图 9.22 所示为风化矸石水溶样在不同粒径分级下的损伤情况。从图中可见,对风化矸石的水溶样,其粒径与损伤之间呈较好的相关性,大致是粒径减小,损伤率增大。相关系数 R^2＝0.8995,较全样略低。其损伤率的变化,在颗粒直径为 80～120 目时,最大、最小和平均损伤率大体表现相同的增高的变化趋势,这种偏离现象,表明 120 目粒径可能存在特有的规律。由此推测,120 目颗粒直径,可能是既表现出机械损伤,又有足够大的内部残留部分水溶组分以供化学损伤,从而偏高。此推测尚需进一步实验模拟研究的佐证。

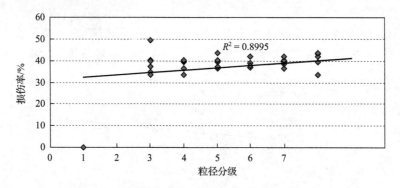

图 9.21　风化矸石水溶样在不同粒径分级下的损伤情况

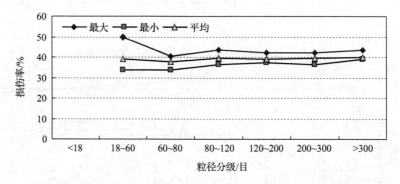

图 9.22　风化矸石水溶样在不同粒径分级下损伤率两极值及均值

从整个淋溶实验来看,对风化矸石,直径为 300 目(约 0.05mm)的颗粒在淋溶 16～20h(不到 1d),其损伤率,全样最大 100％,(即全部损伤),最小 40.0％,平均 53.4％;水溶样品的损伤最大 44.6％,最小 41.0％,平均 42.6％。显然在高浓度水平下,全样的损伤远远大于水溶样品的,而在较低浓度水平下,二者的损伤基本持平。而且,水溶样品的损伤水平普遍较低,显然,这是由于污染组分尚未充分溶出。这是因为矸石已经经过长期的自然风化,初期淋溶液只是与颗粒表面作用,因而其组分的溶出比较有限。当长时间接触并与颗粒内部尚未风化部分作用时,其情形将有变化。

实验还表明,以 120 目粒径为界,对颗粒直径>120 目的颗粒,其全样的损伤低于水溶样品的;而直径<120 目的颗粒,其水溶的损伤略低于全样。

本实验表明,颗粒直径对物质溶出有影响,从而影响损伤率。如直径在 80~120 目的风化矸石颗粒,淋溶实验进行至第 10 天,全样的损伤总体上高于 60~80 目的,但全样的损伤在高浓度水平下反而有所下降。水溶部分的损伤在各粒径级别之间基本无差别,比 60~80 目的颗粒略有上升。可以推测,其机械损伤高于 60~80 目的颗粒,而其化学性损伤大致相近而略有上升,显然,颗粒直径对物质溶出在其中产生了影响。

对直径在 120~200 目的颗粒,淋溶实验进行至第 10 天,全样的损伤总体上高于 80~120 目,且增大较明显,但全样的高浓度继续有所下降,造成各浓度水平下的损伤差别缩小。水溶部分的损伤与上几种粒径基本无太大差别,但有明显上升。可以推测,其机械损伤高于 80~120 目的,而其化学性损伤大致相近而有一定的上升。

综上所述,显然,适当的颗粒直径对物质溶出和损伤均有一定程度的影响。

2. 粉煤灰质粒 DNA 损伤率

对粉煤灰,按照颗粒直径(粒径级别分别为:<18 目、18~60 目、60~80 目、80~120 目、120~200 目、200~300 目和>300 目)分别进行的 7 组实验结果如图 9.23~图 9.26 所示。

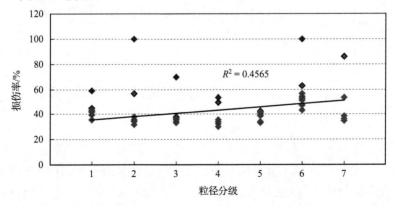

图 9.23 粉煤灰全样在不同粒径分级下的损伤情况

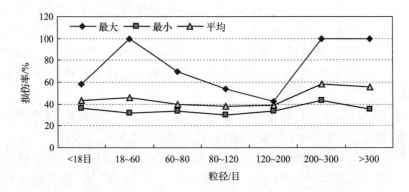

图 9.24　粉煤灰全样在不同粒径分级下损伤率两极值及均值

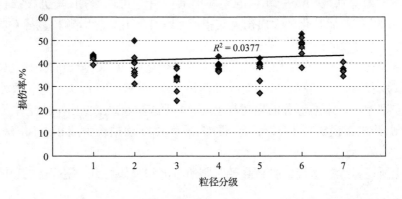

图 9.25　粉煤灰水溶样在不同粒径分级下的损伤情况

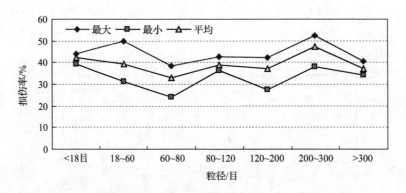

图 9.26　粉煤灰水溶样在不同粒径分级下损伤率两极值及均值

　　图 9.23 与图 9.24 所示为粉煤灰全样在不同粒径分级下的损伤情况。从图中可见,对粉煤灰全样,其粒径与损伤之间呈一定的相关性,大致是在颗粒目数在 120 目以上,随粒径减小,损伤率降低,在颗粒目数在 120 目以下,随粒径减小,损

伤率增大。相关系数 $R^2 = 0.4565$。其损伤率的变化,呈现与矸石相同的情形,即在颗粒直径为 120 目左右时,最大、最小和平均损伤率大体表现相同的增高的变化趋势,这种偏离现象,表明 120 目粒径可能存在特有的规律。如前述,本书推测,120 目颗粒直径,可能是既表现出机械损伤,又有足够大的内部残留部分水溶组分以供化学损伤,从而偏高。此推测尚需进一步实验模拟研究的佐证。

图 9.25 与图 9.26 所示为粉煤灰水溶样在不同粒径分级下的损伤情况。从图中可见,对粉煤灰水溶样,其粒径与损伤之间的相关性,与粉煤灰全样大致一致,即当颗粒目数在 120 目以上时,随粒径减小,损伤率降低,在颗粒目数 120 目以下,随粒径减小,损伤率增大。相关系数 $R^2 = 0.0377$,比全样低。损伤率的变化,在颗粒目数为 120 目左右时,出现与全样、矸石类似的偏离现象。

实验表明,淋溶第 2 天,实验浓度为 $1000\mu g/mL$ 时,粉煤灰全样的损伤随着颗粒直径的增大而减小,呈负的相关。而水溶则反之,损伤随着颗粒直径的增大而增大。注意到一个现象,对全样样品,120 目左右,损伤率差别变化比较大,对水溶样品,120 目左右的损伤最大。显然,粉煤灰中,120 目颗粒的损伤情况值得进一步探讨和研究。

淋溶第 3 天,实验浓度为 $500\mu g/mL$ 时,粉煤灰全样的损伤随着颗粒直径的减小而有较高的增大,300 目时损伤为 53.8%,18~60 目的损伤为 31.9%,相差将近 1 倍,呈比较明显的负的相关。而水溶则反之,损伤随着颗粒直径的增大而减小,但其变化幅度比全样小得多。同样在 120 目左右,损伤率有比较大的变化。

淋溶到第 10 天时,对 120 目颗粒,在高的浓度水平($50000\mu g/mL$ 和 $25000\mu g/mL$)下,全样仍保持一定损伤能力,在其他大多数较低的浓度水平下,全样损伤减小并接近于超纯水的。水溶组分仍保持一定损伤能力,但不同浓度水平下的差异已经不大。

对 300 目颗粒直径,在高的浓度水平($25000\mu g/mL$ 和 $10000\mu g/mL$)下,全样仍保持较高的损伤能力,在其他大多数较低的浓度水平下,全样损伤减小并接近于超纯水的。水溶组分仍保持一定损伤能力,但不同浓度水平下的差异已经不大。

从所有水溶结果看,其最大损伤一般均在 60% 以下,全样也显示,在高的浓度水平下,损伤高,其他大部分浓度水平下,损伤率相对稳定在 40% 左右。全样的损伤比水溶略高,并相对接近。

对于不同颗粒直径,在相同浓度水平下,实验结果反映,以 200~300 目颗粒对 DNA 的损伤率较高,300 目颗粒次之。总体上,颗粒直径越小,损伤越大。淋溶条件下,随溶出时间的延续,全样对 DNA 的损伤率由增大再递减,而水溶样品并不同步,反映出组分在水溶液中变化不太明显。这与粉煤灰的强的吸附能力有关,同时注意到,所采集样品为湿法排灰,已经经过溶出的过程。

9.2.3　煤炭固体废物质粒 DNA 损伤率与矿物组成关系分析

XRD 实验结果,粉煤灰中非晶质含量 77.9%～79.7%,远远高于矸石;而石英、长石以及黏土矿物总量远远低于矸石。如表 9.8 所示。

表 9.8　煤炭固体废物矿物组成的 XRD 实验分析结果

编号	矿物种类和含量/%							黏土矿物总量/%
	石英	钾长石	斜长石	方解石	石膏	莫莱石	非晶质	
G-06	14.0	0.5	1.0	1.9	0.6		48.3	32.6
GA-05	18.4						34.3	47.3
GC-05	16.3			0.6			40.0	43.1
GS-06	20.5	0.8					40.7	38.0
H-05	5.4	0.4	0.6	5.3		5.5	77.9	3.5
II-06	6.7	0.2	0.1	2.9		4.1	79.7	5.3

粉煤灰水溶样品对 DNA 的损伤率最大值一般均在 60% 以下;粉煤灰全样在高的浓度水平下,对 DNA 的损伤率高,在其他大部分浓度水平下,粉煤灰全样对 DNA 的损伤率相对稳定在 40% 左右,与水溶样相对接近并略高。

矸石全样对 DNA 的损伤率在浓度水平 20000μg/mL 和 10000μg/mL 下,略低于粉煤灰的,而在其他中低浓度水平下,均略高于粉煤灰的。风化矸石和粉煤灰全样对 DNA 的损伤率的平均值则大致接近。对水溶样品,矸石的损伤普遍较大,应该与组分中颗粒吸附有关。粉煤灰比表面积大,吸附量大。此时的损伤与稳定组分的溶出浓度相关。

矸石和粉煤灰的矿物组成不一样是造成二者对 DNA 损伤能力差异的原因之一。由此反映,矿物种类和含量对 DNA 损伤有一定影响,但由于在风化、淋溶等条件上的明显差别,这种影响程度还需要进一步实验验证。推测在比较高的浓度下,非晶质的损伤大(此时粉煤灰对 DNA 的损伤率较高,而粉煤灰中非晶质含量高);在比较低的浓度下,石英损伤大(此时煤矸石对 DNA 的损伤率较高,而煤矸石中石英、长石的含量较高)。

9.2.4　煤炭固体废物质粒 DNA 损伤率与元素组成关系分析

Swaine 和 Goodarzi[292] 按照煤中元素对环境影响的大小,将煤中元素分为 4 类,见表 9.9。

综合以上,结合本研究 ICP-MS 实验结果,本研究选取如下 18 种元素进行分析。

表 9.9　煤中微量元素的分类[292]

类别	元素	危害状况
Ⅰ	As、Cd、Cr、Hg、Se	明显有害
ⅡA	B、Cl、F、Mn、Mo、Ni、Pb	B、Mn、Mo 为可淋溶的元素，Cl、F 可引起设备腐蚀和增加大气酸度
ⅡB	Be、Cu、P、Th、U、V、Zn	Th、U 具有放射性
Ⅲ	Ba、Co、Sb、Sn、Tl	有负效应的元素

表 9.10　矸石、粉煤灰中微量元素含量　　　　（单位：μg/g）

项目	H	G06	G05	项目	H	G06	G05
Be	5.80~5.50	3.03	3.49~3.98	Mo	1.89~2.49	1.08	0.658~0.820
V	115~130	106	110~119	Cd	0.393~0.616	0.235	0.130~0.187
Cr	75.3~89.4	73.2	67.8~69.7	Sn	5.11~5.18	3.83	1.04~1.10
Co	19.6~20.9	20.0	15.6~22.2	Ba	190~226	605	389~405
Ni	42.8~50.6	32.3	26.9~30.0	Ce	107~109	96.7	116
Cu	88.1~72.2	36.3	33.2~32.3	Tl	0.982~1.39	1.46	0.930~0.995
Zn	76.9~75.2	124	96.2~125	Pb	60.8~62.5	40.6	30.5~41.2
As	9.37~6.43	7.99	3.06~3.09	Th	33.0~35.5	18.9	20.2~20.8
Se	2.94~2.98	0.719	0.711~1.13	U	7.44~7.77	4.44	4.92~5.14

由表 9.10 可见，粉煤灰中 Be、V、Cr、Ni、Cd、Sn、Pb、As 等元素含量高于在矸石中的含量，而风化矸石中元素含量也普遍高于在新鲜矸石中的含量，但从实验结果来看，总体上，新鲜矸石的损伤率最大，风化矸石次之，而粉煤灰的最小。这表明，微量组分与损伤率之间的关系不能简单用相关关系来描述，还与其他因素有关，经过长期风化淋溶的矸石，其组分必然是惰性的为主，不溶或难溶的惰性组分或者状态占主要的部分；而粉煤灰在高温下发生了转化，非晶质和细颗粒物居多，具有很强的吸附性能，加上其为碱性灰，阻碍了组分的溶出，从而导致损伤率与元素含量呈负的相关。从实验结果反映，这只是一种表面的现象。更应考虑元素在环境样品中的存在形态和溶解性。

9.2.5　煤矸石、粉煤灰的全样 DNA 损伤能力比较

对于煤矸石、粉煤灰，总体上矸石全样的 DNA 损伤能力高于粉煤灰全样的 DNA 损伤能力；水溶样品对 DNA 的损伤一般也是矸石水溶样对 DNA 的损伤高于粉煤灰水溶样。

这种现象显然与其物理、矿物特征有关。粉煤灰中非晶质含量高达 70% 以上，其比表面积大，对重金属吸附能力强。李金娟等[283] 研究认为，春季沙尘暴期

间颗粒物损伤比平时大气颗粒物样品的损伤能力低。显然这是由于在强的风沙天气,局地燃煤飞灰被迅速扩散稀释,浓度大幅度降低,而气溶胶中占据主要成分的为黏土矿物颗粒,在干燥的气候下,因而这种损伤情况基本与煤矸石、粉煤灰全样对 DNA 的损伤情况相类似,二者可以相互验证。

邵龙义等[18,197]对北京市大气颗粒物的 DNA 损伤实验表明,燃煤飞灰对 DNA 的损伤在很低的浓度水平下高达 50% 以上,显然,这是因为颗粒物进入大气后,吸附大量的大气中的污染组分,如大气中的重金属离子、烟尘等,并发生二次转化,造成其生物活性显著增强。所以刚从污染源排出的飞灰,其生物活性反而较小。而煤矸石则不同,风化矸石的 DNA 损伤能力明显低于新鲜矸石的,这是由于长期风化淋溶后,残留物多为惰性的原因。

本实验结果表明,煤炭废物以固体颗粒形式存在时,其 DNA 损伤能力大;而进入水溶液中以后,其水溶性组分的 DNA 损伤明显减弱。

由此推论,当煤炭固体废物进入大气中以后,在相同组分和相同浓度条件下,在干燥气候区其 DNA 损伤应该比潮湿气候区的 DNA 损伤严重。从我国南北方矿区尘肺病不同的发生率可以得到验证,南方气候潮湿,发病率低;北方地区干旱,多风沙,加剧了尘肺病的严重程度。对同一矿区来讲,井下一线采煤工所受的 DNA 损害远大于地面风化矸石山下的居民(即使颗粒物浓度相当,也是如此)。但当煤尘中含有害组分时(如高砷、高硒煤),DNA 损伤主要由化学组分体现时,这种情况还需要进行新的实验验证,在此不再赘述。

在本实验条件下,煤炭固体废弃物的微量元素组成对 DNA 的损伤行为和特征有一定影响。但因受到诸多因素影响,如风化、淋溶等,其影响程度尚需进一步验证和确定。

9.3　煤炭固体废物淋溶液生物活性的质粒 DNA 评价

煤炭固体废物通过空气、水进入周围环境,期间可能经历相当长的时间才能进入人体。在这个过程中,其物理、化学特征发生改变,相应的其 DNA 损伤情况也会发生改变。本研究以淋溶实验模拟其变化过程。实验从 2006 年 3 月 29 日开始,批量实验集中于 2006 年 12 月~2007 年 4 月进行。实验条件:在室温下,以超纯水(pH 为 7.0,电阻率为 18.22MΩ·cm)作为淋溶或浸泡水。全样分别为不同溶出时间的新鲜矸石、风化矸石和粉煤灰颗粒,以淋溶上清液为水溶样品。

9.3.1　新鲜矸石淋溶液对质粒 DNA 的损伤率

新鲜矸石 DNA 损伤率随时间的变化情况如表 9.11 所示。

表 9.11 新鲜矸石 DNA 损伤率随淋溶时间的变化情况

淋溶时间	颗粒直径	最大损伤率/%	最小损伤率/%	平均损伤率/%	备注
1 天,全样	200~300 目	100	38.7	76.5	
1 天,水溶	200~300 目	41.6	35.5	39.4	
2 天,全样	200~300 目	88.0	39.7	58.0	
2 天,水溶	200~300 目	43.5	40.4	41.4	
3 天,全样	200~300 目	54.4	39.3	43.6	
3 天,水溶	200~300 目	46.7	40.5	42.3	
5 天,全样	80~120 目	59.1	45.4	51.8	
	120~200 目	70.9	43.8	51.8	
5 天,水溶	80~120 目	42.3	39.7	41.1	
	120~200 目	44.0	28.7	39.02	
10 天,全样	60~300 目,4 个浓度	47.5	43.1	45.1	
		51.2	45.2	47.4	
		42.7	42.2	42.5	
		52.6	28.2	40.6	
		38.2	28.8	33.5	
10 天,水溶	60~300 目,4 个浓度	45.6	31.4	40.5	
		42.1	35.1	39.6	
		47.8	43.7	45.4	
35 天,全样	混合颗粒直径	49.3	44.1	46.2	
35 天,水溶	混合颗粒直径	42.3	39.6	40.8	

由表 9.11 可见,随着淋溶的进程,新鲜矸石的最大损伤率、平均损伤率逐渐降低,而最小损伤大多接近超纯水的损伤背景。

按照淋溶实验时间顺序,分述如下。

图 9.27 与图 9.28 所示分别为淋溶实验第 1 天,新鲜矸石全样、水溶样的损伤情况。全样的损伤率最大为 100%,最小 38.7%,平均 76.5%;水溶的损伤率最大 41.6%,最小 35.5%,平均 39.4%。在 200000μg/mL、160000μg/mL、120000μg/mL 的浓度水平下,全样全部损伤,但当全样的浓度水平降为 80000μg/mL 时,损伤率迅速降低到 43.7%,全样的浓度水平降为 40000μg/mL 时,对应的损伤率更降低到 38.7%,接近超纯水的损伤空白(本次实验为超纯水的损伤空白为 36.2%),浓度与损伤之间相关很好。形成鲜明对比的是水溶组分,此时其损伤相对较小,在浓度水平 40000μg/mL 下,其损伤甚至低于超纯水的损伤空白。显然此时组分尚未充分溶出,还需要一定时间才能溶出。因为样品准备后,还有 6 个小时

的震荡反应时间,在这 6h 内全样中化学组分将陆续溶出,造成全样与水溶的巨大
差异。

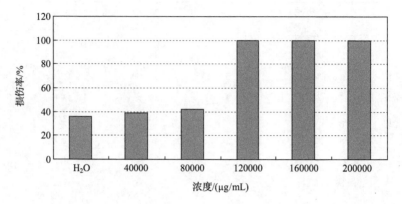

图 9.27　淋溶第 1 天新鲜矸石(200～300 目)全样的 DNA 损伤变化情况

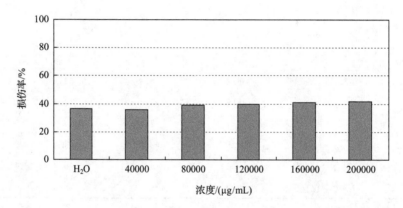

图 9.28　淋溶第 1 天新鲜矸石(200～300 目)水溶样品的 DNA 损伤变化情况

淋溶的第 2 天,全样最大 88.0%,最小 39.7,平均 58.0%;水溶最大 43.5%,
最小 40.4%,平均 41.4%(分别如图 9.29、图 9.30 所示);与第 1 天比较,损伤明显
大幅度增大,总体上,全样的浓度与损伤表现很好的正相关;水溶也呈正相关,但其
损伤变化不太显著。

第 2 天浓度水平为 10000μg/mL 时损伤率高达 88.0%,而第 1 天在浓度水平
40000μg/mL 下,损伤仅为 38.7%,总体上,全样的浓度与损伤率之间表现为很好
的正相关;水溶也呈正相关,但其在各浓度水平下的损伤差别不太显著。该浓度分
级的高浓度值可能还是设置过大,尚有待进一步验证。

如图 9.31 与图 9.32 所示为淋溶第 3 天,颗粒直径为 200～300 目的新鲜矸石
的损伤情况。此时,全样损伤率最大 54.4%,最小 39.3%,平均 43.6%;水溶样品
的损伤率最大 46.7%,最小 40.5%,平均 42.3%;全样的损伤与浓度之间仍有很

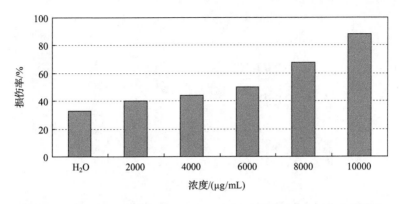

图 9.29　淋溶第 2 天新鲜矸石(200~300 目)全样的 DNA 损伤变化情况

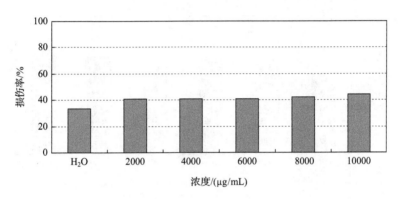

图 9.30　淋溶第 2 天新鲜矸石(200~300 目)水溶样的 DNA 损伤变化情况

好的正相关关系,但与第 2 天相比,其在高浓度水平下的损伤大幅度降低(在浓度水平 10000μg/mL 下,第 2 天全样的损伤率为 88.0%,而第 3 天已经降为 54.4%),各浓度水平之间的差异迅速减小(浓度水平 8000μg/mL 下损伤率为 42.2%,浓度水平 6000μg/mL 下损伤率为 41.3%,浓度水平 4000μg/mL 下损伤率为 41.1%,浓度水平 2000μg/mL 下损伤率为 39.3%)。水溶样品的损伤方面,第 3 天与第 2 天相比,损伤情况大致相同,最大损伤率、最小损伤率以及各不同浓度水平下的损伤率也基本保持稳定。表明在可溶组分在溶出速率和溶出量上,两天基本持平。而全样中由于可溶组分已经大量溶出而减少,除在浓度水平 10000μg/mL 下损伤率仍比水溶样品的高,在其他浓度水平下,水溶样品与全样的损伤率基本相同,甚至水溶样品的损伤率略高于全样的。

淋溶第 5 天,颗粒直径为 80~120 目的新鲜矸石的损伤特征(分别如图 9.33、图 9.34 所示)如下:全样损伤率最大为 59.1%,最小 45.4%,平均 51.8%;水溶性组分的损伤率最大为 42.3%,最小 39.7%,平均 41.1%;全样的损伤率与浓度水

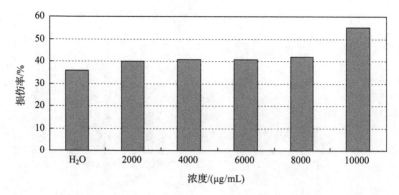

图 9.31　淋溶第 3 天,新鲜矸石(200~300 目)全样的 DNA 损伤变化情况

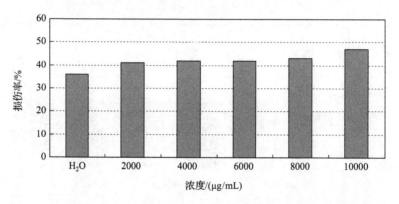

图 9.32　淋溶第 3 天,新鲜矸石(200~300 目)水溶样的 DNA 损伤变化情况

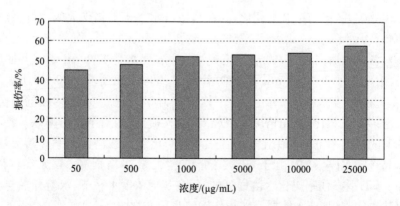

图 9.33　新鲜矸石(80~120 目)淋溶第 5 天全样损伤情况

平的相关程度很高,$R^2 = 0.9565$。而水溶性组分的损伤率在各浓度水平之间无显著差异。显然此时,矸石颗粒表面组分已经充分溶出,残留很少,因而进入水溶性

组分中的量很少。而全样矸石颗粒由于粒径较大(80～120 目),样品配置后又与质粒 DNA 经 6h 的震荡反应,这就造成颗粒内部组分溶出,使得全样的损伤率大大高出水溶性组分的损伤率。并在相同或更低的浓度水平下,第 5 天全样的损伤率甚至高出第 3 天的。

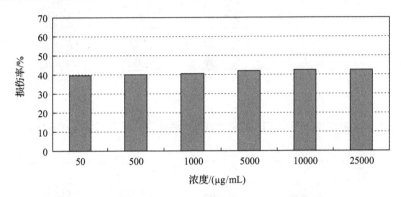

图 9.34　新鲜矸石(80～120 目)淋溶第 5 天水溶样损伤情况

淋溶第 5 天,对于颗粒直径为 120～200 目的新鲜矸石,其损伤特征如下。

全样的损伤率最大 70.9%,最小 43.88%,平均 51.8%;水溶性组分的损伤率最大 44.0%,最小 28.7%,平均 39.0%;与 80～120 目粒径相比,全样有大致相同的损伤特征,但在高浓度水平 25000μg/mL 下,120～200 目粒径的损伤明显增大,浓度水平为 10000μg/mL 时,二者的损伤率接近;在其他浓度水平下,80～120 目的损伤率略大;水溶组分的损伤在浓度水平为 50μg/mL 时,损伤率为 28.7%,低于超纯水的损伤空白,其余浓度水平下与 80～120 目颗粒损伤特征、损伤率大致相同。表明 120～200 目颗粒中,因其粒径更小,组分溶出更充分,残留更少,化学损伤降低,但因其粒径小,推测其机械损伤有所增大,特别在高浓度下。

图 9.35 和图 9.36 是淋溶第 10 天新鲜矸石淋溶液全样和水溶样浓度在10000μg/mL 时的损伤情况,在浓度水平 10000μg/mL 时,新鲜矸石全样的损伤率最大 47.5%,最小 43.1%,平均 45.1%;水溶样的损伤最大 38.2%,最小 28.8%,平均 33.5%;很明显,全样保持一定程度的损伤,并与颗粒直径呈负的相关,其中粒径 80～120 目的颗粒的损伤率略低于粒径 60～80 目的,产生微小的偏离,总体上各粒径颗粒之间的损伤率差别不显著。水溶样的损伤虽然从数值上看,损伤与粒径呈正的相关,但实际上除 60～80 目有损伤外,其余粒径段,其损伤率接近或低于超纯水的损伤空白,因而难以准确评价。

淋溶第 10 天,当实验浓度水平为 1000μg/mL 时,损伤率全样最大 51.2%,最小 45.2%,平均 47.4%;水溶最大 45.6%,最小 31.4%,平均 40.5%;全样的损伤,与颗粒直径大致成负的相关,60～80 目为 45.2%,80～120 目为 45.4%,120～200

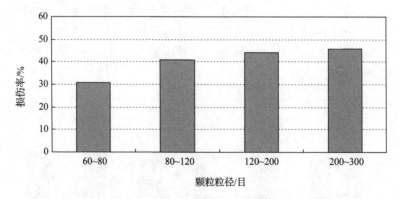

图 9.35　淋溶第 10 天不同粒径新鲜矸石全样损伤情况(浓度水平 10000μg/mL)

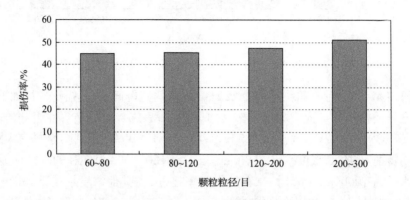

图 9.36　淋溶第 10 天不同粒径新鲜矸石水溶样损伤情况(浓度水平 10000μg/mL)

目为 47.8%,200～300 目为 51.2%,各浓度水平之间仅存在微小差异;水溶样的损伤与颗粒直径大致成负的相关,60～80 目为 31.4%,80～120 目为 41.4%,120～200 目为 43.6%,200～300 目为 45.6%。与超纯水对比,60～80 目和 80～120 目两个粒径段的损伤率低于超纯水的损伤空白。各粒径水溶样的损伤均低于全样的损伤。

　　淋溶第 10 天,当实验浓度水平为 500μg/mL 时,水溶样的损伤率最大43.1%,最小 35.1%,平均 39.6%;全样的损伤率最大 42.7%,最小 42.2%,平均42.5%;全样的损伤,与颗粒直径成不明显的正的相关,60～80 目为 42.7%,80～120 目为 42.7%,120～200 目为 42.4%,200～300 目为 42.2%,各浓度水平之间损伤率差异甚微;水溶样的损伤与颗粒直径大致成负的相关,60～80 目为 35.1%,80～120 目为 39.1%,120～200 目为 41.0%,200～300 目为 43.1%。与超纯水的损伤空白对比,60～80 目和 80～120 目两个粒径段的损伤低于超纯水的损伤空白。所有粒径级别下,水溶样的损伤均低于全样的损伤。

淋溶第 10 天,当实验浓度水平为 50μg/mL 时,水溶样的损伤最大 52.3%,最小 28.2%,平均 40.6%;全样损伤最大 47.8%,最小 43.7%,平均 45.4%;全样的损伤,与颗粒直径成正的相关,60~80 目为 47.8%,80~120 目为 45.8%,120~200 目为 44.4%,200~300 目为 43.695%;水溶样的损伤与颗粒直径大致成负的相关,60~80 目为 28.2%,80~120 目为 38.2%,200~300 目为 43.6%,其中 120~200 目高达 52.3%,偏离总趋势。推测其原因:该粒径段的全样即有化学组分的损伤,又有机械损伤。除 120~200 目的水溶样外,其余各粒径水溶样的损伤均低于全样的。

图 9.37 和图 9.38 是新鲜矸石淋溶 35 天不同浓度下淋溶液全样和水溶样 DNA 损伤情况,对于混合粒径的新鲜矸石,淋溶进行到第 35 天,新鲜矸石对 DNA 的损伤率下降显著,全样损伤率最大 49.3%,最小 44.1%,平均 46.2%;水溶样的损伤最大 42.3%,最小 39.6%,平均 40.8%;此时水溶性组分的损伤即使在最大浓度水平(50000μg/mL)时,也只有 42.3%,相当接近超纯水的空白损伤值(40.5%),而在 1000μg/mL 以下各浓度水平(500μg/mL 时损伤率为 39.9%,50μg/mL 时为 39.6%),损伤率甚至低于超纯水的空白损伤。表明矸石组分溶出充分完全。因此在水溶液中基本不存在化学组分的损伤。而此时,全样仍保持一定的损伤,但几乎在所有浓度水平下,全样的损伤基本稳定,特别在 10000μg/mL 以下,损伤率几乎无差别。那么,这种损伤应该由矿物组分引起,但不能排除仍可能有部分化学组分从颗粒中溶出。

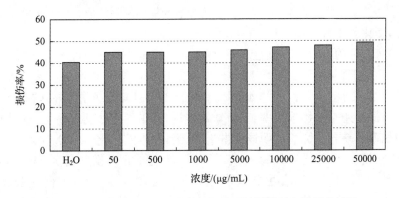

图 9.37　淋溶第 35 天不同浓度水平下新鲜矸石全样损伤情况

当淋溶实验进行到 35 天时,根据本实验条件,(设定的实验条件是模拟在污染物浓度为 50000μg/mL 的情况,相当于人体曝露在超过国家环境空气质量标准 8 倍的粉尘环境中连续 24h 把所有粉尘全部吸入肺泡的情形),到 35 天以后,新鲜矸石对 DNA 的损伤已经可以认为不明显。连续淋溶 35 天,矸石中可溶解组分大部淋失,其损伤主要由残留的固体组分造成,而且主要应该由难溶的矿物岩石颗粒造

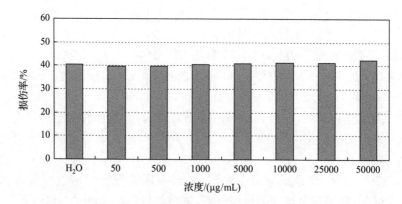

图 9.38　淋溶第 35 天不同浓度水平下新鲜矸石水溶样损伤情况

成,从矸石的组成来看,该部分难溶的矿物岩石颗粒应该主要是 Al_2O_3(该矿区为 20.88%)、SiO_2(该矿区为 52.34%)等组分。

9.3.2　风化矸石淋溶液对质粒 DNA 的损伤率

对于风化矸石,高的浓度水平下,全样损伤率远大于水溶的,但浓度水平降到 1000μg/mL 以下以后,全样与水溶的差别变得很小,当浓度水平降到 5 μg/mL 时,二者基本一样甚至全样的损伤率小于水溶的。

在淋溶实验的第 1 天,风化矸石全样的损伤率在浓度水平 5000μg/mL 以下时,变化不大,基本稳定在 40%～50%;水溶样品的损伤率则从最大浓度水平 50000μg/mL 开始,变化就不大,基本稳定在 40%～50%。

在淋溶实验的第 30 天,颗粒直径 200 目以下,全样在各浓度水平下,最大损伤率为 45.7%,最小 42.6%,平均 44.4%。水溶组分的损伤率在各浓度水平下,最大为 43.9%,最小 42.9%,平均 43.4%。全样的损伤率比水溶样品的略大,但无论其最大、最小还是平均损伤率,二者非常接近,几乎没有差别。而且,不同浓度水平下,损伤率的差异甚微。表明连续淋溶 30 天,基本没有化学组分的溶出了。

对于浸溶 1 年的混合粒径的风化矸石,其全样的损伤率最大 69.9%,最小 42.2%,平均 49.3%。其浓度-损伤率相关曲线如图 9.39 所示。相关系数 R^2 = 0.87,相关性好。

对于浸溶 1 年的混合粒径的风化矸石,其水溶组分的损伤率,最大 42.5%,最小 34.1%,平均 38.9%。其浓度-损伤率相关曲线如图 9.40 所示。相关系数 R^2 = 0.74,相关性好。

所以,当浸泡实验进行至将近 1 年,总体上,全样的损伤率比水溶的高,尤其在高浓度水平下(20000μg/mL),全样的损伤大得多(约大 27.4%),意味着此时矸石颗粒的机械损伤起主要作用,这种机械损伤主要是由不溶或难溶的 Al_2O_3、SiO_2

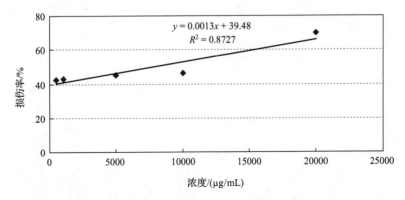

图 9.39　淋溶 1 年的混合粒径风化矸石全样的浓度-损伤率相关曲线图

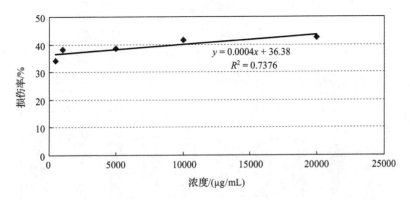

图 9.40　淋溶 1 年的混合粒径风化矸石水溶样的浓度-损伤率相关曲线

等造成;全样的中低浓度水平和水溶几乎全部浓度水平的损伤率均较平缓,意味着颗粒直径的差异、化学组分的变化对损伤率的影响稳定下来。与浸溶 45 天(颗粒直径为 200 目以下)相比,扣除超纯水的空白损伤,全样部分和水溶部分其损伤率更小,且各浓度水平之间差异更小。特别是水溶部分,其损伤情况与春季矸石山周围水样损伤情况基本一致(参见 9.4 节),表明长期浸泡条件下,淋溶水质与实地采集的干旱季节水化学组分基本一致,其损伤率吻合程度高。

下面将风化矸石的损伤随淋溶时间的变化情况详述如下。

淋溶 1 天,对风化矸石,直径为 300 目(约 0.05mm 或约 0.5μm)的颗粒在淋溶 16～20h(不到 1d),其损伤率,全样最大 100%(即全部损伤),最小 39.9%,平均 53.4%;水溶的最大 44.6%,最小 41.0%,平均 42.6%(如图 9.41 与图 9.42 所示)。在高浓度水平下,全样的损伤远远大于水溶组分的,而在较低浓度水平下,二者的损伤基本持平。而且,水溶的损伤水平普遍较低,显然,此时污染组分尚未充分溶出。推测这是因为风化矸石已经经过长期的自然风化,初期淋溶液只是与颗粒表面作用,因而其组分的溶出比较有限。当长时间接触并与颗粒内部尚未风化部分作用时,其情形将有变化。

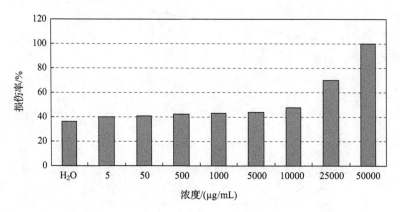

图 9.41　淋溶第 1 天风化矸石(300 目)全样损伤情况

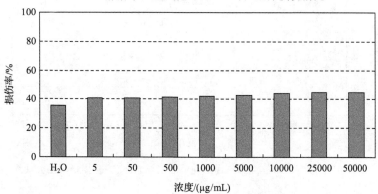

图 9.42　淋溶第 1 天风化矸(300 目)石水溶样损伤情况

如图 9.43 和图 9.44 所示,淋溶试验进行至 36～42h,其损伤率,全样最大

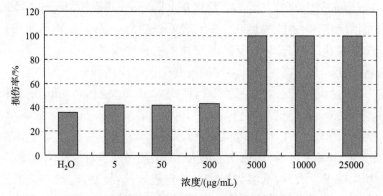

图 9.43　淋溶第 2 天风化矸石(300 目)全样损伤情况

100%,（即全部损伤），最小 41.0%,平均 71.1%;水溶样的损伤最大 46.5%,最小
37.4%,平均 42.2%。与第 1 天相比,在高浓度水平下,全样的损伤程度有较大提
高,但在低浓度水平下,损伤率变化不大;水溶样在相同浓度水平下的损伤率基本
持平,略有提高。

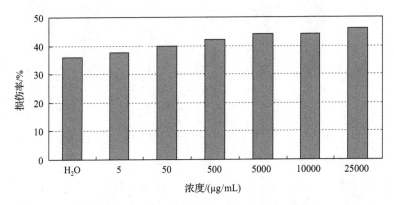

图 9.44　淋溶第 2 天风化矸石(300 目)水溶样损伤情况

　　图 9.45 与图 9.46 为淋溶 3 天,在不同浓度水平下,不同颗粒直径风化矸石对
DNA 的损伤情况:

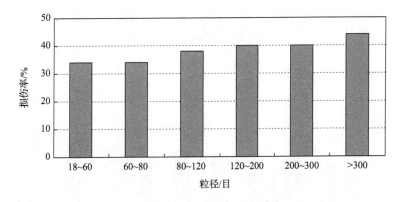

图 9.45　淋溶第 3 天不同粒径风化矸石全样损伤情况

　　实验浓度水平为 10000μg/mL 时,全样的损伤率最大为 43.2%,最小 33.7%,
平均 38.9%;水溶样的损伤率为最大 39.3%,最小 34.9%,平均 37.2%。以粒径
80 目为界,对>80 目的颗粒,其全样的损伤稍低于水溶样的;而<80 目的颗粒,其
全样的损伤略高于水溶的。

　　实验浓度水平为 1000μg/mL 时,损伤率全样最大为 38.6%,最小 36.6%,平
均 37.5%;水溶样的损伤率最大为 38.6%,最小 33.6%,平均 37.3%。以 120 目
为界,对>120 目的颗粒,其全样的损伤大于水溶样的;而<120 目的颗粒,其水溶

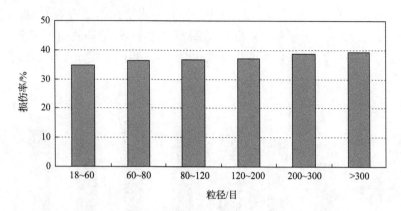

图 9.46　淋溶第 3 天不同粒径风化矸石水溶样损伤情况

样的损伤略高于全样的。

实验浓度水平为 500μg/mL 时,损伤率全样最大为 43.7%,最小 30.1%,平均 39.3%;水溶样的损伤率为最大 43.6%,最小 39.8%,平均 41.3%。以 120 目为界,对>120 目的颗粒,其全样的损伤小于水溶样的;而<120 目的颗粒,其全样的损伤略高于水溶样的。

淋溶实验进行至第 10 天,不同粒径风化矸石的损伤情况分述如下。

如图 9.47 与图 9.48 所示,对 18 目以上颗粒,全样的损伤率最大 97.0%,最小 40.8%,平均 50.9%;水溶样的损伤率最大 48.1%,最小 42.7%,平均 45.3%。

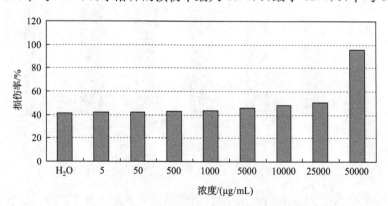

图 9.47　淋溶第 10 天风化矸石(18 目以上)全样损伤情况

淋溶实验进行至第 10 天,全样中除了在浓度水平 50000μg/mL 下损伤较高以外,若考虑超纯水的损伤空白,以及图像处理时可能出现的误差,则浓度水平 25000μg/mL 以下的其余各浓度水平下,损伤都不明显。对于水溶样,各浓度水平下的损伤均不明显,且相近浓度水平之间的损伤,差异甚微。表明此时可溶性组分已经基本充分溶出,再进行淋溶时,虽仍有少量溶出但很少。从水溶样与全样的损

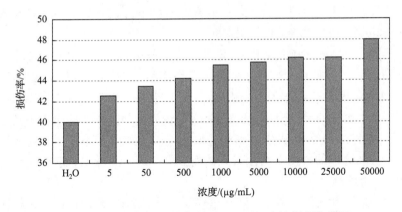

图 9.48 淋溶第 10 天风化矸石(<18 目)水溶样损伤情况

伤对比可见。

对目数在 18～60 目的颗粒,淋溶实验进行至第 10 天,全样损伤最大 100%,最小 32.4%,平均 49.3%;水溶样损伤率最大 41.1%,最小 32.5%,平均 37.2%。全样中在浓度水平 50000μg/mL 时,损伤率达 100%,浓度水平在 25000μg/mL 时损伤也较高,在其余浓度水平下的损伤不太明显。但颗粒物目数小于 18 目时,对于水溶样,各浓度水平的损伤均不太明显,且相近浓度水平之间损伤的差异甚微。表明此时,可溶性组分已经基本充分溶出,再进行淋溶时,残余很少但仍会有少量溶出。可以推测,其机械损伤高于 18 目的风化矸石,而其化学性损伤大致相近。

对目数在 60～80 目的颗粒,淋溶实验进行至第 10 天,损伤率为全样最大 95.0%,最小 35.7%,平均 49.8%;水溶样的损伤率最大为 40.1%,最小 23.0%,平均 33.4%。全样的损伤率总体上高于 18～60 目的风化矸石。水溶部分的损伤与上两种粒径基本无差别。可以推测,其机械损伤高于 18～60 目的风化矸石,而其化学性损伤大致相近。

对目数在 80～120 目的颗粒,淋溶实验进行至第 10 天,其损伤率全样最大 70.5%,最小 37.7%,平均 46.2%;水溶样的损伤最大 43.3%,最小 37.0%,平均 34.1%。全样的损伤总体上高于 60～80 目的风化矸石,但全样的损伤率在高浓度水平下反而有所下降。水溶部分的损伤与上两种粒径基本无差别,略有上升。可以推测,其机械损伤高于 60～80 目的风化矸石,而其化学性损伤大致相近而略有上升,显然,颗粒直径对物质溶出有影响。

对目数在 120～200 目的颗粒,淋溶实验进行至第 10 天,其损伤率全样最大 61.3%,最小 46.6%,平均 50.4%;水溶样最大 45.2%,最小 39.7%,平均 42.2%。全样的损伤总体上高于 80～120 目,且增大较明显,但全样的损伤率在高浓度水平下继续有所下降,造成各浓度水平下的损伤差别缩小。水溶部分的损伤特点与上几种粒径基本无太大差别,但有明显上升。可以推测,其机械损伤高于 80～120 目的风化矸石,而其化学性损伤大致相近而有一定的上升,显然,适当的颗粒直径对物质溶出和损伤均有一定程度的影响。

对于目数为 200～300 目的颗粒,淋溶实验进行至第 10 天,其损伤率全样最大 100%,最小 39.1%,平均 58.1%;水溶样损伤率最大 50.7%,最小 42.8%,平均 46.0%。在高浓度水平下,全样的损伤远大于水溶样的,但到浓度水平 1000μg/mL 以下,全样与水溶样的差别很小,到浓度水平 5μg/mL 时,全样的损伤率甚至小于水溶样的。全样的损伤率从浓度水平 5000μg/mL 以下,变化不大,基本稳定在 40%～50%;水溶样的损伤率则从最大浓度 50000μg/mL 开始,变化不大,基本稳定在 40%～50%。

对于目数为 300 目的颗粒,淋溶实验进行至第 10 天,其损伤率全样最大 71.0%,最小 33.0%,平均 43.7%;水溶样的损伤率最大 41.8%,最小 35.3%,平均 37.7%。全样除在浓度水平 25000μg/mL 和 10000μg/mL 以外,水溶样除在浓度水平 25000μg/mL 以外,其余各浓度水平下的损伤均低于超纯水的损伤空白,表明细小颗粒中可溶组分已经溶出完全,淋溶水质接近超纯水。

淋溶 30d,目数大于 200 目的风化矸石的 DNA 损伤情况如图 9.49 与图 9.50 所示。

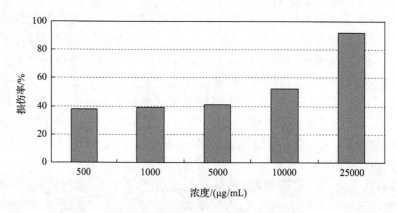

图 9.49　淋溶第 30 天风化矸石(200 目以下)全样损伤情况

此时,浓度小于 1000μg/mL 时,全样的损伤率最大 55.3%,最小 45.7%,平均 49.4%;水溶样的损伤率最大 45.7%,最小 42.6%,平均 44.4%。实验结果表明,淋溶进行到第 30 天,水溶样在各浓度水平下的损伤率,其差异很小,表明淋溶进行相当充分,可溶组分基本充分溶出。此时的损伤主要由机械损伤造成,但从全样的损伤情况分析,粒径小于 200 目的风化矸石虽有一定的机械损伤,但并不严重。结合第 10 天 300 目粒径的损伤情况,推测细小粒径的风化矸石可能存在一定的机械损伤,但不太严重。

淋溶 30d,目数大于 200 目的风化矸石全样在各浓度水平下的损伤,差异很小

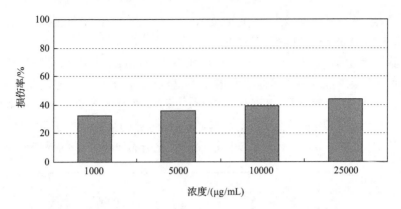

图 9.50　淋溶第 30 天风化矸石(＞200 目)水溶样损伤情况

(略高于水溶样的),而 80~200 目的损伤更小,表明该颗粒直径下淋溶进行充分,可溶组分基本充分溶出。此时损伤主要由机械损伤造成,但从全样损伤情况分析,目数大于 200 目的风化矸石有一定的机械损伤,但并不严重。

图 9.51 与图 9.52 所示为混合粒径风化矸石淋溶 35d 时的 DNA 损伤情况。

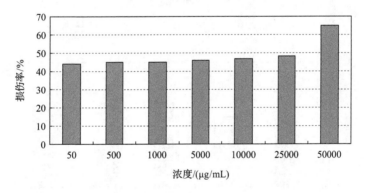

图 9.51　淋溶第 35 天混合粒径风化矸石全样损伤情况

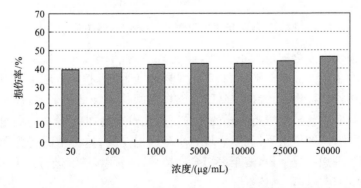

图 9.52　淋溶第 35 天混合粒径风化矸石水溶样损伤情况

此时,全样的损伤率最大 64.0%,最小 43.1%,平均 47.9%;水溶样的损伤率最大 46.4%,最小 39.6%,平均 42.6%。

实验结果显示,到第 35 天,除了浓度水平 50000μg/mL 时水溶样与全样的损伤率仍存在较大的差异外,其他浓度水平下,全样的损伤率虽仍普遍比水溶的高,但差异非常小,从数值上看,已经比较接近。所以,淋溶进行到第 35 天,全样中虽仍有极少量组分溶出并对结果产生影响,但溶出组分的量比较少了。

图 9.53 与图 9.54 所示为 200 目粒径的风化矸石淋溶 45d 的损伤变化情况。

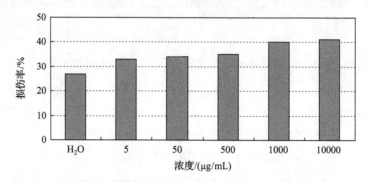

图 9.53　淋溶第 45 天风化矸石(200 目)全样损伤情况

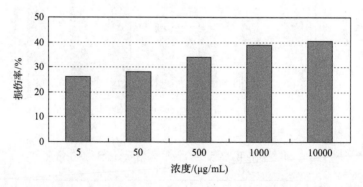

图 9.54　淋溶第 45 天风化矸石(200 目)水溶样损伤情况

此时,损伤率为全样最大 40.6%,最小 33.1%,平均 36.7%;水溶样的损伤率最大 40.6%,最小 33.1%,平均 36.7%。与 35 天相比,相同浓度水平下,第 45 天的全样、水溶样的损伤率均有所降低,水溶样的损伤率降低得更多,表明可溶组分的量更少,第 35 天时,水溶与全样的差异还是比较大的,但到第 45 天,全样与水溶的差异非常小,从数值上看,甚至表现为水溶高出全样(这种情况应为图像分析时出现的误差,理想状况下,水溶至多与全样持平)。所以,淋溶进行到第 45 天,应该可以认为水溶与全样基本持平。

图 9.55 与图 9.56 所示为浸溶近 1a 混合粒径风化矸石对质粒 DNA 的损伤

情况。

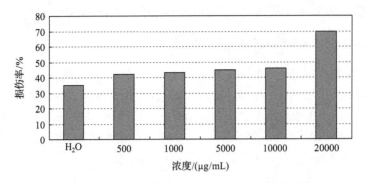

图 9.55　淋溶近 1 年混合粒径风化矸石全样损伤情况

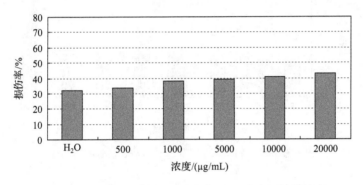

图 9.56　淋溶近 1 年混合粒径风化矸石水溶样损伤情况

此时,浸泡实验进行至将近 1 年(浸泡开始于 2006 年 3 月 29 日,实验时间在 2007 年 2 月 5 日),此时全样的损伤率最大 69.9%,最小 42.2%,平均 49.3%;水溶的损伤率最大 42.5%,最小 34.1%,平均 38.9%。

总体上,浸泡实验进行至将近 1 年,全样的损伤率比水溶的高,尤其在高浓度水平下(20000μg/mL 时),全样的损伤大得多(约大 27.4%),意味着此时矸石颗粒的机械损伤起主要作用,这种机械损伤主要是由不溶或难溶的 Al_2O_3、SiO_2 等造成;全样的中低浓度水平和水溶几乎全部浓度水平的损伤率均较平缓,意味着颗粒粒径的差异、化学组分的变化对损伤率的影响稳定下来。与 45 天(颗粒粒径为 200 目以下)相比,扣除超纯水的损伤空白,全样部分和水溶部分其损伤率更小,且各浓度水平之间差异更小。特别是水溶部分,其损伤情况与春季矸石山周围水样损伤情况基本一致(参见 9.4 节),表明长期浸泡条件下,淋溶水质与实地采集的干旱季节水化学组分基本一致,其损伤率吻合程度高。

与 35 天相比,相同浓度水平下,1 年的全样、水溶样的损伤率普遍要低,但全样的损伤率在高浓度水平下,淋溶 1 年的损伤反而有所增加。原因是此时的溶出条件为浸泡条件。

（注意：全章浓度单位为μg/mL；颗粒粒径单位为目；损伤率无量纲，为％。）

9.3.3　粉煤灰淋溶液对质粒 DNA 的损伤率

图 9.57 与图 9.58 为粉煤灰淋溶第 1 天的 DNA 损伤情况，全样损伤率最大为 100％，最小 37.8％，平均 49.7％；水溶样品的损伤率最大 44.6％，最小 35.4％，平均 40.7％。在高浓度水平（25000μg/mL 以上）下，全样的损伤率大；浓度水平降到 10000μg/mL 以下，损伤率迅速减小，全样的损伤率略高，但与水溶样品损伤率非常接近。显然此时固体中可溶组分尚未充分溶出。

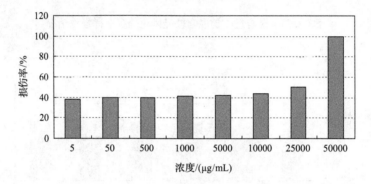

图 9.57　粉煤灰淋溶第 1 天全样的 DNA 损伤

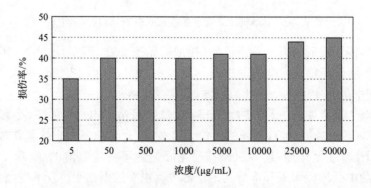

图 9.58　粉煤灰淋溶第 1 天水溶样品 DNA 损伤

如图 9.59 与图 9.60 为粉煤灰淋溶第 2 天的 DNA 损伤情形，全样的损伤率最大为 100％，最小 25.2％，平均 68.6％；水溶样品损伤率最大 43.6％，最小 34.4％，平均 39.9％。在高浓度水平（5000μg/mL 以上）下，全样损伤率显著增大，且高低浓度水平之间的差异显著，浓度水平 500μg/mL 以下时，全样的损伤率降低幅度大，约为 50％，但全样损伤率仍略高于水溶组分的；与第 1 天一样，水溶组分的损伤率在各浓度水平之间仍非常接近,差距不大。表明此时可溶组分仍未大量溶出。

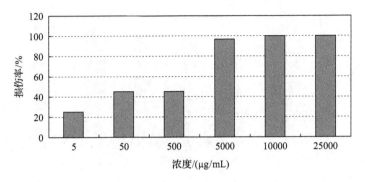

图 9.59　粉煤灰淋溶第 2 天全样的 DNA 损伤

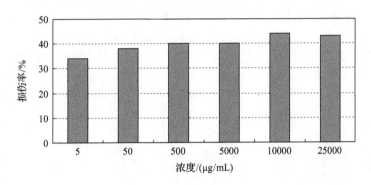

图 9.60　粉煤灰淋溶第 2 天水溶性组分的 DNA 损伤

图 9.61 和图 9.62 为不同粒径粉煤灰淋溶第 3 天的 DNA 损伤情形。淋溶第 3 天,在浓度水平(1μg/mL 或 1000μg/mL)下,全样损伤率最大为 42.7%,最小 29.4%,平均 39.1%;水溶样品的损伤率最大为 42.3%,最小 36.2%,平均

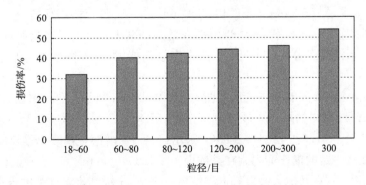

图 9.61　粉煤灰淋溶第 3 天全样的 DNA 损伤

39.9％。在浓度水平 500μg/mL 下,全样的损伤率最大 53.8％,最小 31.9％,平均 42.9％;水溶样品的损伤率最大 47.2％,最小 34.3％,平均 41.0％。

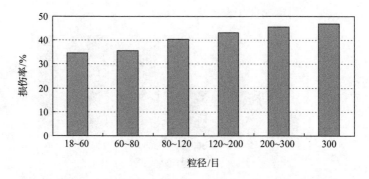

图 9.62　粉煤灰淋溶第 3 天水溶性组分的 DNA 损伤

淋溶第 10 天,按照颗粒直径分别进行 7 组实验,结果如表 9.12 所示。

表 9.12　粉煤灰淋溶 10 天不同粒径的 DNA 损伤情况

颗粒直径/目	全样损伤率/%			水溶样损伤率/%		
	最大	最小	平均	最大	最小	平均
<18	58.6	35.8	43.1	43.7	39.3	46.8
18~60	100	31.4	45.7	49.9	31.1	39.1
60~80	70	33.4	39.9	38.4	24.0	32.8
80~120	53.6	30.4	38.2	42.8	36.3	38.8
120~200	42.6	33.7	39.1	42.2	27.4	37.3
200~300	100	43.6	58.5	52.5	38.2	47.2
>300	85.8	34.9	48.0	40.6	34.4	37.2

图 9.63 和图 9.64 为淋溶至第 10 天时粒径为 120 目的粉煤灰对 DNA 的损伤情况,在浓度水平为 50000μg/mL 和 25000μg/mL 下,除全样仍保持一定的 DNA 损伤能力外,其他浓度水平下全样对 DNA 的损伤减小并接近于超纯水对 DNA 的损伤空白。水溶性组分仍对 DNA 保持一定损伤能力,但不同浓度水平下的差异已经不大。

粉煤灰淋溶 30 天的损伤情形如图 9.65 和图 9.66 所示。可以看出,除浓度为 5000μg/mL 外,全样的损伤率最大为 66.1％,最小 43.7％,平均 50.2％;水溶样品的损伤率最大为 57.5％,最小 42.6％,平均 47.4％。淋溶至第 30 天,全样和水溶组分均仍保持一定的损伤能力。在高浓度水平(25000μg/mL 和 10000μg/mL)下,全样的损伤率高,在其他大多数较低的浓度水平下,全样和水溶样品的损伤率相当接近。

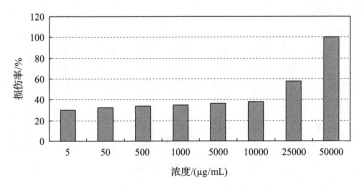

图 9.63　粉煤灰淋溶 10 天全样对 DNA 的损伤

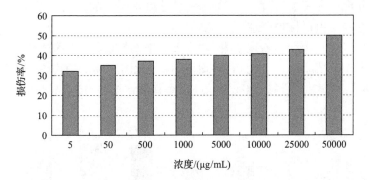

图 9.64　粉煤灰淋溶 10 天水溶性组分对 DNA 的损伤

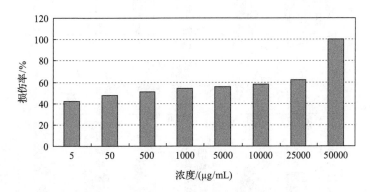

图 9.65　粉煤灰淋溶 30 天全样对 DNA 的损伤

淋溶至第 35 天,全样的损伤率最大 92.1%,最小 36.8%,平均 52.1%;水溶样品的损伤率最大为 44.0%,最小 37.6%,平均 40.3%。淋溶至 35 天,全样和水溶组分均仍保持一定损伤能力。全样的损伤率在高低浓度水平之间差异仍较大,在高浓度水平下,仍保持相当高的损伤率(92.1%,这个值有点偏高,可能与实验操

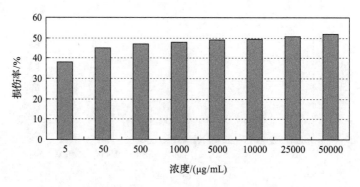

图 9.66　粉煤灰淋溶 30 天水溶性组分对 DNA 的损伤

作或图像分析处理有关)。而水溶部分的各浓度水平下的损伤已经非常接近,这中间的差异主要是由机械损伤造成。

　　图 9.67 与图 9.68 为粉煤灰淋溶 45 天的损伤情形。实验结果显示,全样的损伤率最大为 49.7%,最小 38.3%,平均 44.0%;水溶样品的损伤率最大为 47.0%,最小 29.9%,平均 40.6%。淋溶至 45 天,全样和水溶组分均仍保持一定的损伤能

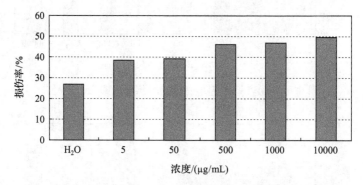

图 9.67　粉煤灰淋溶 45 天全样对 DNA 的损伤

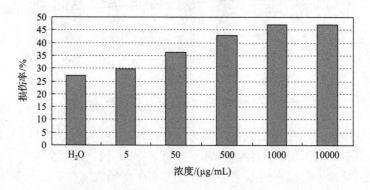

图 9.68　粉煤灰淋溶 45 天水溶性组分对 DNA 的损伤

力。且全样即使在低浓度水平下,仍保持相当损伤率。这应该是由于 45 天样品是浸泡实验,而全样与水溶样品之间的差异主要应由机械损伤造成。

图 9.69 与图 9.70 为粉煤灰淋溶 1 年的 DNA 损伤情形(浸泡开始于 2006 年 3 月 29 日,DNA 实验时间在 2007 年 2 月 5 日,将近 1 年时间)。实验显示,此时,全样损伤率最大为 76.5%,最小 37.9%,平均 49.2%(其中超纯水的损伤空白为 35.3%);水溶样品损伤率最大 34.0%,最小 30.2%,平均 32.3%(其中超纯水的损伤空白为 31.7%)。淋溶 1 年,水溶样品在各浓度水平下损伤率的差别很小,并接近于超纯水的损伤背景。全样则仍保持一定的损伤能力。

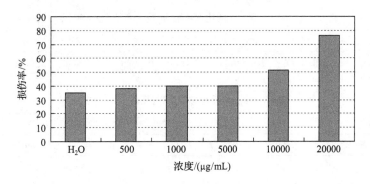

图 9.69 粉煤灰淋溶 1 年全样对 DNA 的损伤

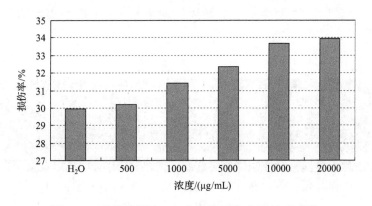

图 9.70 粉煤灰淋溶 1 年水溶性组分对 DNA 的损伤

9.4 煤炭固体废物周围地下水生物活性的质粒 DNA 评价

在上述实验条件下,影响 DNA 损伤实验结果的环境因子,诸如风向、风速、降水和湿度、工农业生产等,不但有年变化、季节变化,还有日变化和逐时变化,对

DNA 实验结果的影响很大,但对地下水而言,其水质、水量的变化相对稳定,并很好地反映了污染源长期扩散的结果,因而矸石山和粉煤灰堆场周围地下水具有很好的代表性。因此,本实验即以平顶山矸石山和粉煤灰堆场周围地下水为研究对象。考虑到地下水的水量水质存在季节动态,故采集春季(代表旱季)、冬季(采样时正为雨雪天气,代表雨季)两季的代表性样品。

需要说明的是,为便于相互对照,冬、春两季采样点完全一样,均为周围民用机井,且在两次采样中,相同采样点位的编号完全相同。采样点分布见表 9.13 和表 9.14。

表 9.13　平顶山矸石山周围采样点位分布

编号	PS2	PS3	PS4	PS5	PS6	PS7	PS13
与矸石山的距离	北 200m	东 100m	东 200m	南 250m	南 700m	山脚下	南 200m

表 9.14　平顶山灰场周围采样点位分布

编号	PS1	PS8	PS9	PS10	PS11	PS12
与粉煤灰场的距离	北 500m	南 80m	南 150m	南 30m	东 10m	南 50m

9.4.1　春季固体废物周围地下水质粒 DNA 损伤率与地下水运移距离关系分析

2006 年煤炭固体废弃物堆放场周围地下水 DNA 损伤实验结果凝胶图如图 9.71 所示。

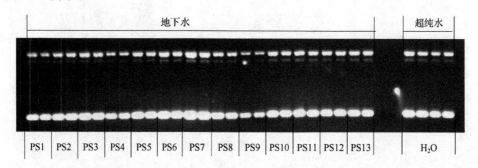

图 9.71　2006 年春季煤炭固废堆场周围地下水 DNA 实验结果凝胶图

用 Syngene Genetools 软件(Synoptics Ltd.)对凝胶中三种不同形态 DNA(超螺旋、线化、松弛)的光密度进行定量分析,得到的损伤率如表 9.15、表 9.16 所示;地下水样对 DNA 的损伤率与采样点距离污染源(固体废弃物堆放场)的空间距离相关(图 9.72、图 9.73)。

实验结果表明:地下水对 DNA 的损伤主要来自矸石、粉煤灰淋溶后的污染组分。总体上,地下水样对 DNA 的损伤率与采样点距离污染源(固体废弃物堆放场)

表 9.15　2006 年春季平顶山矸石山周围地下水 DNA 损伤实验结果

编号	PS2	PS3	PS4	PS5	PS6	PS7	PS13
与矸石山的距离	北 200m	东 100m	东 200m	南 250m	南 700m	山脚下	南 200m	超纯水
损伤率/%	38.5	40.2	35.6	39.4	41.7	44.6	43.0	38.2

注：距离是指从固体废物堆放场边缘到采样点的法向直线距离。

表 9.16　2006 年春季平顶山粉煤灰场周围地下水 DNA 损伤实验结果

编号	PS1	PS8	PS9	PS10	PS11	PS12
与粉煤灰场的距离	北 500m	南 80m	南 150m	南 30m	东 10m	南 50m	超纯水
损伤率/%	37.2	40.5	37.6	41.4	40.5	40.8	38.2

注：距离是指从固体废物堆放场边缘到采样点的法向直线距离。

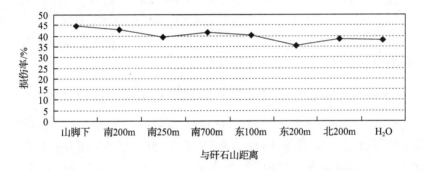

图 9.72　2006 年春季平顶山矸石山周围地下水损伤率随距离分布变化曲线

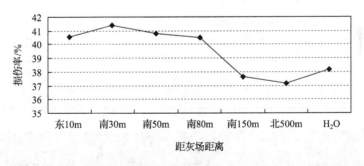

图 9.73　2006 年春季平顶山粉煤灰堆场周围地下水损伤率随距离分布变化曲线

的空间距离相关,距离污染源越近的地下水样对 DNA 的损伤率越大;距离远的地下水样,对 DNA 的损伤率减小;固体废弃物堆场上游水样对 DNA 的损伤小,而其下游水样对 DNA 的损伤大,这种距离增大,对 DNA 的损伤减小的规律比较明显。如污染源(固体废弃物堆放场)上游采样点 PS1 和 PS2,分别距离粉煤灰场和矸石山 500m 和 200m,其中采样点 PS1 的水样对 DNA 的损伤率为 37.2%,采样点

PS2 的水样对 DNA 损伤率为 38.5%，分别低于或接近超纯水对 DNA 的损伤空白（38.2%）；固体废弃物堆放场下游的各采样点，其水样对 DNA 的损伤率普遍高于超纯水对 DNA 的损伤空白。在矸石山下游沿地下水径流方向不同距离的地下水样对 DNA 的损伤率，分别为矸石山脚下的水样对 DNA 的损伤率为 44.6%，下游 200m 处 43.0%，下游 250m 为 39.4%，下游 700m 为 41.7%；沿地下水径流方向的垂直方向，矸石山东 100m 处水样对 DNA 的损伤率为 40.2%，东 200m 为 35.6%。

实验结果还显示，在旱季，矸石山下游各采样点的地下水样，对 DNA 的损伤率最大为 44.6%，最小为 39.4%，平均为 41.8%；而粉煤灰场下游各采样点的地下水样，对 DNA 的损伤率最大为 41.4%，最小为 37.6%，平均为 40.2%。很明显，矸石山周围地下水样对 DNA 的损伤率普遍高于灰场周围地下水样对 DNA 的损伤。造成这种现象的原因之一，可能是矸石的堆放未采取任何工程屏障措施，淋溶水可直接进入地下；而粉煤灰则是储放在灰场的混凝土池中，与地下水之间有一层工程屏障；原因之二，粉煤灰对污染组分具有良好的吸附性能，因而其有害组分的溶出较困难，而矸石组分的溶出则较容易。

9.4.2　冬季固体废物周围地下水质粒 DNA 损伤率与地下水运移距离关系分析

2006 年冬季固体废弃物堆放场（包括矸石山和粉煤灰）周围地下水质粒 DNA 损伤实验结果如图 9.74、图 9.75 和图 9.76 所示，2006 年冬季煤炭固体废弃物堆放场（包括矸石山和粉煤灰）周围地下水的 DNA 损伤率与距离分布的关系如表 9.17、表 9.18 所示。

表 9.17　冬季平顶山矸石山周围地下水损伤率与距离分布

编号	PS2	PS3	PS4	PS5	PS6	PS7	PS13
与矸石山的距离	北 200m	东 100m	东 200m	南 250m	南 700m	山脚下	南 200m
损伤率	35.5	35.7	37.7	38.0	39.9	38.0	34.7

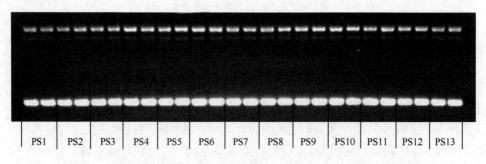

图 9.74　2006 年冬季煤炭固废堆场周围地下水 DNA 实验结果凝胶图

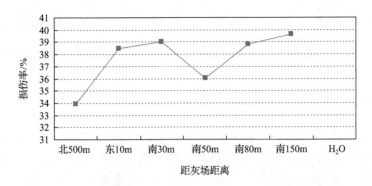

图 9.75 2006 年冬季平顶山粉煤灰堆场周围地下水损伤率随距离分布变化曲线

一般情况下,经过大气降水的补给后,雨季地下水质要好于旱季的。但由于水文地质条件的变化,不同区域地下水质的变化存在差异。本书研究区矸石山周围地形开阔,地形北高南低,坡度较大,径流良好,其水质在雨季有较大改善;而粉煤灰堆场周围,地形相对平坦,局部下凹,不利于径流,其水质变化幅度小。表现在对DNA 的损伤率上,冬季矸石山下沿地下水流向,DNA 损伤率最大 39.9%,最小34.7%,平均 37.3%。而粉煤灰场下游,DNA 损伤率最大 39.6%,最小 36.1%,平均 38.4%。除最大损伤率外,粉煤灰场下游地下水对 DNA 的损伤略高于矸石山周围地下水对 DNA 的损伤。此结果较好地反映了地下水对 DNA 的损伤程度,较好地吻合了由于水文地质条件的不同造成的水质变化。

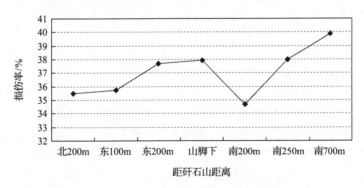

图 9.76 2006 年冬季平顶山矸石山周围地下水的 DNA 损伤率随距离分布变化曲线

表 9.18 冬季平顶山粉煤灰场周围地下水对 DNA 的损伤率与距离分布

编号	PS1	PS8	PS9	PS10	PS11	PS12
与粉煤灰场的距离	北 500m	南 80m	南 150m	南 30m	东 10m	南 50m
损伤率/%	33.9	38.8	39.6	39.0	38.5	36.1

9.4.3 固体废物周围地下水质粒 DNA 损伤率与水文地质条件关系分析

结合固废堆放场水文地质条件来探讨其对 DNA 损伤的影响,分析如下。

(1) 自然地理及地形条件

研究区固废堆放场位于湛河以北的山前倾斜平原地区,该区地形较开阔,海拔 220~230m。地势西北高东南低,平均坡降 8/1000~12/1000。矸石山北侧有一条季节性冲沟,顺矸石山脚向东汇入湛河,粉煤灰堆放场西侧约 200m 左右有季节性冲沟向南汇入湛河黑河。矸石山和粉煤灰堆放场南约 500m 和 1500m 分别有季节性灌溉渠各 1 条,各河渠之间的农田分布有零星的灌溉渠和小面积的积水池塘。季节性冲沟对研究区地下水的补给有限。区内最大河流为湛河,从堆放场南部 2.5~3.0km 处呈东西向流经,该河在堆放场下游,对研究区地下水无影响。

(2) 气象特征

研究区堆放场地处淮河上游,位于我国南北气候过渡带,属亚热带季风湿润气候。年平均气温为 14.5~15.3℃。历年平均降水量 835mm。降水年际变化大,年降水量变化系数为 0.200~0.250。降水量从时间分配来看,一般夏季降水量最多,平均占年降水量的 50%,春秋两季次之,分别占年降水量的 22.7% 和 19.8%,冬季降水量小,平均只占年降水量的 7.7%。一年中降水集中在 7~9 月份,约占全年降水的 70%~80%。

(3) 水文地质条件

研究区位于淮河上游,是我国南方多雨气候与北方干旱气候的交汇区,湿润系数 0.73~0.94,主要含水组为全新统(Q4)松散层孔隙含水层组。该孔隙含水层组厚度 25~40m,顶板埋深 2~20m,静水位埋深 1.0~5.0m,该段是农业灌溉、民用取水层段。沿地下水径流方向,岩性在垂向上的变化为:上部主要由含泥质粗、中砂,砂砾层,泥质砂砾和黏土夹砾石等组成;中部主要由中、细砂、钙质黏土和砂质黏土互层所组成;下部主要由黏性土与粉细砂层所组成。该含水层组补给源为大气降水及地表水,其水质类型在天然条件下受气候控制,在研究区内水质受煤炭固体废物堆放场淋滤水的影响严重。水质一般为 $HCO_3\text{-}Na \cdot Mg$ 型和 $HCO_3\text{-}Ca \cdot Mg$ 型,矿化度 0.43~1.289g/L,总硬度 12.74~18.49 度(德国度)。

(4) 研究区土壤岩性和物理性质

研究区浅层为山前冲积的黏土、亚黏土和细砂层组成,其表层为 0~30m 厚的黏土、亚黏土(图 9.77)。粒度分析结果表明堆放场表层土以亚黏土(粉质壤土)为主,黏粒含量 13.5%~30.5%,局部为黏土,含有机质 0.1%~1.6%。表层土无板结现象,密度 1.405~1.886Mg/m³,孔隙度 43.81%~58.24%,孔隙比 0.78~1.40,含水量 22.93%~31.50%,上部含水量较高,下部略低,饱和度 45.31%~89.72%。

标高	埋深	柱状图	岩性描述
138.0m	0.0m		
			浅黄色黏土, 亚黏土
108.0m	30.0m		
105.0m	33.0m		上部细砂, 下部黏土
98.0m	40.0m		中细砂
90.0m	48.0m		中粗砂
85.0m	53.0m		黏土
138.0m	未见底		细砂层

图 9.77　固废堆场研究区土壤岩性

（5）沿径流方向水质变化规律

沿径流方向水质变化规律与淋溶作用、土壤的交换吸附作用、离子扩散作用以及盐分随蒸发作用在表层的淀积作用等有关。当然这些作用发生是有条件的，它和堆放场的气候、地下水、土壤质地、排水等条件密切相关。

在旱季，由于土壤中水分贫乏，地下潜水埋深较深，沿径流方向，在含煤炭固体废物组分的淋溶水运移过程中，地下潜水运动的空间分布经过以下 3 个阶段：垂直向下运移阶段、水平径流运移阶段及向上抬升蒸发阶段（图 9.78）。经过前 2 个阶段，地下水中组分较原来状态有所下降，而到第 3 个阶段，由于地下水蒸发，产生组分的积累。

淋溶作用主要发生在地下水垂直向下运移阶段（淋溶带），地下水的垂直运动以下渗水流为主，使煤炭固体废物中组分向下部运行积聚，并保持良好的水平运移能力，组分随水流从水平方向径流输出。但该阶段内污染物浓度高，采样点 PS1（山脚下）位于该带内。

离子扩散作用主要发生在地下水水平径流运移阶段（径流带），地下水的垂直运动以水平水流为主。煤炭固体废物中组分水流水平径流输出。该阶段内水质组分状况处于基本稳定状态，并由于离子扩散作用和土壤的交换吸附作用，污染物浓度随距离增大而稳定降低，采样点 PS5（250m）和 PS13（200m）位于该带内。

组分随蒸发作用在表层水中的浓缩富集作用主要发生在地下水向上抬升蒸发

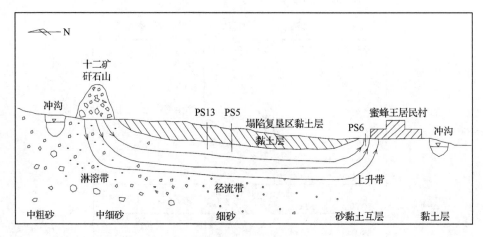

图 9.78　固废堆场研究区地下潜水运动示意图

阶段(上升带),此时地下水位接近地表,地下水的垂直运动以向上抬升蒸发为主,使煤炭固体废物中组分随水流向上部运行积聚。由于该阶段内地下水蒸发,产生组分的积累,污染物浓度高,采样点 PS6(700m)位于该带内。特别在干旱季节,该带内蒸发作用强烈,地下水中的(组分)盐分因蒸发作用而随毛管水的上升在表层发生盐分的浓缩富集,这是干旱-半干旱气候下地形低洼地区水质恶化的主要原因,并很好地解释了采样点 PS6 的水样对 DNA 的损伤比 PS5 和 PS13 有所增高的原因。

综上所述,总体上来看,分析地下水对 DNA 的损伤情况,有如下认识。

沿着地下水的径流运移方向,从距离上,沿废物堆从近到远,地下水对 DNA 的损伤能力降低;且其对 DNA 损伤的异常变化也与地下水在运动过程的水质变化规律吻合一致。如矸石山正南 700m 处水样对 DNA 的损伤率一直相对较高,而偏西南 200m 处水样对 DNA 的损伤率则旱季较高,雨季变低。其原因是由于700m 处为孔隙水滞流上升区的水质变差地带位置,而 200m 处处于径流区,水质相对稳定。此实验结果与水文地质条件吻合很好。

DNA 实验结果与水质的季节变化规律完全符合。在季节上,春季水样对DNA 的损伤率比冬季水样的高(即旱季的比雨季的高)。因为旱季水质较差,污染组分含量增高;而雨季水质较好,污染组分含量降低。

由于水文地质条件的差异,旱季,矸石山周围地下水样的损伤率普遍高于灰场周围地下水样。雨季则粉煤灰场下游地下水损伤略高于矸石山周围地下水。

9.5 煤炭固体废物对质粒 DNA 损伤与各影响因素的多重线性回归分析

前面对质粒 DNA 的损伤特征进行分析,探讨了造成不同程度损伤的各种原因。本节将对这些因素进行分析,评定其对损伤率影响的大小。

根据实验中损伤率的分布情况,将损伤率分成 5 个级别:A——损伤率为 80% 以上;B——损伤率为 50%~80%;C——损伤率为 40%~50%;D——损伤率为 30%~40%;E——损伤率为 30% 以下。将浓度水平作适当合并,分成 7 个级别:20000μg/mL 以上、20000~10000μg/mL、10000~2000μg/mL、2000~1000μg/mL、1000~500μg/mL、500~50μg/mL 和 50μg/mL 以下。时间按实际淋溶时间分为:1d、2d、3d、5d、10d、15d、30d 和 1a。粒径分为 7 个级别:<18 目、18~60 目、60~80 目、80~120 目、120~200 目、200~300 目、>300 目。将试验的各影响指标归一化,得到如下权重值(表 9.19~表 9.22)。

表 9.19　溶出时间对损伤率影响大小的评定

项目	A	B	C	D	E
1d	6.25	6.25	50	37.5	0
2d	10.5	12.1	41.66	25	6.16
3d	—	4.33	56.39	25	8.33
5d	3.94	5.33	59.72	29.65	7.01
10d	2	14.45	28.85	48.83	2.05
15d	—	11.36	38.28	46.69	3.01
30d	—	16.67	50	33.33	1.23
1a	—	10	10	70	—
离差	12.12	7.3	7.93	6.8	5.0

上述对各种物理化学条件、实验条件及环境因素对煤炭固体废弃物对质粒 DNA 的损伤的影响分别进行了单独的讨论,由分析可知,损伤率受各种因素的共同影响,为弄清各因素对损伤率的相对影响及综合影响情况,本研究引入多重线性回归模型,分别以总浓度、元素浓度、颗粒直径、溶出时间、矿物组成等作为自变量,以损伤率作为因变量,进行回归分析,得出各因素对损伤率影响大小的综合评定。这一多重线性回归过程利用 SPSS 统计软件完成。分析结果如表 9.23 所示。

由表 9.19 可见,在第三天,A、B 两个损伤级别出现异常的"双峰分布",相当于在相邻的第 2 天、第 5 天分别出现两个峰值,而中间的第 3 天为低值,推测其原因,可能是由于样品中的组分在溶出时出现差异溶出而造成,对平顶山地区煤矸石的淋溶试验也证实,微量元素的溶出并非都在刚开始达到最大,在液固比为 1 甚至 2 等滞后一点时间(相当于 24~48h),铬、铜、锰等的溶出可能才达到最大。但该组中级别 A 的损伤率的级别过高(80%以上),离差过大,高达 12.12%,出现频率较少,因此,该推测有待进一步验证。

表 9.20 颗粒直径对损伤率影响大小的评定

项目	A	B	C	D	E
<18 目	—	—	—	—	—
18~60 目	2.2	12.78	40.76	25.12	13.44
60~80 目	3.6	28.69	32.52	22.43	10.02
80~120 目	10.11	35.66	29.85	13.25	9.97
120~200 目	6.03	43.59	23.02	12.18	8.83
200~300 目	7.57	15.43	50.61	20.1	7.96
>300 目	9.82	20.12	43.29	28.30	10.11
离差	13.1	13.3	11.2	9.8	11.7

注:<18 目颗粒无法加入梳孔中,试验时采取研磨的办法,其粒径改变,故不予统计。

表 9.21 浓度水平对损伤率影响大小的评定

项目	A	B	C	D	E
20000μg/mL 以上	18.7	21.11	46.51	13.68	0
10000~20000μg/mL	2	15.32	43.57	36.9	0
2000~10000μg/mL	2	5.36	42.16	47.93	0
1000~2000μg/mL	0	3.5	43.76	52.69	0
500~1000μg/mL	0	1.03	44.66	54.30	0
50~500μg/mL	0	0	25.38	73.02	1.95
50μg/mL 以下	0	0	3.06	85.66	11.32
离差	—	8.92	6.73	7.99	—

表 9.22 矿物组成、化学组成对损伤率影响大小的评定

项目	A	B	C	D	E
黏土矿物	5.3	7.4	10.6	16.2	—
非晶质和石英	36.75	13.28	10.59	6.12	11.03
微量元素	21.8	9.4	8.6	7.8	—
总溶解固体	—	5.3	37.0	25.4	4.0
离差	1.13	1.84	0.14	0.91	—

表 9.23 各因素对损伤率影响大小的综合评定

项目	浓度	颗粒直径	矿物组成	元素组成	溶出时间
浓度水平Ⅰ	100	35.5	47.23	34.5	16.2
浓度水平Ⅱ	55.9	37.0	35.5	21.9	21.8
浓度水平Ⅲ	40.3	22.2	34.5	38.3	26.3
粒径分级Ⅰ	5.0	11.83	12.35	11.50	32.71
粒径分级Ⅱ	29.5	12.33	11.83	10.95	15.3
粒径分级Ⅲ	34.3	21.11	11.50	12.77	13.4
溶出时间	9.87	11.56	6.68	4.32	1.19
黏土矿物	19.61	17.53	13.86	11.74	—
微量元素	25.13	16.28	7.81	12.01	—
总溶解固体	11.62	0.63	1.37	5.03	
非晶质矿物和石英	12.3	13.9	6.7	—	—
离差	6.37	8.65	6.79	18.32	9.33

注:浓度水平Ⅰ为 10000μg/mL 以上;浓度水平Ⅱ为 1000~10000μg/mL;浓度水平Ⅲ为 1000μg/mL 以下。粒径分级Ⅰ为颗粒目数大于 200 目;粒径分级Ⅱ为颗粒直径在 80~200 目之间,粒径分级Ⅲ为颗粒目数小于 80 目。

计算过程中发现,将溶出时间分为全年、10~45 天、前 5 天(指淋溶实验时间,第 1 天可以将所有实验包括在内,因为所有实验浓度基本上都在实验当天配制并与质粒反应 6h),更有利于归一化计算,并将可能避免异常的"双峰分布"。

由表 9.20 可见,120 目左右的颗粒粒径,在较大的损伤率级别上(A、B、C 三个损伤级别)影响比较大,而目数小于 80 目和大于 200 目的颗粒,则在中、低损伤率级别上(C、D、E 三个损伤级别)影响比较大,推测其原因,可能是由于 120 目左右的颗粒有独特的溶出规律,并可能还有机械损伤。但该组分析的离差基本上都大于 10%,因此,该推测有待进一步验证。综合比较可以发现,目数大于 300 目的颗粒在各损伤率级别上的分布是最均匀的,基本符合正态分布。作者认为,在实验条件许可时,应尽可能使颗粒粒径目数大于 120 目。

浓度水平对 DNA 损伤率影响的大小,规律非常明显,大致为高的浓度水平对应较高的 DNA 损伤率,低的浓度水平对应较低的 DNA 损伤率,相关性很高。离差均小于 10%。说明该组权重的可信度是比较高的。同时也表明,本实验的浓度水平设置是可行的,在将来固体废物的 DNA 损伤实验中有比较大的参考价值,可资借鉴和推广。

由于实验条件的限制,本研究对矿物组成、化学组成的分类还比较粗糙,基本是按粉煤灰和煤矸石两个大类来区分的(二者的非晶质和石英组成差异很明显),相当于用所有实验的总结果来评定粉煤灰和煤矸石的差别,同时在大气颗粒物

PM_{10}中,其水溶性组分同 DNA 的损伤率相关性很高,所以得到的结果相关性很高,离差也很小,基本上在 2% 以下(表 9.22)。表 9.23 中的总溶解固体特指地下水中可溶性组分的总含量,其优点是对水溶液中所有化学组分的综合表征,其局限是没有也不能突出某单一组分的作用。因此对微量元素需要加强形态和溶解能力等的研究。

表 9.23 中为损伤率与总浓度、元素浓度、颗粒直径、溶出时间、矿物组成等因素多重线性回归结果。由表 9.23 可见,最终进入且保留在回归方程中的变量有浓度水平、粒径分级、溶出时间、黏土矿物、微量元素、总溶解固体、非晶质矿物和石英等。

由表 9.23 可见,采用多重线性回归分析后,各因素中,样品浓度对 DNA 损伤率的影响最大,颗粒直径和矿物组成的影响次之,元素组成和溶出时间的影响权重相对较小。从离差的大小看,浓度和矿物组成的影响权重的计算结果是比较可靠的,其离差分别为 6.37% 和 6.79%,颗粒直径和溶出时间次之,离差分别为 8.65% 和 9.33%,均小于 10%。这表明本研究设置的实验条件可行,实验及数据分析结果是比较可信的。

9.6　小　　结

(1) 在本次设计实验浓度水平下,煤炭固体废物对质粒 DNA 的损伤与浓度成正相关,与粒径总体上为负相关,但在 120 目粒径左右有异常。煤炭固废全样的生物活性大于其水溶样,矸石对 DNA 的损伤能力高于粉煤灰。推测粒径是通过影响组分的溶出而影响对 DNA 损伤率的大小。

(2) 煤炭固废淋溶实验表明,高的 DNA 损伤率多集中在第 2~10 天以内。在此期间,随时间推移,DNA 损伤率迅速降低。这与煤炭固体废物中组分的溶出规律是一致的。

(3) 煤矸石和粉煤灰在矿物组成上的明显差异,影响了各自对 DNA 的损伤行为。煤炭固体废物组分进入地下水环境后,其对 DNA 的损伤行为和特征与水文地质条件相吻合,旱季水样对 DNA 的损伤率高,雨季的损伤率低。滞流区水样对 DNA 的损伤率高,畅流区水样对 DNA 的损伤率低。

(4) 结合对煤矿区城市大气颗粒物化学组成及生物活性的分析,可以看出,冬季煤矿区城市大气颗粒物的生物活性较大,煤炭固体废物组分进入地下水环境后,其造成的生物活性也较大,他们的生物活性有较好的一致性,说明煤炭固体废物无论是在堆放过程中,还是风化、进入地下水环境中,都可能会造成对人体健康的危害,应妥善处理。

(5) 煤矸石对 DNA 的损伤大于粉煤灰,提示在煤矿城市应该更加注重加强对煤矸石的处理,研究煤矸石的综合利用。

参 考 文 献

[1] Huang R J, Zhang Y, Bozzetti C, et al. High secondary aerosol contribution to particulate pollution during haze events in China[J]. Nature, 2014, 514(7521): 218-222.

[2] So K L, Guo H, Li Y S. Long-term variation of $PM_{2.5}$ levels and composition at rural, urban, and roadside sites in Hong Kong: Increasing impact of regional air pollution[J]. Atmos. Environ., 2007, 41: 9427-9434.

[3] 唐孝炎,李金龙,粟欣,等. 大气环境化学[M]. 北京:高等教育出版社,1996.

[4] Cao J J,Lee S C,Chow J C,et al. Spatial and seasonal distributions of carbonaceous aerosols over China [J]. J. Geophys. Res.-Atmos., 2007, 112, D22S11.

[5] 王明星. 大气化学[M]. 北京:气象出版社,1999.

[6] VanCuren R A,Cliff S S,Perry K D,et al. Asian continental aerosol persistence above the marine boundary layer over the eastern North Pacific:Continuous aerosol measurements from Intercontinental Transport and Chemical Transformation 2002(ITCT 2K2)[J]. J. Geophys. Res.-Atmos, 2005, 110(D9): Art. No. D09S90.

[7] 庄国顺,郭敬华,袁蕙,等. 2000年我国沙尘暴的组成、来源、粒径分布及其对全球环境的影响[J]. 科学通报,2001,46:191-197.

[8] Lee S B, Bae G N, Moon K C, et al. Characteristics of TSP and $PM_{2.5}$ measured at Tokchok Island in the Yellow Sea [J]. Atmospheric Environment, 2002, 36: 5427-5435.

[9] Buseck P R, Posfai M. Airborne minerals and related aerosol particles: Effects on climate and the environment[J]. Proceedings of National Academy of Science USA, 1999, 96: 3372-3379.

[10] Ramanathan V, Crutzen P J, Kiehl J T, et al. Aerosols, climate, and the hydrological cycle[J]. Science, 2001, 294: 2119-2124.

[11] OECD. OECD Environmental Outlook to 2050[M]. OECD Publishing. 2012, http://dx. doi. org/10. 1787/9789264122246-en.

[12] 戴海夏,宋伟民,高翔,等. 上海市A城区大气PM_{10}、$PM_{2.5}$污染与居民日死亡数的相关分析[J]. 卫生研究,2004,33(3):293-297.

[13] Dockery D W, Pope C A, Xu X. An association between air pollution and mortality in six US cities [J]. New England Journal of Medicine, 1993, 329: 1753-1759.

[14] 吴兑.近十年中国灰霾天气研究综述[J].环境科学学报,2012,32(2):257-269.

[15] 高彩艳,连素琴,牛书文,等. 中国西部三城市工业能源消费与大气污染现状[J]. 兰州大学学报(自然科学版),2014,02:240-244.

[16] 庞军,吴健,马中,等. 我国城市天然气替代燃煤集中供暖的大气污染减排效果[J]. 中国环境科学,2015,01:55-61.

[17] Pósfai M, Molnar A. Aerosol particles in the troposphere:A mineralological introduction [J]. EMU Notes Mineral, 2000, 2: 197-252.

[18] 邵龙义,杨书申,时宗波,等. 城市大气可吸入颗粒物物理化学特征及生物活性研究[M]. 北京:气象出版社,2006.

[19] 杨德保,王式功,黄建国.兰州市区大气污染与气象条件的关系[J].兰州大学学报(自然科学版),1994,

30(1):132-136.

[20] 王宝鉴,许东蓓,蒲彦玲,等.兰州市冬季空气污染的天气成因分析及浓度预报[J].甘肃气象,2001,19(4):18-21.

[21] 张先波,程学丰,郭清彬.淮南市非采暖期可吸入颗粒物(PM₁₀)中多环芳烃污染特征研究[J].能源环境保护,2009,(06):26-30,33.

[22] 张东,杨伟,王明仕.焦作市空气可吸入颗粒物元素组成及其来源分析[J].河南理工大学学报(自然科学版),2010,(01):106-111.

[23] 庞振东,王粟.2006—2010年淮南市环境空气污染特征及变化趋势分析[J].牡丹江师范学院学报(自然科学版),2012,(04):33-34.

[24] 陈飞,秦传高,钟秦.徐州市城市大气中的PAHs来源解析[J].生态环境学报,2013,(12):1916-1921.

[25] 姜云,李彩琴,傅宝升,等.鸡西市的大气污染及其控制途径[J].黑龙江矿业学院学报,1998,(03):20-23.

[26] 张增凤,丁慧贤,刘彦飞,等.鸡西矿区大气污染现状及对策[J].煤炭技术,2002,(07):3-4.

[27] 吴迪,田树昆,马洪伟.浅析达拉特旗矿区大气污染现状及防治对策[J].露天采矿技术,2012,(S2):110-112.

[28] 汪群芳.马鞍山矿区矿山开采对城市大气环境的影响分析[J].现代矿业,2015,(4):159-161.

[29] 石缎花.煤炭矿区大气环境容量与承载能力分析研究——以哈密市大南湖矿区西区为例[J].资源节约与环保,2013,(8):67-68.

[30] 江明选,庄晶.阜新市空气质量变化趋势及原因分析[J].辽宁化工,2011,(04):411-413.

[31] 张涛,邵龙义,郑继东,等.平顶山市市区春季PM₁₀污染状况及相关气象条件分析[J].中原工学院报,2008,19(5):4-6.

[32] 蒋庆瑞.平顶山市环境空气降尘量和降水量、可吸入颗粒物浓度相关性分析及防治措施[J].河南科学,2012,(09):1315-1318.

[33] 钦凡,王明娅.焦作市不同功能区大气颗粒物粒径分布特征研究[J].学周刊,2014,(28):230-231.

[34] 曹玲娴,耿红,姚晨婷,等.太原市冬季灰霾期间大气细颗粒物化学成分特征[J].中国环境科学,2014,34(4):837-843.

[35] 刀谞,张霖琳,王超,等.大同市大气颗粒物浓度与水溶性离子季度分布特征[J].中国环境监测,2015,31(3):43-45.

[36] 张霞,孟琛琛,王丽涛,等.邯郸市大气污染特征及变化趋势研究[J].河北工程大学学报(自然科学版),2015,32(4):69-74.

[37] 任守政,张子平,张双全,等.洁净煤技术与矿区大气污染防治[M].北京:煤炭工业出版社,1998.

[38] 薛毅.中国煤矿城市生态环境及其整治论析[J].湖北理工学院学报(人文社会科学版),2014,31(6):5-15.

[39] 铜川市地方志编纂委员会.铜川市志[M].西安:陕西师范大学出版社,1997.

[40] 李丽娟,温彦平,彭林,等.太原市采暖季PM₂.₅中元素特征及重金属健康风险评价[J].环境科学,2014,35(12):4431-4438.

[41] 张建强,牟玲,白慧玲,等.长治市大气环境中可吸入颗粒物来源研究[J].山西大学学报(自然科学版),2012,35(4):737-742.

[42] 胡冬梅,张鹏九,彭林,等.晋城市区空气中PM₂.₅的化学组成特征[J].环境化学,2012,(31)3:390-391.

[43] 宋晓焱.煤矿区城市大气PM₁₀的物理化学特征和毒性研究[D].北京:中国矿业大学(北京),2010.

[44] Li W, Shao L, Zhang D, et al. A review of single aerosol particle studies in the atmosphere of East Asia: morphology, mixing state, source, and heterogeneous reactions[J]. Cleaner Production, 2016, 112(2): 1330-1349.

[45] Falkovich A H, Ganor E, Levin Z, et al. Chemical and mineralogical analysis of individual mineral dust particles[J]. Geophysical Research, 2001, 106D: 18029-18036.

[46] 宋晓焱,邵龙义,宋建军,等. 煤矿区城市矿物气溶胶的 SEM-EDX 特征分析[J]. 岩石矿物学杂志, 2013, 06:842-848.

[47] Song X, Shao L, Zheng Q, et al. Characterization of crystalline secondary particles and elemental composition in PM$_{10}$ of North China[J]. Environmental Earth Sciences, 2015,74(7): 5717-5727.

[48] 宋晓焱,邵龙义,宋建军,等. 煤矿区城市 PM$_{10}$ 单颗粒微观形貌及粒径分布特征[J]. 中国矿业大学学报,2011,02:292-297.

[49] 宋晓焱,魏思民,邵龙义,等. 扫描电镜下煤矿区大气 PM$_{10}$ 微观形貌识别[J]. 湖南科技大学学报(自然科学版),2013,04:118-122.

[50] 张代洲,赵春生,秦瑜. 沙尘粒子的形态和成分分析[J]. 环境科学学报,1998,18(5):450-456.

[51] Song X Y, Shao L Y, Yang S S, et al. Trace elements pollution and toxicity of airborne PM10 in a coal industrial city[J]. Atmospheric Pollution Research,2015, 6(5): 469-475.

[52] Song X Y, Shao L Y, Zheng Q M, et al. Mineralogical and geochemical composition of particulate matter (PM$_{10}$) in coal and non-coal industrial cities of Henan Province, North China [J]. Atmospheric Research,2014,143:462-472.

[53] 宋晓焱,邵龙义,魏思民,等. 灰霾天气下煤矿区气溶胶单颗粒特征[J]. 辽宁工程技术大学学报(自然科学版),2014,02:244-249.

[54] Shi Z B, Shao L Y, Jones T P, et al. Characterization of airborne individual particles collected in an urban site, a satellite city and a clean air site in Beijing[J]. Atmospheric Environment, 2003, (37): 4097-4108.

[55] Kaegi R, Holzer L. Transfer of single particles for combined ESEM and TEM analysis[J]. Atmospheric Environment, 2003, 37: 4353-4359.

[56] 侯聪,邵龙义,王静,等. 燃煤排放可吸入颗粒物中微量元素的分布特征[J]. 煤炭学报, 2016, 41(3): 760-768.

[57] 郝晓洁. 宣威肺癌高发区燃煤排放颗粒物的物化特征与生物活性的研究[D],上海:上海大学,2014.

[58] 张红,侯涛,范文标. 晋城市大气颗粒物的电镜分析及来源鉴别[J]. 山西大学学报(自然科学版), 2000, 23(2): 182-185.

[59] 樊景森. 宣威肺癌高发区室内 PM$_{10}$ 和 PM$_{2.5}$ 理化特征研究[D]. 北京:中国矿业大学(北京), 2013.

[60] Watson J G, Zhu T, Chow J C, et al. Receptor modeling application framework for particle source apportionment[J]. Chemosphere, 2002, 49: 1093-1136.

[61] Chow J C, Watson J G, Ashbaugh L L, et al. Similarities and differences in PM$_{10}$ chemical source profiles for geological dust from the San Joaquin Valley, California[J]. Atmospheric Environment, 2003, 37: 1317-1340.

[62] 王琴,张大伟,刘保献,等. 基于 PMF 模型的北京市 PM$_{2.5}$来源的时空分布特征[J]. 中国环境科学, 2015,35(10):2917-2924.

[63] 房春生,王思宇,杨舒媚,等. 应用 PMF 和 PCA 探究长春市大气中 PM$_{10}$污染来源[J]. 环境科学与技术,2015,38(8):17-21.

[64] Clements N, Eav J, Xie M, et al. Concentrations and source insights for trace elements in ne and coarse particulate matter[J]. Atmospheric Environment, 2014, 89: 373-381.

[65] Minguillón M C, Campos A A, Cárdenas B, et al. Mass concentration, composition and sources of ne and coarse particulate matter in Tijuana, Mexico, during Cal-Mex campaign[J]. Atmospheric Environment, 2014, 88:320-329.

[66] 刘章现, 袁英贤, 张江石, 等. 平顶山市大气 PM_{10}、$PM_{2.5}$ 污染调查[J]. 环境监测管理与技术, 2007, 19(2):26-29.

[67] 宋晓焱, 魏思民, 岑世宏. 煤矿区城市 PM_{10} 元素组成特征及来源研究[J]. 华北水利水电大学学报(自然科学版), 2014, 35(1): 85-88.

[68] Kim K, Kabir E, Kabir S. A review on the human health impact of airborne particulate matter[J]. Environment International, 2015, 74: 136-143.

[69] 李红, 曾凡刚, 邵龙义, 等. 可吸入颗粒物对人体健康危害的研究进展[J]. 环境与健康杂志, 2002, 19(1): 85-87.

[70] Donaldson K, Beswick P H, Gilmour P S. Free radical activity associated with the surface of the particles: A unifying factor in determining biological activity? [J]. Toxicology Letter, 1996, 88: 293-298.

[71] 裘革革, 林治卿. 纳米尺度物质对生态环境的影响及其生物安全性的研究进展与展望[J]. 生态毒理学报, 2006, 1(3):204-207.

[72] Allen A G, Nemitz E, Shi J P, et al. Size distributions of trace metals in atmospheric aerosols in the United Kingdom[J]. Atmospheric environment, 2001, 35: 4581-4591.

[73] Anderson H R, Limb E S, Bland J M, et al. Health effects of an air pollution episode in Londan, December 1991[J]. Thorax, 1995, 50:1181-1193.

[74] 郝吉明, 段雷, 易红宏, 等. 燃烧源可吸入颗粒物的物理化学特征[M]. 北京:科学出版社, 2008.

[75] Fang Y, Naik V, Horowitz L W, et al. Air pollution and associated human mortality: The role of air pollutant emissions, climate change and methane concentration increases from the preindustrial period to present[J]. Atmospheric Chemistry and Physics, 2013, 13: 1377-1394.

[76] Correia A W, Pope III C A, Dockery D W, et al. The effect of air pollution control on life expectancy in the United States: An analysis of 545 us counties for the period 2000 to 2007[J]. Epidemiology, 2013, 24(1): 23-31.

[77] 魏复盛, Chapman R S. 空气污染对呼吸系统健康影响研究[M]. 北京:中国环境出版社, 2001.

[78] 张艳丽, 李倩妮. 平顶山学院校医院大学生就诊情况分析[J]. 医学信息手术学分册, 2007, 20(7): 650-651.

[79] 沈娟, 翟秋敏, 王海荣. 平顶山市大气二氧化硫污染与某专科医院气管炎就诊构成的关系[J]. 环境与职业医学, 2008, 25(2):183-185.

[80] 潘晓燕, 陈文强, 原砚. 淄博市 0～7 岁儿童 2008 年～2012 年血铅水平及危险因素流行病学调查[J]. 中国妇幼保健, 2015, 26, 4528-4531.

[81] 刘顺银, 王生耀, 张海伟. 河南省义马煤业集团 14415 名接尘职工健康状况[J]. 职业危害与临床, 2008, 24(3):218-219.

[82] 谷桂珍, 李朋起, 刘茗. 河南省近年新发尘肺流行病学调查[J]. 工业卫生与职业病, 2014, 40(4): 287-289.

[83] Shao L Y, Hou C, Geng C M, et al. The oxidative potential of PM10 from coal, briquettes and wood charcoal burnt in an experimental domestic stove[J]. Atmospheric Environment, 2016, 127(1):

372-381.

[84] Ostro B. Air pollution and mortality results from a study of Santiago, Chile[J]. Expos Anal. Environ. Epidemiol, 1996, 6: 97-114.

[85] Dreher K, Jaskot R H, Lehmann J R, et al. Soluble transition metals mediate residual oil fly ash induced lung injury[J]. Journal of Toxicology and Environmental Health, 1995, 50: 285-305.

[86] Iwai K, Adachi S, Takahashi M, et al. Early oxidative DNA damages and late development of lung cancer in diesel exhaust-exposed rats[J]. Environmental Research, 2000, 84(3): 255-264.

[87] 孟建民,庄志雄,倪祖尧. 单细胞凝胶电泳法测定镍化物对人血细胞的 DNA 损伤[J]. 中华劳动卫生职业病杂志, 1997, 15(6): 334-338.

[88] 李怡,朱彤. 大气颗粒物致机体损伤的 OH 自由基机制[J]. 生态毒理学报,2007, 2(2): 142-147.

[89] Greenwell L L, Moreno T, Jones T P, et al. Particle-induced oxidative damage is ameliorated by pulmonary antioxidants[J]. Free Radical Biology & Medicine, 2002, 32(9): 898-905.

[90] Whittaker A G. Black smokes: Past and present[D]. Cardiff: Cardiff University, 2003.

[91] 肖正辉. 兰州市大气 PM$_{10}$ 的物理和化学特征及生物活性研究[D]. 北京:中国矿业大学(北京),2007.

[92] 李凤菊. 郑州市大气 PM$_{10}$ 的物理化学特征及生物活性研究[D]. 北京:中国矿业大学(北京),2008.

[93] 宋晓焱,邵龙义,周林,等.煤矿区城市可吸入颗粒物基于 DNA 损伤的毒理学[J].煤炭学报,2010, 04: 650-654.

[94] 陈天虎,冯军会,徐晓春. 国外尾矿酸性排水和重金属淋溶作用研究进展[J]. 环境污染治理技术与设备 2001, 2(2): 41-46.

[95] 王文峰,宋党育,秦勇. 煤中有害元素对环境和人体健康影响的评价参数煤[J]. 煤矿环境保护,2002, 16(1): 8-17.

[96] 宋党育,秦勇,张军营,等. 煤及其燃烧产物中有害痕量元素的淋溶特性研究[J]. 环境科学学报, 2005, 25(9): 1195-1201.

[97] 朱秀梅,邓晓成. 煤矸石对环境的危害及其防治[J]. 化学工程与装备, 2011(3): 172-173.

[98] 张军营. 煤中潜在毒害微量元素富集规律及其污染性抑制研究[D]. 北京:中国矿业大学(北京), 1999.

[99] 孙俊民. 燃煤飞灰结构演化与元素富集机制[D]. 北京:中国矿业大学(北京), 1999.

[100] 陈江峰. 准格尔电厂高铝粉煤灰特性及其合成莫来石的实验研究[D]. 北京:中国矿业大学(北京), 2005.

[101] 薛建明,柏源,陈焱. 火电行业大气污染控制现状、趋势及对策[J]. 电力科技与环保,2014,02:9-12.

[102] 杨绍晋,钱琴芳. 火力发电厂燃煤过程中元素在各产物中的分布[J]. 环境化学, 1983, 2(2): 32-37.

[103] 晏蓉,欧阳中华,曾汉才. 电厂燃煤飞灰中重金属富集规律的实验研究[J]. 环境科学, 1995, 16(6): 29-32.

[104] 王运泉,任德贻,尹金双,等. 煤及其燃烧产物中微量元素的淋溶试验研究[J]. 环境科学, 1996, 17(1): 16-19.

[105] 王起超,邵庆春. 燃煤灰渣中微量元素分布规律的研究[J]. 环境化学, 1996, 15(1): 20-26.

[106] 王起超,马如龙. 煤及其灰渣中的汞[J]. 中国环境科学, 1997, 17(1): 76-78.

[107] 吴汉福,田玲,吴有刚,等. 煤矸石山周围土壤重金属污染及生态风险评价[J]. 工业安全与环保, 2012, 38(8): 37-40.

[108] 刘玉荣,党志,尚爱安. 煤矸石风化土壤中重金属的环境效应研究[J]. 农业环境科学学报, 2003, 22(1): 64-66.

[109] 吴代赦，郑宝山，康往东，等. 煤矸石的淋溶行为与环境影响的研究——以淮南潘谢矿区为例[J]. 地球与环境，2004，32(1)：55-59.

[110] 武强，刘伏昌，李铎. 矿山环境研究理论与实践[M]. 地质出版社，2005.

[111] 孙长安，尹忠东，周心澄. 煤矸石山重金属元素研究进展[J]. 中国水土保持科学，2006，(4)：91-94.

[112] 王心义，杨建，郭慧霞. 矿区煤矸石堆放引起土壤重金属污染研究[J]. 煤炭学报，2006，31(6)：808-812.

[113] 甄强，郑锋. 煤的伴生资源煤矸石的综合利用[J]. 自然杂志，2015，37(2)：121-128.

[114] 代世峰. 煤中伴生元素的地质地球化学习性与富集模式[D]. 北京：中国矿业大学(北京)，2002.

[115] 徐友宁，袁汉春，何芳，等. 煤矸石对矿山环境的影响及其防治[J]. 中国煤田，2004，30(9)：50-54.

[116] 尹儿琴，郝启勇，王晖. 兖济滕矿区煤矸石中微量元素的研究与识别[J]. 中国矿业，2006，15(7)：66-70.

[117] 刘钦甫，郑丽华，张金山，等. 煤矸石中氮溶出的动态淋溶实验[J]. 煤炭学报，2010，35(6)：1009-1014.

[118] 于桂芬，吴祥云，杨亚平，等. 潞安矿区煤矸石山水土流失特征及植被恢复关键技术[J]. 辽宁工程技术大学学报(自然科学版)，2011，30(2)：244-246.

[119] 付大岭，吴永贵，欧莉莎，等. 不同氧化还原环境对煤矸石污染物质释放的影响[J]. 环境科学学报，2012，32(10)，2476-2482.

[120] 刘桂建，彭子成，王桂梁，等. 煤中微量元素研究进展[J]. 地球科学进展，2002，17(1)：53-62.

[121] 庄新国，杨生科，曾荣树，等. 中国几个主要煤产地煤中微量元素特征[J]. 地质科技情报，1999，18(3)：63-66.

[122] 徐磊，张华，桑树勋. 煤矸石中微量元素的地球化学行为[J]. 煤田地质与勘探，2002，30(4)：1-3.

[123] 李尉卿，田鹰. 粉煤灰煤矸石等废渣及其制品中有害金属元素在水中浸出的研究[J]. 粉煤灰，2002，(5)：18-21.

[124] 张明亮. 粉煤灰对煤矸石酸性重金属淋溶液的修复作用[J]. 煤炭学报，2011，36(4)：654-658.

[125] 崔龙鹏，白建峰，黄文辉，等. 淮南煤田煤矸石中环境意义微量元素的丰度[J]. 地球化学. 2004，33(5)：535-539.

[126] 孙丰英，徐卫东. 煤矸石堆积区地下水污染效应研究[J]. 水资源与水工程学报. 2006，17(5)：56-60.

[127] 岳娟. 煤矸石中重金属元素的形态及淋溶实验研究[D]. 太原：山西大学，2010.

[128] Zhou C, Liu G, Wu D, et al. Mobility behavior and environmental implications of trace elements associated with coal gangue: a case study at the Huainan Coalfield in China [J]. Chemosphere, 2014, 95: 193-199.

[129] 郝威铎. 煤矸石堆放对土壤、水体和植物的环境影响—案例研究[D]. 中国矿业大学，2015.

[130] 惠霂霖，张磊，王祖光，等. 中国燃煤电厂汞的物质流向与汞排放研究[J]. 中国环境科学，2015，35(8)：2241-2250.

[131] 赵峰华. 煤中有害微量元素分布赋存机制及燃煤产物淋溶实验研究[D]. 北京：中国矿业大学(北京)，1997.

[132] Chou C L. Geological factors affecting the abundance, distribution, and speciation of sulfur in coals. In: Yang Q, eds. Proceedings of the 30th International Geological Congress. Part B, Geology of Fossil Fuels-Coal[C]. The Netherlands: VSP, Utrecht, 1997, 18: 47-57.

[133] 任德贻，许得伟，赵峰华，等. 沈北煤田第三纪褐煤中微量元素分布特征[J]. 中国矿业大学学报，

1999，28(1)：5-8.

[134] 冯新斌，洪冰，倪建宇，等. 煤中部分潜在毒害微量元素在表生条件下的化学活动性[J]. 环境科学学报，1999，19(4)：433-437.

[135] 蒋苗，牟李红，王应雄，等. 重庆市燃煤型地方性氟中毒人群降钙素受体基因多态性与环境因素的交互作用[J]. 中华地方病杂志，2014，33(3)：275-279.

[136] 张婵，单可人，何燕，等. 维生素 D 受体基因多态性与贵州省燃煤型氟中毒易感性的相关性研究[J]. 中国地方病学杂志，2012，31(002)：130-134.

[137] 雒昆利，王斗虎，谭见安，等.西安市燃煤中铅的排放量及其环境效应[J]. 环境科学，2002，23(1)：123-125.

[138] 雒昆利，张新民，陈昌和，等. 我国燃煤电厂砷的大气排放量初步估算[J]. 科学通报，2004，49(19)：2014-2019.

[139] 唐修义，黄文辉. 煤中微量元素及其研究意义[J]. 中国煤田地质，2002，14(s1)：1-4.

[140] 刘大锰，刘志华，李运勇. 煤中有害物质及其对环境的影响研究进展[J]. 地球科学进展，2002，17(6)：840-847.

[141] Astral A M, Callen M, Murillo R. PAH atmospheric contamination from coal combustion[J]. Polycyclic Aromatic Compounds, 1996, 9(1-4)：37-44.

[142] Baba A, Kaya A, Birsoy Y K. Leaching Characteristics of fly ash from thermal power plants of soma and tuncbilek, Turkey[J]. Environmental Monitoring and Assessment, 2004, 9(1/3)：171-181.

[143] Kock D, Schippers A. Geomicrobiological investigation of two different mine waste tailings generating acid mine drainage[J]. Hydrometallurgy, 2006, 83：167-175.

[144] Santibáñez C, Ginocchioa R, Varnero M T. Evaluation of nitrate leaching from mine tailings amended with biosolids under Mediterranean type climate conditions[J]. Soil Biology & Biochemistry, 2007, 39：1333-1340.

[145] Schippers A, Breuker A, Blazejak A, et al. The biogeochemistry and microbiology of sulfidic mine waste and bioleaching dumps and heaps, and novel Fe(II)-oxidizing bacteria[J]. Hydrometallurgy, 2010, 104(3)：342-350.

[146] Mignardi S, Corami A, Ferrini V. Evaluation of the effectiveness of phosphate treatment for the remediation of mine waste soils contaminated with Cd, Cu, Pb, and Zn[J]. Chemosphere, 2012, 86(4)：354-360.

[147] Ren D Y, Zhao F H, Wang Y Q, et al. Distributions of minor and trace elements in Chinese Coals[J]. International Journal of Coal Geology, 1999, 40：109-118.

[148] 刘志斌，张跃进，王娟. 煤矸石淋溶水环境影响分析究[J]. 辽宁工程工程技术大学学报，2005，(2)：280-283.

[149] 冯吉燕，刘志斌. 煤矸石中金属元素对人体健康影响的研究[J]. 露天采矿技术，2006，(3)：41-44.

[150] 武旭仁. 鲁西南煤矿区重金属元素环境地球化学特征研究[D]. 武汉：武汉理工大学，2012.

[151] 周春财. 煤矸石资源化利用过程中微量元素的环境地球化学研究[D]. 合肥：中国科学技术大学，2015.

[152] Lu X, Jaroniec M, Madey R, et al. Chemometric studies of distribution of trace elements in seven Chinese coa[J]. Fuel, 1995, 74(12)：1382-1386.

[153] 党志，Watts S F, Martin H, et al. 煤矸石-水相互作用溶解动力学——II 煤矸石微量金属元素的矿物学研究[J]. 中国科学(D辑)，1996，26(1)：16-20.

[154] 党志. 煤矸石-水相互作用的溶解动力学及其环境地球化学效应研究[J]. 矿物岩石地球化学通报，1997，16(4)：259-261.

[155] 余运波，汤鸣皋，钟佐，等. 煤矸石堆放对水环境的影响——以山东省一些煤矸石堆为例[J]. 地学前缘，2001，8(1)：163-169.

[156] Liu D M, Yan Q, Tang D Z, et al. Geochemistry of sulfur and elements in coal from the Antaibao surface coal mine, Ping shuo, Shanxi Province, China[J]. Coal Geology, 2001，36(1)：51-64.

[157] Fang W X, Huang Z Y, Wu P W. Contamination of the environmental ecosystems by trace elements from mining activities of Badaobone coal mine in China[J]. Environmental Geology, 2003，(44)：373-378.

[158] 蔡峰，刘泽功，林柏泉，等. 淮南矿区煤矸石中微量元素的研究 [J]. 煤炭学报，2008，33(8)：892-897.

[159] Liu Y G, Zhou M, Zeng G M, et al. Effect of solids concentration on removal of heavy metals from mine tailings via bioleaching[J]. Hazardous Materials, 2007，141：202-208.

[160] Fisher G L, Prentice B A, Siberman D, et al. Physical and morphological studies of size classified coal fly ash[J]. Environmental Science & Technology, 1978，12(4)：447-451.

[161] Finkelman R B. Models of occurrence of potentially hazardous elements in coal: levels of confidence [J]. Fuel Processing Technology, 1994，39：21-34.

[162] Finkelman R B, Gross P M K. The type of data needed for assessing the environmental and human health impacts of coal[J]. Coal Geology, 1999，40：91-101.

[163] Querol X, Fernandezturiel J L, Lopezsoler A. Trace elements in coal and their behavior during combustion in alar gestation[J]. Fuel, 1995，74(3)：331-343.

[164] Querol X, Alastuey A, Lopez-Soler A, et al. Mineral composition of atmospheric particulates around a large coal-fired power station[J]. Atmospheric Environment, 1996，30：3557-3572.

[165] Querol X, Umana J C, AlastueyA, et al. Extraction of soluble major and trace elements from fly ash in open and closed leaching systems[J]. Fuel, 2001，80(6)：801-813.

[166] Querol X, Izquierdo M, Monfort E, et al. Environmental characterization of burnt coal gangue banks at Yangquan, Shanxi Province, China [J]. Coal Geology, 2008，75(2)：93-104.

[167] Sidenko N V, Khozhina E I, Sherriff B L. The cycling of Ni, Zn, Cu in the system "mine tailings-ground water-plants": A case study[J]. Applied Geochemistry, 2007，22：30-52.

[168] Sun Y Z, Fan J S, Qin P, et al. Pollution extents of organic substances from a coal gangue dump of Jiulong Coal Mine, China[J]. Environmental geochemistry and health, 2009，31(1)：81-89.

[169] 李树志，白国良，田迎斌. 煤矸石回填地基的环境效应研究[J]. 地球科学与环境学报，2011，33(4)：412-415.

[170] Xiao H, Ma X, Liu K. Co-combustion kinetics of sewage sludge with coal and coal gangue under different atmospheres[J]. Energy Conversion and Management, 2010，51(10)：1976-1980.

[171] Zhou C, Liu G, Yan Z, et al. Transformation behavior of mineral composition and trace elements during coal gangue combustion[J]. Fuel, 2012，97：644-650.

[172] Zhou C, Liu G, Wu D, et al. Mobility behavior and environmental implications of trace elements associated with coal gangue: a case study at the Huainan Coalfield in China [J]. Chemosphere, 2014，95：193-199.

[173] US EPA. National ambient air quality standards for particulate matter : Final rule[S]. Federal Regis-

ter,1997，62(138)，38:651-38,701.

[174] Louiea P K K，Watsonb J G，Chowb J C，et al. Seasonal characteristics and regional transport of PM$_{2.5}$ in Hong Kong[J]. Atmospheric Environment，2005，39：1695-1710.

[175] Lin J J，Lee L C. Characterization of the concentration and distribution of urban submicron(PM$_1$) aerosol particles[J]. Atmospheric Environment，2004，38：469-475.

[176] Vecchi R，Marcazzan G，Valli G，et al. The role of atmospheric dispersion in the seasonal variation of PM$_1$ and PM$_{2.5}$ concentration and composition in the urban area of Milan(Italy) [J]. Atmospheric Environment,2004，38：4437-4446.

[177] 宋艳玲，郑水红，柳艳菊，等. 2000-2002 年北京市城市大气污染特征分析[J]. 应用气象学报，2005，16(S)：116-122.

[178] 张睿，蔡旭晖，宋宇，等. 北京地区大气污染物时空分布及累积效应分析[J]. 北京大学学报(自然科学版)，2004，40(6)：930-938.

[179] Ma C J，Kasahara M，Hiller R，et al. Characteristics of single particles sampled in Japan during the Asian dust-storm period[J]. Atmospheric Environment，2001，35：2707-2714.

[180] Mcmurry P H. A review of atmospheric aerosol measurements[J]. Atmospheric Environment，2000，34：1959-1999.

[181] Brown D M，Wilson M R，Macnee W，et al. Size-dependent proinflammatory effects of ultrafine polystyrene particles：a role for surface area and oxidative stress in the enhanced activity of ultrafines[J]. Toxicology and Applied Pharmacology，2001，175：191-199.

[182] Xu M，Yu D，Yao H，et al. Coal combustion-generated aerosols：Formation and properties[J]. Proceedings of the Combustion Institute，2011，33(1)：1681-1697.

[183] 宋晓焱，邵龙义，魏思民，等. 灰霾天气下煤矿区气溶胶单颗粒特征[J]. 辽宁工程技术大学学报(自然科学版)，2014，33(2)：244-249.

[184] 宋晓焱，邵龙义，宋建军，等. 煤矿区城市矿物气溶胶的 SEM-EDX 特征分析[J]. 岩石矿物学杂志，2013，32(6)：842-848.

[185] 廖乾初,蓝芬兰. 扫描电镜原理及应用技术[M]. 北京:冶金工业出版社,1990.

[186] Reed. Electron microprobe analysis and scanning electron microscopy in geology[M]. Cambridge University Press，1995：1-156.

[187] Welton J E. SEM Petrology Atlas[M]. AAPG，1984.

[188] Post J E，Buseck P R. Characterization of individual particles in the Phoenix urban aerosol，using electron beam instruments[J]. Environmental science & technology，1984，18(1)：35-42.

[189] Aragon P A，Torres G，Santiago P，et al. Scanning and transmission electron microscope of suspended lead-rich particles in the air of San Luis Potosi，Mexico[J]. Atmospheric Environment，2002，36：5235-5243.

[190] Kasparisan J，Frejafon E，Rambaldi P，et al. Characterization of urban aerosols using SEM-Microscopy，X-Ray analysis and Lidar measurements[J]. Atmospheric Environment，1998，30：2957-2967.

[191] Whittaker A G，Jones T P，Shao L，et al. Mineral dust in urban air：Beijing，China[J]. Mineralogical Magazine，2003，7：171-180.

[192] Pósfai M，Simonics R，Li J，et al. Individual aerosol particles from biomass burning in southern Africa：1. Compositions and size distributions of carbonaceous particles[J]. Geophysical Research，108(D13)，2003，8483,doi：10. 1029/2002JD002291.

[193] Liu X D, Dong S P, Li Y W, et al. Characterization of atmospheric aerosol: single particle analysis with Scanning Electron Microscope[J]. Environmetal Chemistry, 2003, 22(5): 223-226.

[194] 汪安璞, 杨淑兰, 沙因, 等. 北京大气气溶胶单个颗粒的化学表征[J]. 环境化学, 1996, 15(6): 488-495.

[195] Zhang D, Zang J, Shi G, et al. Mixture state of individual Asian dust particles at a coastal site of Qingdao, China[J]. Atmospheric Environment, 2003, 37(28): 3895-3901.

[196] 董树屏, 刘涛, 孙大勇, 等. 用扫描电镜技术识别广州市大气颗粒物主要种类[J]. 岩矿测试, 2001, 20(3): 202-207.

[197] 邵龙义, 时宗波. 北京西北城区与清洁对照点夏季 PM_{10} 的微观特征及粒度分布[J]. 环境科学, 2003, 24(5): 11-16.

[198] 吕森林, 邵龙义, Tim J, 等. 北京 PM_{10} 中矿物颗粒的微观形貌及粒度分布[J]. 环境科学学报, 2005, 25(7): 863-869.

[199] Fletcher R A, Small J A. Analysis of individual collected particles. In: Willeke, K., Baron, P. A. (Eds.), Aerosol Measurements: Principles, Techniques and Applications[C]. New York: Van Norstrand Reinhold, 1993: 260-295.

[200] Whittaker A, BéruBé K A, Jones T P, et al., Killer smog of London, 50 years on: particle properties and oxidative capacity[J]. Science of the Total Environment, 2004: 334-335, 435-445.

[201] 时宗波, 邵龙义, 李红, 等. 北京市西北城区取暖期环境大气中 PM_{10} 的物理化学特征[J]. 环境科学, 2002, 23(1): 30-34.

[202] Ebert M, Inerle-Hof M, Weinbruch S, et al. Environmental scanning electron microscopy as a new technique to determine the hygroscopic behaviour of individual aerosol particles[J]. Atmospheric Environment, 2002, 36: 5909-5916.

[203] 时宗波. 北京市大气 PM_{10} 和 $PM_{2.5}$ 的物理化学特征及生物活性研究[D]. 北京: 中国矿业大学(北京), 2003.

[204] 戈定夷, 田慧新, 曾若谷. 矿物学简明教程[M]. 北京: 地质出版社, 1998.

[205] Ando M, Katagiri K, Tamura K, et al. Study on size distribution of 8 polycyclic aromatic hydrocarbons in airborne suspended particulates indoor and outdoor[J]. Western China University of Medical Sciences, 1994, 25(4): 442-446.

[206] 刘阳生, 陈睿, 沈兴兴, 等. 北京冬季室内空气中 TSP, PM_{10}, $PM_{2.5}$ 和 PM_1 污染研究[J]. 应用基础与工程科学学报, 2003, 11(3): 255-264.

[207] Lange C, Roed J. Particle size specific indoor/outdoor measurement[J]. Aerosol Science, 1995, 26 (suppl 1): 519-520.

[208] 杨书申. 上海市大气 PM_{10} 微观形貌、粒度分布及分形特征研究[D]. 北京: 中国矿业大学(北京), 2006.

[209] 李卫军, 邵龙义, 吕森林. 北京西北城区 2002 年春季大气可吸入颗粒物的粒度分布特征[J]. 电子显微学报, 2004, 23(5): 589-593.

[210] Ku B K, Kim S S, Kim Y D, et al. Direct measurement of electrospray droplets in submicron diameter using a freezing method and a TEM image processing technique[J]. Aerosol Science, 2001, 32: 1459-1477.

[211] Li J, Anderson J R, Buseck P R. TEM study of aerosol particles from clean and polluted marine boundary layers over the Nort Atlantic[J]. Journal of Geophysical Research, 2003, 108(D): 4189.

[212] 陈天虎,徐慧芳. 大气降尘 TEM 观察及其环境矿物学意义[J]. 岩石矿物学杂志,2003,22(4)：425-428.

[213] 许黎,冈田菊夫,张鹏,等.北京地区春末-秋初气溶胶物理化学特征的观测研究[J]. 大气科学,2002,26(3)：401-411.

[214] 杨书申,邵龙义,李金娟,等.透射电镜在气溶胶单颗粒分析中的应用[J].辽宁工程技术大学学报,2005,24(4)：608-611.

[215] 李卫军,邵龙义,时宗波,等. 城市雾天单个矿物颗粒物理和化学特征[J]. 环境科学,2008,29(1)：253-258.

[216] Wentzel M, Gorzawski H, Naumann K H, et. al. Transmission electron microscopical and aerosol dynamical characterization of soot aerosols[J]. Aerosol Science, 2003, 34: 1347-1370.

[217] 李卫军. 极端污染天气条件下气溶胶单颗粒特性和非均相转化[D].中国矿业大学(北京),2009.

[218] 叶兴南,陈建民. 大气二次细颗粒物形成机理的前沿研究[J]. 化学进展, 2009, 21(2/3)：288-294.

[219] 韩力慧,庄国顺,孙业乐,等.北京大气颗粒物污染本地源与外来源的区分——元素比值 Mg/Al 示踪法估算矿物气溶胶外来源的贡献[J].中国科学 B 辑化学,2005,(3)：237-246.

[220] Dentener F J, Carmichael G R, Zhang Y, et al. Role of mineral aerosol as a reactive surface in the global troposphere[J]. Geophysical Research ,1996,101D: 22869-22889.

[221] Kim Y J, Kim K W, Kim S D, et al. Fine particulate matter characteristics and its impact on visibility impairment at two urban sites in Korea: Seoul and Incheon[J]. Atmospheric Environment,2006,40 (Supplement 2):593-605.

[222] Davis B L, Cho N K. Theory and application of X-ray diffraction compound analysis to high-volume filter samples[J]. Atmospheric Environment,1977,11:73-85.

[223] Davis B L. X-ray Diffraction analysis and source apportionment of Denver aerosol[J]. Atmospheric Environment,1984,18:2197-2208.

[224] 刘咸德,贾红,齐建兵,等. 青岛大气颗粒物的扫描电镜研究和污染源识别[J]. 环境科学研究,1994,7:10-17.

[225] 邵龙义,李卫军,杨书申,等. 2002 年春季北京特大沙尘暴颗粒的矿物组成分析[J]. 中国科学(D 辑),2007,37(2):215-221.

[226] 吕森林,邵龙义,吴明红,等. 北京城区可吸入颗粒物(PM_{10})的矿物学研究[J]. 中国环境科学,2005,25(2):129-132.

[227] Okada K, Kai K. Atmospheric mineral particles collected at Qira in the Taklamakan desert, China [J]. Atmospheric Environment,2004,38(40): 6927-6935.

[228] Okada K, Qin Y, Kai K. Elemental composition and mixing properties of atmospheric mineral particles collected in Hohhot, China [J]. Atmospheric Research, 2005, 73(1/2):45-67.

[229] 李卫军,邵龙义,时宗波,等. 城市雾天单个矿物颗粒物理和化学特征[J]. 环境科学,2008,29(1)：253-258.

[230] Hanisch F, Crowley J N. Heterogeneous reactivity of gaseous nitric acid on Al_2O_3, $CaCO_3$, and atmospheric dust samples: A Knudsen cell study [J]. Physical Chemistry (A), 2001,105(13): 3096-3106.

[231] Pandis S N, Seinfeld J H, Pilinis C. Chemical composition differences in fog and cloud droplets of different sizes [J]. Atmospheric Environment, 1990, 24A: 1957-1969.

[232] Kulshrestha M J, Sekar R, Krishna D, et al. Deposition fluxes of chemical components of fog water at

a rural site in north2east India[J]. Tellus, 2005, 57B: 436-439.

[233] Vecchi R, Marcazzan G, Valli G A. Study on nighttime-daytime PM_{10} concentration and elemental composition in relation to atmospheric dispersion in the urban site of Milan (Italy) [J]. Atmospheric Environment, 2007, 41: 2136-2144.

[234] 王跃思,姚利,王莉莉,等. 2013 年元月我国中东部地区强霾污染成因分析[J]. 中国科学:地球科学, 2014, 44: 15-26.

[235] Clarke L B, Sloss L L. Trace elements-emissions from coal combustion and gasification[J]. IEACR/ 49, London, UK, IEA Coal Research, 1992:111.

[236] 单晓梅,朱书全,李中和,等. 煤中有害微量元素对环境的影响及控制[J],选煤技术, 2003,3: 3-6.

[237] 徐文东. 电厂燃煤中主要有害元素的种类、迁移及潜在环境影响[D]. 北京:中国科学院地质与地球物理研究所,2004.

[238] 唐修义,黄文辉. 中国煤中微量元素[M]. 北京:商务印书馆,2004.

[239] 杨克敌. 微量元素与健康[M]. 北京:科学出版社,2003.

[240] 任德贻,赵峰华,代世峰,等. 煤的微量元素地球化学[M]. 北京:科学出版社, 2006.

[241] 陈保卫, Chris L X. 中国关于砷的研究进展 [J]. 环境化学, 2011, 30(11): 1936-1943.

[242] 孙景信, Jervis R E. 煤中微量元素及其在燃烧过程中的分布特征[J]. 中国科学(A 辑), 1998, 12: 1287-1294.

[243] Moreno T, Higueras P, Jones T, et al. Size fractionation in mercury-bearing airborne particles (Hg PM10) at Almadén, Spain: Implications for inhalation hazards around old mines[J]. Atmospheric Environment, 2005, (39)34: 6409-6419.

[244] Goodarzi F. Morphology and chemistry of fine particles emitted from a Canadian coal-fired power plant [J]. Fuel, 2006, (85)3: 273-280.

[245] 刘鸿. ICP-MS 测定嫡铁合金中杂质[D]. 长沙:中南大学,2006.

[246] 祝大昌. 无机质谱法[M]. 上海:复旦大学出版社,1993.

[247] 张元勋,王荫淞,李德禄,等. 上海冬季大气可吸入颗粒物的 PIXE 研究[J]. 中国环境科学, 2005, 25 (Suppl.):1-5.

[248] 魏复盛. 中国土壤元素背景值[M]. 北京:中国环境科学出版社,1990.

[249] 米红,张文璋. 实用现代统计分析方法与 SPSS 应用[M]. 北京:当代中国出版社,2000.

[250] Jang H N, Seo Y C, Lee J H, et al. Formation of fine particles enriched by V and Ni from heavy oil combustion: Anthropogenic sources and drop-tube furnace experiments[J]. Atmospheric Environment, 2007, 41:1053-1063.

[251] 杨复沫,贺克斌,马永亮,等. 北京 $PM_{2.5}$ 中微量元素的浓度变化特征与来源[J]. 环境科学,2003, 24(6):33-37.

[252] 杨丽萍,陈发虎. 兰州市大气降尘污染物来源研究[J]. 环境科学学报,2002,22(4):499-502.

[253] Sun Y L, Zhuang G S, Wang Y, et al. The airborne particulate pollution in Beijing-concentration, composition, distribution and sources[J]. Atmospheric Environment. 2004, 38: 5991-6004.

[254] Zheng J, Tan M, Shibata Y, et al. Characteristics of lead isotope ratios and elemental concentrations in PM10 fraction of airborne particulate matter in Shanghai after phase-out leaded gasoline[J]. Atmospheric environment- Asia, 2004, 38: 1191-1200.

[255] Ho K F, Lee S C, Cao J J, et al. Seasonal variations and mass closure analysis of particulate matter in Hong Kong[J]. Science of the Total Environment, 2006, 355: 276-287.

[256] Chang C C, Tsai S S, Ho S C, et al. Air pollution and hospital admissions for cardiovascular disease in Taipei, Taiwan[J]. Environmental Research, 2005, 98: 114-119.

[257] Obot C J, Morandi M T, Beebe T P, et al. Surface components of airborne particulate matter induce macrophage apoptosis through scavenger receptors[J]. Toxicology and applied pharmacology, 2002, 184: 98-106.

[258] 张文丽,徐东群,崔九思. 大气细颗粒物污染监测及其遗传毒性研究[J]. 环境与健康杂志, 2003, 1(1): 3-4.

[259] Devi K D, Banu B S, Grover P, et al. Genotoxic effect of lead nitrate on mice using SCGE (comet assay) [J]. Toxicology, 2000, 145: 195-201.

[260] Donaldson K, Brown D M, Mitchell C, et al. Free radical activity of PM_{10}: Iron-mediated generation of hydroxyl radicals[J]. Environmental health perspectives, 1997, 105(1 5): 1285-289.

[261] Shao L Y, Shi Z B, Jones T P, et al. Bioreactivity of particulate matter in Beijing air: Results from plasmid DNA assay[J]. Science of the Total Environment, 2006, 367: 261-272.

[262] ATSDR (Agency for toxic substances and disease registry). Toxicological profile information sheet, 2003, http://www.atsdr.cdc.gov/toxprofiles.

[263] Amborz H B, Bradshaw T K, Kemp T J, et al. Role of iron ions in damage to DNA: influence of ionizing radiation, UV light and H_2O_2[J]. Photochemistry and Photobiology A: Chemistry, 2000, 142: 9-18.

[264] Imrich A, Ning Y Y, Kobzik L. Insoluble components of concentrated air particles mediated alveolar macrophage responses in vitro[J]. Toxicity and Applied pharmacology, 2000, 167: 140-150.

[265] 王濮,潘兆橹,翁玲宝,等.《系统矿物学》(上、中、下)[M]. 北京:地质出版社,1982.

[266] 俞旭,江超华. 现代海洋沉积矿物及其 X 射线衍射研究[M]. 北京:科学出版社,1984.

[267] 林西生,应凤祥,郑乃萱. X 射线衍射分析技术及其地质应用[M]. 北京:石油工业出版社,1990.

[268] 郑继东, 邵龙义, 胡斌, 等. 煤矸石井下填充对矿井水的污染及其吸附控制模拟实验[J], 水文地质工程地质, 2006, (4): 90-102.

[269] 黎彤,倪守斌. 中国大陆岩石圈的化学元素丰度[J]. 地质与勘探,1997,01:31-37.

[270] 孙俊民, 韩德馨, 姚强, 等. 燃煤飞灰的显微颗粒类型与显微结构特征[J]. 电子显微学报, 2001, 20(2): 140-147.

[271] Mumford J L, Li X, Hu F, et al. Human exposure and dosimetry of polycyclic aromatic hydrocarbons in urine from Xuanwei, China with lung cancer mortality associated with exposure to unvented coal smoke[J]. Carcinogenesis, 1995, 16(12): 3031-3036.

[272] Neas L M. Fine particulate matter and cardiovascular disease[J]. Fuel Processing Technology, 2000, 65-66: 55-67.

[273] Oberdorster G, Ferin J, Lehnert B E. Correlation between particle size, in vivo particle persistence, and lung injury[J]. Environment Health Perspective, 1994, 102 (S5): 173-179.

[274] 王新伟, 钟宁宁, 韩习运. 煤矸石堆放对土壤环境 PAHs 污染的影响[J]. 环境科学学报, 2013, 33(11): 3092-3100.

[275] 刘桂建,杨萍月,彭子成.煤矸石中潜在有害微量元素淋溶析出研究[J].高校地质学报,2001,7(4): 449-457.

[276] Finkelman R B. What we don't know about the occurrence and distribution of trace in coals[J]. Coal Quality,1989(8):3-4.

［277］刘玉荣. 污染土壤中重金属的生物可利用性评估方法研究［D］. 中国科学院,2001.

［278］Huggins F E, Shah N. Mode of occurrence of ehromium in four US coals［J］. Fuel Processing Technology,2000,(63):79-92.

［279］王运泉,张汝国,王良平. 煤中微量元素赋存状态的逐提试验研究［J］. 中国煤田地质,1997,9(3): 23-25.

［280］Tessier A, Campbell P G, Blsson M. Sequential extraction procedure for the speciation particulate trace metals ［J］. Anal. Chem,1979, 51(7):844-851.

［281］US National Committee for Geochemistry. Panel on the Trace Element Geochemistry of Coal Resource Development Related to Health. Trace element geochemistry of coal resource development related to environment quality and health ［M］. Washington D. C. :National Academy Press,1980.

［282］时宗波,邵龙义,Jones T P, 等. 城市大气可吸入颗粒物对质粒 DNA 的氧化性损伤［J］. 科学通报, 2004, 49(7): 673-678.

［283］李金娟. 城市可吸入颗粒物的生物活性研究［D］. 北京:中国矿业大学(北京),2006.

［284］寇琰,于素芳. 六价铬化合物对肺细胞的毒作用表现［J］. 预防医学论坛,2004,(6):25-27.

［285］Auana K, Pan X C. Exposure-response functions for health effects of ambient air pollution applicable for China- a meta-analysis［J］. Science of the Total Environment,2004, 329: 3-16.

［286］Costa M, Davidson T L, Chen H, et al. Nickel carcinogenesis: Epigenetics and hypoxia signaling ［J］. Mutat Res,2005,592:79-88.

［287］NTP. Report on carcinogens. 11th eds. Research Triangle Park. NC:US［C］Department of Health and Human Services,Public Health Service,National Toxicology Program,National Institute of Environmental Health Sciences. 2004.

［288］Sibergeld E K, Waalkes M, Rice J M. Lead as a carcinogen: Experimental evidence and mechanisms of action ［J］. Am J Ind Med,2000,38(3):316-323.

［289］黄秋婵,韦友欢,黎晓峰. 镉对人体健康的危害效应及其机理研究进展［J］. 安徽农业科学,2007, 35(9):2528-2531.

［290］吕森林. 北京 PM_{10} 的矿物学特征及对质粒 DNA 损伤的研究［D］. 北京:中国矿业大学(北京),2003.

［291］Merolla L. Bioreactivity of metal components found in air pollution particles［D］. Cardiff: Cardiff University,2005.

［292］Swaine D J, Goodarzi F. Environmental aspects of trace element in coal［M］. Dordrecht: Academic Publishers,1995.